Voyages dans l'École cartographique de Dieppe au XVIe siècle

Currents in Comparative Romance Languages and Literatures

Tamara Alvarez-Detrell and Michael G. Paulson
General Editors

Vol. 212

This book is a volume in a Peter Lang monograph series.
Every title is peer reviewed and meets
the highest quality standards for content and production.

PETER LANG
New York • Washington, D.C./Baltimore • Bern
Frankfurt • Berlin • Brussels • Vienna • Oxford

Martine Sauret

Voyages dans l'École cartographique de Dieppe au XVIe siècle

Espaces, altérités et influences

PETER LANG
New York • Washington, D.C./Baltimore • Bern
Frankfurt • Berlin • Brussels • Vienna • Oxford

Library of Congress Cataloging-in-Publication Data

Sauret, Martine.
Voyages dans l'école cartographique de Dieppe au xvie siècle:
espaces, altérités et influences / Martine Sauret.
p. cm. – (Currents in comparative Romance languages and literatures; v. 212)
Includes bibliographical references and index.
1. Cartography—History—16th century. 2. Explorers—France—
History—16th century. 3. Travelers' writings,
French—16th century—History and criticism.
4. French literature—16th century—History and criticism. I. Title.
GA231.S36 526.0944'09031—dc23 2013003314
ISBN 978-1-4331-2138-8 (hardcover)
ISBN 978-1-4539-1097-9 (e-book)
ISSN 0893-5963

Bibliographic information published by **Die Deutsche Nationalbibliothek**.
Die Deutsche Nationalbibliothek lists this publication in the "Deutsche
Nationalbibliografie"; detailed bibliographic data are available
on the Internet at http://dnb.d-nb.de/.

29 Broadway, 18th floor, New York, NY 10006
www.peterlang.com

A *ma mère*

Remerciements

Ce livre est le fruit de plusieurs recherches sur les cartographes français et la littérature de voyage. Il commença par une interrogation. On mentionna plusieurs fois dans des congrès ou dans des articles en "notes" l'École cartographique de Dieppe, et malgré mon insistance, on me fit savoir de part et d'autre de l'Atlantique, qu'il n'y avait presque rien sur eux, et qu'ils n'étaient qu'une chimère.

Je m'attelai donc à voir par moi-même que ces données étaient fausses. Grâce à une bourse de NEH (National Endowment for Humanities) à la bibliothèque de Newberry Library, Chicago, suivie par une autre bourse sur la cartographie au même endroit, plusieurs allocations de Macalester College ou de l'Alliance française, j'ai pu commencer diverses recherches à la Huntington library (Berkeley), la Morgan Library de New York, La British Library de Londres, le service historique de la Marine à Paris, le service historique à Vincennes, le Service historique de l'armée de Terre, ou la Bibliothèque nationale de Paris. Mes visites au Chateau-Musée de Dieppe et la gentillesse des curateurs et du diocèse de Dieppe m'ont permis de continuer. Grâce à la constante bienveillance de toutes ces administrations, et au soutien de David Buisseret, Tom Conley, David Ackerman, Carla Zecher, Susan Rosenstreich, de la Renaissance Society of America et de sa généreuse bourse Kress (janvier 2012), ma curiosité a cru pour ces cartographes et les influences qu'ils ont recueillies des explorateurs français, espagnols, portugais. Je tiens à remercier tous ces services, ces administrations et tous ces professeurs et chercheurs qui m'ont souvent posé de belles questions, et m'ont aiguillé avec brio.

Pour les phases d'édition et de relecture, je tiens en particulier à souligner le gros travail de Anne Frelat, Françoise Denis, Parijat Desaï, Lisle Bertsche et Hannah Warman. Et l'inépuisable soutien de mon mari et de ma fille. Encore un grand merci.

Il faut également remercier les bibliothèques de l'Université du Minnesota, La Huntington Library, Le ChâteauMusée de Dieppe, La James Ford Library de l'Université du Minnesota, la Morgan Library, la Newberry Library de Chicago, la Österreichische Nationalbibliothek à Vienne, le service historique de la marine de Paris (Vincennes), la British Library, la bibliothèque municipale de Dieppe, La Bibliothèque nationale de France pour leurs permissions de publier certains extraits de cartes dans ce livre.

Espérons que le lecteur pourra découvrir ces géographes d'un nouvel oeil.....Ceux du 17e siècle sont encore méconnus. Mais ceci est déjà une autre histoire....

Table des matières

Liste des illustrations

Introduction

L'idée de voyager n'est pas neuve. Toute une belle littérature s'attèle à démontrer les raisons, les conditions, les expérimentations des voyages. Nous aimerions en particulier reprendre tout d'abord le résumé succinct de l'essor de la cartographie au XVIe siècle. Il est directement relié à l'essor de la cartographie dieppoise. Que ce soit comme nous le rappelle David Buisseret[1] grâce à l'essor de l'imprimerie qui favorisera le développement des cartes et leur publication, la redécouverte de Ptolémée et de l'implication dans l'appropriation de l'espace, le quadrillage des formes (Apian), ou la découverte de la perspective pour élaborer sur une page la mise en place de grandeurs et d'échelles plus justes, il ne faut guère oublier une volonté commune des humanistes à vouloir comprendre le monde dans l'aventure mais aussi dans le tracé de ses explorations. Sans techniques plus performantes dans les bateaux, l'usage progressif des boussoles, quadrants et autres instruments de trigonométrie que nous examinerons aux chapitres un et trois, les cartographes dieppois comme les autres mathématiciens n'auraient pas pu aussi bien représenter le monde dans leurs cartes. À cela, comme l'ajoute Chaunu[2] et Buisseret, une volonté historique et politique pour aménager l'espace, les parcelles des propriétaires et délimiter les territoires ainsi que l'essor d'un capitalisme naissant croisent les chemins d'un moment inoubliable dans l'histoire des expéditions.

Le rassemblement de ces données constituera aussi une gageure. L'écriture de ce livre sur les explorateurs Parmentier (Jean et Raoul) et sur les cartographes dieppois connus le plus souvent sous le nom de "École cartographique de Dieppe" implique de nombreux défis. Le premier est celui de la précarité des cartes. Il ne reste dans le monde que peu d'exemplaires. C'est la une première contrainte qui contribue à une méconnaissance certaine de ces Normands. Bien vite, la grandeur, la fragilité de ces grandes cartes, leur manque de maniabilité et leur insouciance des détails à l'intérieur des pays ne répondront plus aux besoins des explorateurs et des découvreurs de la fin du XVIe siècle. Mais aussi bon nombre de facteurs vont défier nos cartographes dieppois, qu'ils soient historiques, économiques, sociaux ou politiques. Nous examinerons au cours de ce livre ces raisons. Le monde de l'exploration, alors particulièrement favorable aux Portugais et aux Espagnols, ne facilite pas leurs démarches. Soucieux de rendre les côtes maritimes au plus juste, ils restent tributaires des Portugais—dont ils sont souvent les cartographes attitrés mais tenus au secret—et ils ne peuvent enregistrer que des détails parfois de voyageurs bien longtemps après les parutions des journaux. Ils lancent cependant un défi pour l'écriture de la carte dans ses résonnances techniques, mathématiques et ethnologiques: ils continuent d'enregistrer des données de première main de leurs compatriotes français normands tels que Cartier, Parmentier, Eustache Des fosses ou Verrazano mandaté par le roi François Ier. Nous examinerons en particulier au chapitre deux l'influence des journaux de Parmentier sur la littérature de voyage et les possibilités graphiques que l'École dieppoise en a tirées.

Pour aborder les questions importantes sur les cartes et la littérature de voyage, il faut tout d'abord rappeler certains points qui sont complémentaires entre la forme de littérature et la forme géographique à la Renaissance. Comme nous l'avons bien dit ailleurs,[3] l'écriture cartographique place la voie orale des dits et faits dans un domaine différent; celui de l'écriture. Le façonnement du visible s'étale sur une longue période. Nous trouverons des analogies entre les graphiques et les projections, les expansions dans les dessins contemporains et postérieurs aux conquêtes. Produits à l'intersection du discours et de l'espace, les travaux essayent de donner un monde juste et fini, qui deviendront des mondes à explorer. Et le cycle continuera. Les explorations produiront des cartes et les cartes donneront envie de voyager. Ce désir combiné avec les techniques que nous mentionnions il y a quelques instants travaillera l'imaginaire de l'homme. Nous en examinerons les détails au chapitre un.

En effet, la signification de ces cartes se trouve à la fois relayée dans l'imprimerie et les diagrammes. Le discours des voyageurs s'inscrit par l'intermédiaire des cartographes dans les vignettes, les titres, les emblèmes et les localisations des espaces. En même temps, l'organisation de ces structures ne se trouve pas seulement focalisée sur ces catégories. Elles s'étendent et varient dans des buts qui vont parfois au-delà des écrivains. Les mondes dessinés et envisagés par les cartographes sont explorés au moyen de grilles et de perspectives, qui délimitent, quantifient et exploitent chaque détail au maximum. Dans un labyrinthe de données et de compilations cartographiques, la mobilité de ces cartes désigne où elles sont par rapport aux combinaisons de schémas d'autres cartographes. En cherchant à contenir le monde et à le définir, elles produisent un discours sur l'espace dans des méandres de dur labeur et de navigation verbale. En empruntant les données d'Apian, de Thevet ou de Ptolémée, les cartographes dieppois créent un monde où la représentation totale de l'œuvre illustre l'appréciation des différents auteurs et genres utilisés. Leurs élaborations de figurines deviennent mobiles, éphémères et par conséquent en voie de futures modifications, et sujettes à de futures envies d'explorer. En explorant la profondeur du parchemin, les différentes couleurs, les nouvelles données mathématiques, ces géographes dévoilent au lecteur toute une accumulation de savoirs, impriment des marques particulières sur un monde en devenir, profilent leur signature et authentifient les indices spécifiques de cette école. La carte devient une topographie d'impressions, de souvenirs témoignant de la force de frappe de la lettre et du dessin peint à la main. Sa création touche directement le modelé de l'écriture imprimé et l'art.

Dans une fonction communicative, ces représentations exercent un relais et délivrent un tableau travaillant la transmission du message inscrit qui disparaît souvent dans l'horizon visuel. En même temps, une volonté de "faire voir" immédiatement une totalité d'un univers s'installe. Dans un effet de miroir, elles communiquent au lecteur leur monde et déroulent en anamorphose la surface et la profondeur des champs connus et inconnus tout en multipliant les possibilités d'interprétation. Voir le monde dans une bulle, dans une vignette, ou dans un espace spécifique de légende agrémenté de multiples détails et de frises sera possible. Le jeu porté sur tous ces moyens pour projeter le monde donne une illusion de clarté, de compréhension et d'un espace unifié. Comme Panofsky l'a bien montré, les grilles utilisées en peinture n'offrent que l'apparence d'un espace unifié: leurs effets sont menés dans une accumulation de détails qui saturent l'espace et tendent à mener l'œil du lecteur partout sur la carte. En quelque sorte, les portulans provoquent une lecture haptique de l'image. Les cartographes dieppois semblent aller plus loin que d'autres géographes à la même époque dans leur mise en place de frises et de dessins en perspective. L'œil semble toucher ce qu'il voit et regarde en même temps les autres vignettes ou les lieux véritablement scandés sur les côtes. Ce regard porté sur telle ou telle frise qui entoure les cartes de Vallard ou cette insistance à magnifier sans cesse ces roses des vents si caractéristiques dans cette école servent ici de convertisseurs de lumière sur des éléments particuliers comme des fenêtres imaginaires s'ouvrant sur autre chose. En cela une esthétique de l'éphémère[4] prend une place déterminante. Mettant en valeur le moment ou l'instant disponible sur la carte et dans le texte, les empreintes de ces géographes et leurs vagues successives témoigneront au XVIe siècle d'une grande variété, mais révèleront aussi leur fragilité quand leurs cartes souligneront trop les passages du temps. Les histoires de tel ou tel explorateur si bien imprimées chez les Dieppois ne pourront maintenir que l'importance de l'époque de 1520 ou 1533 des expéditions de Cartier ou de Parmentier. D'autres viendront augmenter le champ des connaissances et rendront obsolètes les dessins, les grilles, les frises ou les emblèmes. L'art des figurines et la représentation de la flore deviendront désuètes, souvent ridicules.

Au moment de la Renaissance italienne, suite à l'invention de la perspective monoculaire, le peintre pouvait voir et projeter par des grilles une construction d'un volume intégral. Au Nord, toute une construction d'allégories s'est établie: elles articulent l'espace en mettant en scène de nombreux micro-détails. Une sorte de dialogue mystique se développe alors là où l'expérience de la lecture et celle de l'écrit se voient corrélés avec l'expérience oculaire. Cela donnera ainsi aux formes, aux contours, aux points, aux grilles carrées et aux cercles de multiples strates de lecture et de jeux. Au Sud, la Renaissance fabriquait alors ses sensations grâce à une distance obtenue et retenue dans la perspective. Chez Les cartographes dieppois, la lettre devient un site de dialogue entre cette "sensation" et acquiert une "virtualité" à titre de tableau en "cartouche" encadrant un monde idéal. Si les lettres et les dessins sont constamment inclus dans un jeu de perspective, le point de fuite vers l'inconnu marque cependant un espace particulier.[5]

En même temps ces cartes et ces voyages portent des "moments" importants dans l'appréhension de leurs espaces et de leurs compositions. Quand Verrazano et Cartier par exemple voyagent et indiquent leurs positions et leurs trajectoires dans leurs journaux, les cartographes dieppois reconstruisent les espaces dont ils ont entendu parler en miniature et en filigrane. Entre les années 1470 et 1640 de nombreux écrits contiennent et s'approprient le monde qu'ils ont vu ou lu en intégrant les nouvelles découvertes. Les cartographes s'ingénient à répertorier les nouveaux faits issus de ces explorations; ils empruntent aux lieux communs des récits, des cosmographies existantes, synthétisent ce qu'ils ont lu ou déchiffré dans les traités trigonométriques et les calculs savants ou empiriques de leurs prédécesseurs. Les tensions entre les différentes mises à plat de ces travaux sur les pages sont un lieu commun chez les cartographes dieppois. Leurs signatures individuelles au bas des cartes les représentent en tant que sujets inclus dans une classification "Ecole cartographique," et les montrent experts de leurs domaines. Encouragés par les rois ou différents mécènes privés, leurs œuvres montrent souvent des différences dans les langues, selon qu'ils aient un patronage français, portugais ou anglais. Ils illustrent tous une confiance certaine dans leur connaissance géographique, mathématique et des divers discours rapportés de leurs contemporains.

> The cartographic genre displays, in a nutshell various images of emergent, autonomous subjects—writers and cartographers alike—whose projected beings finds a delicately nascent place in tensions of discourse and space.[6]

Ensuite, ils contribuent à mettre en forme une certaine subjectivité et se présentent distinctement comme "sujet" qui signe les cartes. Le genre de la cartographie mise en effet à rendre non seulement la qualité de la mise en place du sujet dans l'écriture mais ouvre sur une subjectivité: ainsi, la notion de territoire, de nation s'inscrit dans leurs désignations qui suscitent parfois des jalousies et des disputes ou des désirs d'appropriation. Ici pourrait intervenir un élément de psychoanalyse; des raisons inconscientes et conscientes jalonnent les espaces représentés et répertoriés dans le discours. Les éléments de relation vers "l'inconnu" entre ce temps où l'on passe du monde connu vers l'inconnu soulignent des angoisses, des frustrations, mais aussi ce que Guy Rosolato[7] a expliqué dans quelques concepts que l'on pourrait greffer sur cette "écriture cartographique." Retenons en particulier pour nos propos la relation spatiale qu'examine cet auteur avec le centre, le "nombril" qui se déplacera non plus sur Jérusalem mais vers cet inconnu de l'Amérique et d'autres terres. Ce nouveau et ces nouveaux centres seront commémorés sur la carte par une trace physique et spatiale Et cet "inconnu" dominera. Les explorateurs et les cartographes de cette école déplaceront les centres de connaissance au fur et à mesure dans les cartes parfois même jusqu'à jouer de nouveaux centres crées autour de petits lieux (Roze ou Le Testu) mais ils iront porter cet ailleurs pour se "découvrir" et prendre prise sur le monde. La centralité qu'ils examinent est souvent une affaire de perspective; le centre y est souvent le lieu physique de l'Europe, mais quelquefois le point d'ancrage et de référence (l'Antarctique) souligne un déplacement du jeu sur le monde, il replace la terre et les figurines dans une nouvelle dynamique de recentrement et de questionnement.[8]

Ce centre fait également appel au rapport avec la terre-mère. De ce fait, les relations entre l'écrivain, le cartographe et ce centre se compliquent, puisque les liens avec le réel, le vécu et le stockage mémoriel visuel, auditif et olfactif ne cesseront de revenir. Le point de séparation peut être un point où convergent l'écrivain et le cartographe, un point de vécu, retrouvé, reformé et discuté, un nouveau centre de force. De cette manière, une propagande allégorique se met en place et se situe dans une langue commune maternelle. En contraste, Freud a lié ce moment de perte et de rupture au moment où le sujet naît, vit et se sépare de ses origines. Le processus de détachement inspire une voie de mise en place de traces, de "racines" à l'intérieur de la langue, mais aussi sur le papier, dans les images, les emblèmes et les grilles cartographiques. Ainsi, comme l'ont souligné Tom Conley, Jim Akerman et David Woodward dans leurs livres respectifs,[9] le nom du cartographe, son lieu de naissance sont très souvent indiqués à l'intérieur même de la carte. Il ne sera pas rare pour Montaigne ou Rabelais d'inclure leurs lieux d'origine, les endroits où ils vivent, quitte à les critiquer et à les moquer. Ce point d'origine sert donc de matière première brute pour nos créateurs de carte et de texte. Retrouver ses racines part du principe de l'éloignement du centre vers un autre but afin de comprendre son monde, l'apprécier ou le vilipender. Nos cartographes dieppois s'éloignent de la représentation médiévale des cartes en T avec les trois continents qui sont comme le remarque Christian Jacob un dispositif géométrique qui implique "un partage de compétences"[10] qui n'est pas sans rappeler le modèle fonctionnel de Georges Dumézil entre "fonction royale et religieuse, fonction militaire, fonction productive."[11] La mappemonde représentée ne visualise plus une histoire biblique. Proches de leurs contemporains, les cartographes dieppois s'ingénient à insérer les nouvelles connaissances mathématiques sur la trigonométrie, les nouvelles distances reconnues par les explorateurs. Le récit littéraire et la carte géographique que l'invention de la typographie a favorisés proposent des paradigmes de connaissance de l'époque. L'homme se connaît indirectement en mettant en scène ses figures intérieures sur des images extérieures. Leur histoire serait en quelque sorte celle de l'émergence progressive de notre conscience de soi avec une certaine illusion vitale et parfois narcissique selon laquelle le monde commence à notre naissance et s'amplifie avec les perceptions que nous avons de lui.[12]

Si dans les cartes en T, le monde était le corps du Christ, le centre du monde devenait par conséquent le nombril de Dieu. Les expériences et les voyages révélaient les grandeurs du tout puissant Or les cartes portulans dieppoises explorent les différentes routes de la terre de façon à montrer aussi une quête des origines et de l'homme. Les fantaisies et les dimensions fantastiques de ces cartes pointent sur un retour aux sources qui expriment une auto-construction d'un monde, des cartographes et des explorateurs ainsi qu'une auto-totalisation, soutenue par les images maternelles de chérubins ou paternelles (dans les dédicaces et les emblèmes) aux divers coins des cartes.

Les figurations de la nation et des rapports avec l'Autre changent perceptiblement dans les cartes au XVIe siècle. Les cartographes dieppois en ont conscience. Nous en examinerons les effets dans les chapitres trois, quatre et cinq. Les greffes qu'ils proposent à mi-chemin entre le Moyen Age et la Renaissance remplissent le côté mnémotechnique des zones et des hémisphères, se construisent sur un ensemble de données faites et refaites. Elles sont des supports visuels, qui ont nourri les rêves de voyage des explorateurs. Mais en même temps, ces "greffes" ne peuvent qu'être temporaires, du fait de l'approfondissement des connaissances et des constants changements dans les sciences nautiques, les voyages et les rencontres. Ces mappemondes oscillent toujours entre deux énoncés intermittents possibles: "Elles sont là" et "elles furent là." Tiraillées entre la présence des données et leur absence, elles représentent si peu le territoire que les auteurs dieppois semblent parfois la vider; le dessin "flotte" à force d'ajouter des détails à qui mieux mieux, des vignettes, des couleurs, des personnes, des édifices, des roses de vents et des détails innombrables sur l'échancrure des cartes. La carte fonctionne chez eux comme un objet virtuel où l'indice se combine à une image non mimétique du monde. La disparition de ces cartes ne signifie pas qu'elles coïncident avec la disparition des empires, ou des nations. Abstraites et constellées de diagrammes chez Desceliers, ou de frises chez tous les auteurs concernés, elles évoluent sur un fond sur lesquels les cartographes impriment chacun leurs marques et leurs touches sur l'art. Tous les auteurs dieppois fournissent des décorations recherchées, peignent des scènes d'hommes ou des femmes extrêmement élaborés dans leur exécution. On peut dire que leur parcours est souvent plus artistique que "réel." Leurs élaborations sont avant tout des objets de construction d'un monde mi-réel mi-imaginé. Si comme Gilles Deleuze et Félix Guattari soulignaient que "la carte ne reproduit pas un inconscient fermé sur lui-même, elle le constitue,"[13] on pourrait ajouter pour le cas qui nous concerne que les représentations étudiées concourent à la connexion des champs socio-linguistiques, historiques, politiques, aux déblocages des corps sans organes, et s'ouvrent sur des plans constants et particuliers; démontables, renversables, elles sont multifonctionnelles et multitemporelles. Ceci est peut-être aussi un point pour leur oubli. En effet, très vite et même au XVIIe siècle, des cartographes de l'École de Dieppe tels que Guérard, Le Vasseur continueront dans la lancée de ces perspectives en mettant bien sûr des dédicaces ou quelques frises et des roses de vent, si caractéristiques de cette école. Mais les géographes dieppois du XVIIe siècle aborderont les thèmes de façon plus systématique dans l'étude des lieux et la description de l'intérieur de des continents ou des régions. Voici aussi une des raisons pour lesquelles il faut retrouver ces instants particuliers de la Renaissance.

Un autre point crucial dans la connaissance de ces cartographes dieppois relève directement de l'étude de Guy Rosolato sur l'objet de perspective.[14] En effet, la construction de soi de ces explorateurs ou des cartographes communique leur positionnement dans la construction de leur être. Voyageant avec leurs cultures, leurs idées, leurs expériences, ils projettent des images et des écrits qui les mettent dans un état de prise de conscience où ils figurent leurs connaissances, mais aussi leurs doutes ou leurs richesses. Au confluent de ce qu'ils connaissent, ils perçoivent et comprennent le monde. Ils décrivent au plus juste ce qu'ils ont vu pour les explorateurs (les frères Parmentier ou Cartier) ou ce qu'ils ont reçu des informations des voyageurs. Mais écrivains ou géographes, ils se trouvent dans le contexte d'être aussi neutres que possible[15] dans leurs retranscriptions. Cet *objet de perspective* conduira à donner un espace où ce qui sera raconté se verra jouxté le plus souvent entre le visible et l'invisible, dans des tensions sans cesses flexibles. Pour cela nous pourrions émettre l'hypothèse que l'écriture cartographique doit son pouvoir au fait qu'une idéologie se met en place: dans une constellation de liens entre l'espace local, universel et les relations du cartographe/écrivain et celles du lecteur/voyeur de cartes, une transformation du texte ou de la carte apparaît. Rosolato parle à cet effet de "focalisation mentale" débouchant parfois sur une impasse, vers un choix insurmontable qui envahit toute la scène de l'auteur, le "paralysant" à la limite dans la construction ou au contraire le "libérant" de ces contraintes. Ceci serait pour cet auteur "le pouvoir" lui même. Nous verrons que l'École cartographique ne manque pas d'exercer ce pouvoir dans tous les cas dans leurs représentations et dans leurs œuvres ainsi que les journaux de Parmentier.

Comme nous le verrons au cours des chapitres deux trois et quatre les cartographes normands privilégient un "point de vue" particulier: les dessinateurs sont encore dans le même plan et se déplacent sur la même sphère. Ils maintiennent tous un véritable effet de surface en miroir. Aussi la mise en abyme baroque de la perspective, qu'ils utiliseront sera bien souvent déformée et subjuguée sous leur plume, compas et autres instruments. L'œil cartographique devra procéder avec la mise en abime baroque de cette perspective. Souvent anamorphosée chez Le Testu, Vallard ou De Vaulx, elle propose un regard surplombant sur le monde et non avec le monde. Il s'agira de couper les détails et de concevoir un fantasme de totalité. On peut alors opposer le regard pour "nous" et le regard en "soi" lorsque tout est vu à partir d'un lieu singulier et particulier qui prend une vue d'ensemble sur le tout. Ces deux modes de visibilité définissent des schémas particuliers et bien différents qui deviendront plus obsolètes au cours des siècles suivants. Entre la localisation et la mise en place du port trouvé par exemple et celle des descriptions linguistiques et maritimes (fonds, écueils, rochers, etc.) et la carte de ce port en vue surplombante, la vue panoramique sera plus en vogue au XVIIe siècle.

Ainsi les composantes de la lettre comme relais, passage de savoir et de communication, de trace dans le document, de placement de centre et de décentrement s'avèrent extrêmement plastiques et restent cruciales pour les cartographes. Enfin, la littérature du voyage des contemporains dieppois tels que Parmentier, Verrazano, Cartier ou Gonneville sert également de point d'ancrage dans les composantes des illustrations et le modelé de leurs cartes. Les paysages que ces explorateurs examinent et que nous étudierons au chapitre deux renvoient à des états passés de la société ou de l'économie ainsi qu'à la situation présente de leurs cartes. Le dessin des monts, des chemins, des habitations survit aux conditions qui le justifiaient à l'origine. Nos cartographes passent de la lecture fonctionnelle à la lecture archéologique. Le groupe des cartographes dieppois a en commun celui de combiner l'espace et le temps de ces explorateurs pour dramatiser le destin des hommes et des sociétés. L'économie de la fiction apparait souvent dans la représentation illustrée des incidents de Parmentier ou des rencontres des tribus de Verrazano et de Cartier. La littérature sert ici les géographes dans leur relecture de l'espace: le monde dans lequel vivent les hommes n'est pas celui que révèle l'évidence des sens; il se double d'un univers de fictions qui alimente les rêves et guide l'action. Il répond à la logique qui consiste à interpréter des faits et leur donner un sens. La littérature de ces explorateurs les aide à en saisir la richesse, la densité et à en comprendre la signification. Ce groupe de cartographes est ainsi bien déterminé à reprendre leurs données et les exploiter. Ce ne seront certes pas les seuls. Mais leurs tentatives ont souvent été ignorées. Il est temps de les redécouvrir.

NOTES

1 David Buisseret, *Monarchs, Ministers, and Maps: The Emergence of Cartography as a Tool of Government in Early Modern Europe* (Chicago: The University of Chicago Press, 1992).

2 Pierre Chaunu, *L'expansion européenne du XIIIe au XVe siècle* (Paris: PUF, 1995).

3 Martine Sauret, *Les voies cartographiques. À propos des influences des cartographes sur les écrivains des XVe et XVIe siècles* (Lampeter: The Edwin Mellen Press, 2004).

4 Tom Conley, *L'inconscient graphique. Essai sur l'écriture de la Renaissance (Marot, Ronsard, Rabelais, Montaigne)* (Paris: Presses universitaires de Vincennes, 1992).

5 Guy Rosolato, "L'objet de perspective dans ses assises visuelles," *Nouvelle Revue de Psychanalyse* 35 (Spring 1987): 143–64.

6 Tom Conley, *The Graphic Unconscious in Early Modern French Writing* (Cambridge: Cambridge University Press, 1992), 6–8.

7 Rosolato, "ibid.

8 *La Renaissance décentrée. Actes du Colloque de Genève* (28–29 septembre 2006), publiés sous la direction de Frédéric Tinguely (Genève: Droz, 2008).

9 Tom Conley, *The Self-Made Map* (Minneapolis: University of Minnesota Press, 1997); Jim Ackerman, *Distance Points: Essays in Theory and Renaissance Art and Architecture* (Boston: MIT Press, 1991); David Woodward, "The Manuscript, Engraved, and Typographic Traditions of Map Lettering." in *Art and Cartography: Six Historical Essays* (Chicago: The University of Chicago Press, 1987), 174–212.

10 Christian Jacob, introduction à *L'empire des cartes: Approche théorique de la cartographie à travers l'histoire* (Paris: Albin Michel, 1992) .

11 Georges Dumézil, *Mythe et épopée I, II, III* (Paris: Glalimard, 1968, 1971 et 1973).

12 Gilbert Durand, *Les structures anthropologiques de l'imaginaire* (Paris: Dunod, 1960), 34.

13 Gilles Deleuze et Félix Guattari, *Milles plateaux* (Paris: Minuit, 1980), 20.

14 Guy Rosolato, *La relation d'inconnu* (Paris: Gallimard, 1978).

15 Conley, *L'inconscient graphique. Essai sur l'écriture de la Renaissance (Marot, Ronsard, Rabelais, Montaigne)* (Paris: Presses universitaires de Vincennes, 1992).

CHAPITRE 1

Les Pérégrinations du Regard et des Savoirs de l'École de Dieppe

> Nous sommes les premiers, depuis quelques dizaines d'années à peine à vivre dans un monde totalement déterminé par une science et des techniques dont la vérité objective et le savoir-faire ont tirés de lois cosmiques, universelles, bien distinctes des lois terrestres et "naturelles," un monde dans lequel on applique à la nature terrestre, à l'artifice humain un savoir que l'on a acquis en choisissant un point de référence hors de la terre. (Hannah Arendt)[1]

Ces quelques lignes d'Hannah Arendt, bien qu'écrites au XXe siècle s'inscrivent dans un courant universel et continu de pensée qui n'est pas étranger au discours de ce livre. Si la notion "d'universalité" a bien sûr changé au cours des siècles, ces quelques phrases montrent les questions éthiques, philosophiques et sociologiques que l'écrivaine s'est posées quatre siècles plus tard de ce que nous étudions dans cet ouvrage. La continuité semble d'emblée se mettre en place: l'analyse d'Hannah Arendt, qui met en relation la perte du monde naturel selon la philosophie moderne (en rapport avec son éloignement du centre "d'Archimède") s'appuie aussi sur un document d'Alexandre Koyné à propos de la révolution scientifique des XVIe et XVIIe siècles. Ces deux auteurs examinent la fin des notions et des cadres de la pensée sur l'universalité des temps modernes et continuent une pensée philosophique sur les questions de l'espace et le réel de l'univers.

La valeur d'originalité du sol constitue alors un cadre philosophique important. Quelles sont les possibilités de cette pensée? De cette conscience? Il ne s'agit pas uniquement d'une pensée originaire mais de l'objet visé. Quelle est la constitution de cet objet? Comment change-t-il? Comment la terre devient-elle objet de la pensée? Nous nous proposons de parcourir en quelque sorte le chemin inverse du chemin de la phénoménologie et de voir tout d'abord l'histoire en tant que sol dans un cadre géographique. En effet, la terre en tant que telle est le produit d'une construction. Et pour comprendre cette formation et construction de l'objet, il faut revenir sur la médiation d'un discours historique et scientifique qui concerne les opérations de la connaissance.

La géographie de la fin du Moyen Age et des XVe et XVIe siècles repose sur un ensemble de conceptions et de notions dont nous aimerions rediscuter dans ces quelques pages. En effet, aller vers d'autres lieux et trouver un chemin qui mène vers l'Inde présuppose de nombreux changements intellectuels, politiques, économiques, techniques et une altération de la pensée et de la vision du monde.[2] La notion d'extériorité si chère à Hannah Arendt et celle d'universalité prennent une tonalité importante dans la description de ces quelques pages. Ainsi, le concept d'humanité, de découverte de soi et de l'autre vont s'inscrire au fil du temps pas les voyageurs vers Jérusalem, puis plus tard, vers le ou les nouveaux mondes.

Les questions restent multiples et sous-tendent plus de problèmes que d'affirmations; comment la Terre, comme sol universel ou œkoumène devint-elle pensable? Comment fut-elle pensée de cette manière? Comment les transformations et les innovations ont-elles pu rendre une agilité de penser et une flexibilité de l'espace mental et conceptuel? Comment ont-elle affecté l'école cartographique de Dieppe?

Cerner les contours et les conditions de ces changements soulèvent dans ce livre et particulièrement dans ce chapitre un ensemble de questions qui mènent dans des directions qui pourraient éclairer le discours de Parmentier et celui des cartographes dieppois et normands.

Les visions du monde

Deux types de relations dans la "vision du monde" interviennent. A priori, bien que différentes sur les points de vue théoriques, ces relations interfèrent et s'enchevêtrent souvent. D'une part, la relation cognitive mue essentiellement par le besoin et la curiosité de savoir parcourt les champs divers de "l'univers" et du monde du Moyen Age. Cet effort et cette volonté de savoir ne sont pas uniquement d'ordre matériel ou de maîtrise du monde. Il s'y associe une perspective intellectuelle. Dans cette envie de connaître, d'apprendre et de se surpasser, la science se développe et participe activement à cette nouvelle façon d'appréhender les lieux et les espaces.[3]

S'y adjoindra le développement de l'optique pour les périodes du XVe et XVIe siècles avec l'amélioration des lentilles et des miroirs, l'utilisation de lunettes optiques, des projections loxodromiques et la perspective. Ce changement de regard se prolonge ainsi sur plusieurs siècles.

D'autre part, la relation à l'objet "imaginaire" persiste.[4] Cette relation est en ligne directe avec le système de projection des fantasmes d'un sujet, et peut se manifester par des verbalisations métaphoriques. Dans le mode des échanges se glisse souvent tout un domaine linguistique en rapport avec les acquis et les connaissances culturelles. Ces interactions se voient elles-mêmes prises dans un type de données particulières spatio-temporelles qui délimitent et indiquent les facettes de la société et ses contraintes. L'image du "monde entier dans un livre" prend un relief particulier: ce dernier dissémine les connaissances de façon plus systématique et ouvre de nouveaux champs d'exploration pour ceux qui justement n'ont pas pu aller "là-bas." Si les techniques de navigation telles que l'amélioration des constructions de bateaux, l'utilisation de meilleures voiles, la maîtrise des vents et une meilleure navigation due aux compas, boussoles, arbalètes, sabliers permettent de réviser et de reformuler des concepts ou des idées sur les territoires entraperçus, elles se disséminent aussi plus rapidement grâce à des moyens techniques plus adéquats (en série), eux mêmes rapidement diffusés par le livre. Leurs esquisses et tracés dans les cartes de l'école cartographique reflètent la variété des bateaux et leurs importances. Les échanges économiques privilégient le dynamisme et la flexibilité. La Renaissance y trouvera son compte en jouant un double rôle: l'abondance des objets qui spécifiera l'homme et aussi une humanisation et empathie pour l'univers.

Le terme de nature sera lui même bouleversé: elle sera plus quantifiable, mesurable et utilisable puisqu'elle sera exprimée en langage mathématique par les savants. En même temps, cette quantification et cette possibilité de la connaître la rendront plus susceptible à des représentations affectives particulières. Il s'agira de la nature Dieu-la-Mère, Dieu-la fille.[5] Manipulables et manipulés, les concepts de nature resteront dynamiques et ne cesseront de naviguer entre communication et amour.

Dans ce double registre cognitif et imaginaire de la vision du monde une question se pose: quelle serait alors la part de l'histoire dans cette vision? Comment affectera-t-elle les cartographes dieppois?

Dans le système cognitif, un ensemble de références s'impose pour la "grande syntaxe" de l'univers. Au fil du XVe siècle, un ouvrage semble dominer tous les autres; celui de Ptolémée.

Ptolémée

Sa *Géographie* fut traduite en arabe en 827 sur l'ordre du calife Al-Mamoun. Mais il faudra attendre le XIIe siècle pour que Gérard de Crémone s'y intéresse en 1175 et en établisse une traduction en latin. Les traces explicites de l'utilisation de la *Géographie* du VIIe–XVe siècles montrent qu'indirectement elle fut considérée comme l'autorité qui permettait de mettre en place rationnellement une théorie de l'astrologie, mais aussi représentait une continuation d'une cartographie synthétique et souvent hypothétique. La confrontation avec les cartographies existantes permettait également de dresser une géographie plus adéquate et plus flexible. Les modes de représentation de l'image plus moderne du monde continueront à se développer sur le modèle de Ptolémée au XVIe siècle.

C'est aussi dans le *Tetrabible* que les calculs des planètes seront des sources importantes pour l'astrologie et influenceront certains calculs des auteurs de l'École de Dieppe. C'est certainement vers la fin de sa vie que Ptolémée rassemblera et calculera les distances de la terre et des mers. Comme son nom l'indique, la *Géographie* est "une instruction pour dessiner une carte du monde" conçue comme un manuel de cartographie. Dans les premières lignes, Ptolémée souligne qu'elle a le sens de la représentation géographique habitée. Divisée en trois séries de données, elle renferme des éléments mathématiques importants et des calculs savants établis dans son autre ouvrage L'*Almageste*.

La *géographie* contient tout d'abord une description des trois parties de l'œkoumène faite de noms et toponymes définis par leurs coordonnées de latitude et de longitude: c'est une meilleure façon de représenter la terre en fonction des données diverses (observations, calculs astronomiques et mathématiques, itinéraires sur le mers et la terre). Enfin, une série d'instructions est ajoutée pour faire les cartes et que bien souvent on a nommé à tort comme "projections." Entre ces deux livres, Ptolémée changera certains détails comme la latitude de l'œkoumène qui s'étendra dans la *Géographie* de 16 degrés au delà de l'équateur (Figure 1). Le méridien d'origine n'est plus compté à partir d'Alexandrie, mais c'est l'extrémité occidentale du monde qui la détermine.[6] Nos cartographes dieppois utiliseront sans nul doute ces données. Leurs dessins le reflètent bien que ce soit chez Roze, Desliens ou Vallard.

Revenons ici quelques instants pour comprendre le système établi par Ptolémée dans l'*Almageste* pour étudier l'importance et son impact sur sa géographie. C'est ce qui influencera nos cartographes dieppois. L'*Almageste* est une grande syntaxe mathématique. L'auteur y montre l'importance des coordonnées géographiques: ainsi la longitude sert à calculer les mouvement célestes par rapport au méridien donné. Le temps exprimé en heures saisonnières doit être converti en heures équinoxiales (ce qui dépend de la latitude). Ptolémée indique les phénomènes utiles par rapport aux latitudes (durée du jour le plus long vis à vis des nombres). Souvent le grand public y a vu une conception simple et mécanique d'un système qui explique ce qui va suivre. En même temps, ce procédé semble également avoir fourni encore plus de dévotion en une période de maniérisme exacerbé des courbes et des formes (dans le registre flamboyant). L'Angleterre parlera de "style perpendiculaire" quand le Portugal parlera de "d'art manuélin."

L'école cartographique se place au carrefour de ces grands noms. Bien souvent les courbes et les formes se verront alterner avec des formes plus strictes dans les cadres ou les légendes voire dans les vignettes.

Dans le livre premier, Ptolémée propose une critique du Guide pour la carte du monde de Marin de Tyr après avoir établi des considérations générales sur l'importance des calculs géométriques et astronomiques. Ce jugement permet de voir que l'auteur refait scrupuleusement tout le chemin parcouru par Marin de Tyr en y ajoutant un premier mode (que l'on nomma souvent "première projection" et une "projection conique simple") qui présente des lignes droites avec des intersections aux pôles pour les méridiens, des arcs concentriques pour les "parallèles" et un second mode (appelé "deuxième projection" et "projection conique arrondie") qui indique les méridiens et les parallèles. Ce travail important sera souvent repris par nos cartographes normands. En effet, la courbe et la projection des méridiens se rapprochent très souvent des indications faîtes par Ptolémée, notamment chez De Rotz (ou Roze) ou Desceliers.

Du livre II au VII se déroulent les nomenclatures des toponymes des régions et du calcul de leurs coordonnées. Le livre VI se termine par des instructions pour dessiner l'hémisphère contenant l'œkoumène sur un plan, comme s'il était vu sur le globe d'une sphère "armillaire." Ce qui est souvent montré comme "une troisième projection." Ces différentes sortes de spécification traversent toute l'école cartographique de Dieppe. Représentant différents planisphères, reprenant ceux de Ptolémée ou ceux cordiformes de Finé, anamorphiques de Testu ou écliptiques de Jean Cossin, l'école cartographique de Dieppe continue dans le jeu des différenciations.

Les répétitions de Ptolémée dans les livres II–VII sur l'ensemble des notations sur les villes ou les habitants trouveront bien sûr un écho important chez les cartographes dieppois. Ces redites seront surtout manifestes dans l'élaboration des nomenclatures des latitudes et des longitudes. Elles entraîneront quelques erreurs: en réinscrivant souvent plus d'une fois sur leurs cartes les ambigüités trouvées et recensées, les manques de cohésion des faits seront déformés et erronés. Si Ptolémée crée les premières distinctions entre les termes de "latitude" (qui représente la largeur de la terre,) et l'étude de la "longitude" (qui représente la "longueur de la terre,) le monde des cartographes dieppois s'étendra pour sûr d'Ouest en Est et reprendra ces notions de latitude et de longitude. Leurs cartes constitueront également un prolongement des découvertes et des recherches spécifiques de cette école en mathématique. En ce sens, la contribution de Ptolémée est aussi une étape importante dans la cohésion des répétitions et des amalgames, ou des négligences. La confrontation de cet auteur avec les cartographies existantes permettait également de dresser une géographie plus adéquate et plus flexible.

Platon et Aristote

Ces philosophes influencent également profondément la pensée cosmologique médiévale ainsi que vraisemblablement nos cartographes dieppois du seizième siècle: et cela pour Platon jusqu'au XIIe siècle et Aristote au XIIIe siècle. Dans *Timée,* Platon privilégie la force divine du monde et son âme. Quand les textes d'Aristote, d'Euclide et de Ptolémée arrivent dans les traductions latines, il se produit une synthèse culturelle entre les pensées chrétiennes et grecques. Ce mouvement appelé la Scolastique fut représenté par Thomas d'Aquin.

Il s'agissait d'adapter la vision chrétienne au mouvement du système de Ptolémée. La distinction aristotélicienne entre le monde des cieux et le monde sublunaire permettait de placer la divinité dans le premier, tandis que le second convenait alors à l'homme, sujet au péché. Ces caractéristiques prennent toute leur ampleur dans la position et la fixité de Dieu, qui siège au plus haut de l'univers. L'idée de l'éternité du monde (constante d'Aristote) se voit alors changer en une conception d'univers fini, comme l'exige la Bible qui enseigne la création voulue par Dieu, qui est à l'origine de toute chose.

Aristote (384-324 avant J.-C.) reprend ainsi les théories d'Eudoxe qui divisa les sphères en groupes: chacun d'entre eux constituait un système autonome attribué à un astre particulier. L'auteur, voulant privilégier une vision unitaire et globale de l'univers, réfuta ces divisions. Pour avoir un système unique, Aristote solidarisa différents groupes par l'intermédiaire de sphères tournant elles mêmes en sens opposé de celles situées immédiatement au dessus d'elles, de manière à neutraliser les mouvements étrangers à chaque groupe, à l'exception du mouvement diurne qui était communiqué de la sphère des étoiles fixes jusqu'au monde de la lune. Il ajouta un total de vingt-deux sphères entre les groupes, portant à cinquante leur nombre total.

Dans cet univers fini, les sphères sont matérielles et faites d'un matériau solide, cristallin, transparent, dont la nature est différente des quatre éléments qui nous entourent; la terre, l'eau, l'air et le feu. Elles sont d'une cinquième essence; l'éther plus noble. La distinction entre les étoiles fixes et la sphère de la lune est capitale. Le monde des sphères de cristal est le siège de la perfection et de l'incorruptibilité. Leur forme est la plus parfaite de toutes les figures solides et leur mouvement circulaire est aussi preuve de perfection parce qu'il n'y a ni commencement ni fin. La perfection réside aussi dans la forme sphérique de la lune, du soleil, des planètes et des étoiles. Au contraire du ciel, la région sublunaire composée de quatre éléments qui sont la terre, l'eau, l'air et le feu possède des mouvements rectilignes dirigés dans les sens opposés; vers le bas pour les deux premiers, vers le haut pour les autres. La terre se trouverait immobile car tous les corps lourds ont tendance à aller vers le bas. La voie lactée, les étoiles filantes sont alors considérées comme des phénomènes qui ont leur origine dans la sphère de feu (monde sublunaire). Ces quelques détails montrent bien un dessin grandiose d'Aristote dont les déclinaisons arithmétiques et certains calculs seront repris par nos cartographes Roze ou de Vaulx. L'insularité de la terre habitée, entourée par la mer sera aussi une composante déterminante pour Christophe Colomb quand il essayera de rejoindre le rivage de l'Inde en traversant l'Atlantique.

Voulant modéliser l'ensemble des connaissances de son époque sur la nature et expliquer tous les mouvements découlant de principes généraux, Aristote exerça pendant longtemps une profonde fascination. Son influence se fit ainsi sentir dans tous les domaines (politique, sciences, philosophie, théologie, éthique, rhétorique, etc.). C'est fort probablement pour cette raison que sa théorie fut adoptée à l'unanimité par les penseurs de l'époque, au détriment du modèle de Démocrite, qui se rapprochait beaucoup plus du modèle considéré aujourd'hui.

Cette conception entre région céleste et région élémentaire traverse le XVIe siècle avec constance. Présentée dans la plupart des manuels cosmographiques, elle représente un élément capital dans la démarche que nous essayons de restituer dans ce chapitre. D'un côté, les cosmographes (et notamment l'école cartographique de Dieppe) recherchent et peaufinent cette théorie. De l'autre, cette juxtaposition des deux mondes et leur indépendance permettent de développer autre chose et de comprendre les modifications et la compréhension du monde terrestre. En d'autres termes, le concept de *géographie* de la terre ne modifiera pas le terme aristotélicien de la cosmographie. Les cartes normandes intègreront aussi ces concepts.

Mais l'univers d'Aristote reste surtout prévalent chez les cartographes dieppois dans la composition et l'aménagement des divisions et subdivisions des cinq zones célestes sur la terre (antiquité) et les deux zones consacrées à la température et au peuplement. Les climats (Figure 2) deviennent les espaces de terre entre deux cercles parallèles et subissent une variation d'environ une demi-heure pour le jour tout au plus pour le plus long jour de l'année. Bien sûr les découvertes des explorateurs du XVIe siècle mettront bien à mal ces théories.

Ainsi, si divers cartographes soulignent les deux mondes proposés, l'espace de la terre est avant tout l'élément qu'ils étudieront le plus. Et ils ne seront pas les seuls à s'intéresser à l'enchevêtrement de l'existence des sphères et des firmaments. Cet emplacement et cet encadrement de la représentation de la cosmographie proviennent d'un long héritage. L'architecture du monde n'est pas envisagée dans une perspective de physique et de compréhension scientifique, mais au contraire la cosmologie est articulée autour d'un certain nombre de conceptions théologiques qui font fusionner petit à petit les thèses d'Aristote et celles de la Bible.

Le savoir des cosmographes, fruit hérité des Grecs et des Arabes recueille aussi les atouts de la tradition de la création du monde en six jours. Structuré dans l'espace chrétien, l'univers ne peut être conçu sans la coexistence de la Bible. Dans cette perspective du passage de la théologie dans la cosmographe, les cercles concentriques de la Terre acquièrent des valeurs et des charmes particuliers, où l'incarnation du récit et sa création vont de pair.

À cet effet, J. Baltrusaïtis nous rappelle l'importance du fusionnement des données abstraites et de celles concrètes:

> Les données purement théologiques fusionnent avec les données abstraites des cosmographes, en approfondissent le sens et élargissent leur rayonnement.[7]

Dans l'amalgame de la création théologique avec la construction de la cosmographie par des cercles concentriques, la valeur de ces sphères prend une importance toute singulière: la représentation de l'espace cosmique devient en quelque sorte l'incarnation du récit de la création du monde présenté dans la Genèse. Ainsi, Dante inscrit dans *La Divine Comédie* un voyage à travers les sphères célestes:

> Une douce couleur de saphir oriental, qui était enclose dans la sérénité de l'air limpide jusqu'à la première sphère,
>
> Rendit à mes yeux la joie, dès que je fus sorti de l'atmosphère de mort, qui m'avait attristé les yeux et le cœur.[8]
>
> Je ne m'aperçus pas que je montais en elle; mais ma dame que je vies devenir plus belle me donna la certitude d'y être entré.[9]

Le périple de Dante s'achève par la vision de Dieu au paradis. Mais il n'est pas le seul à utiliser ces sphères et définir les rapports judéo-chrétiens dans ces espaces et représentations des cieux ou de la terre.

D'autres cosmographes, tel Guido Bonatti dans son *Microcosme et Macrocosme* (Figure 3) représente dans cette miniature les sept planètes. La lune, indiquée par un croissant est en opposition avec le ciel figuré par un cercle lumineux. Situées dans les cercles extérieurs, les étoiles fixes sont rayonnantes. Les figures du zodiaque divisent la sphère en douze sections. Au centre de la terre figure un jeune homme nu. L'image repose sur une représentation synthétique et emblématique entre microcosme et macrocosme, entre l'homme et l'univers. L'union de la cosmographie et de la théologie passe par le moment qui dit la Création et de la définition de l'objet "terre-univers" par le cosmographe. La progression du récit franchit une succession de plusieurs images montrant la formation du monde en sept jours. Ainsi les deux premiers cercles correspondent en général à la première ouverture de l'univers: ils se terminent par l'emboîtement des sphères finales qui montrent un déploiement spatial où les chiffres et les couleurs s'harmonisent. Ils redoublent la quiétude spirituelle et théologique de l'époque. L'espace progresse, se complique de divisions à l'intérieur des cercles mais reste contenu dans son nombre défini de sphères, qui fournissent la plénitude théologique et correspondent aux découvertes cosmographiques de l'époque.

L'univers final de la création devient alors un aboutissement du récit du début et de la vie du monde: il produit un discours où tout hiatus et dissension sont réfutés. La terre y est vue comme une approche synthétique, où s'entremêlent les considérations théologiques, naturelles et spatiales dans une démarche assez totalisante. Ce phénomène ne se présente pas comme une rupture ou un bouleversement complet du savoir, mais comme l'enregistrement de cet évènement conceptuel qui va peu à peu se modifier. L'école cartographique de Dieppe oscille ainsi dans une compréhension du monde connu, lui rendant hommage dans un parcours de redites qui montre des éléments de la Bible et des éléments traditionnels (comme les monstres) tout en réfléchissant sur la beauté nouvelle et les espaces sauvages appréhendés.

Concepts physiques: Apian

Les descriptions cosmologiques, les justifications théologiques et les mesures géométriques vont cependant connaître des sursauts de doute: de nouveaux calculs et de nouveaux trajets apparaissent dans les découvertes. Apian ajoute dans sa cosmographie un plan d'analyse qui superpose plusieurs séquences subdivisant les régions torrides et arctiques.[10] Plusieurs problèmes s'imposent: ce que nous appelons la répartition des masses aujourd'hui se voit fragilisée et remise en question. Ensuite la place—entendons par là—la forme de la partie habitable de la terre n'est pas rassurante si l'on considère les nouvelles découvertes. À la question de savoir ce qu'est la cosmographie, Apian proclame en 1581:

> La cosmographie, comme le montre l'étymologie origine et vraye signification du terme est une description et trace du monde lequel est comporté de quatre éléments, Terre, Eau, Air et Feu du Soleil, de la lune et de toutes les etoiles avec tout ce qui est contenust dans le courant du ciel. Cette science considère premièrement des cercles,

> desquels nous imaginons la suprème sphere et celle estre composée. Et apres, selon la distinction et repartiment des cercles susdits. elle déclare la situation des terres du dessus d'iceulx, la mesure et la proportion d'icelles. Oultre ce demontre la proportion des climatz, la diversité des jours et des nuitz. . . . La considération du ciel comme toutes les élévations du pole parallèle . . . laquelle differe de la geographie est une "imitation de la pienture de la terre" et en ce, que la cosmographie descrit la la terre par les cercles du ciel, au dessous desquelz elle est plus nom par Montaignes, mer.

Cette fragilisation de la partie habitable de la terre ainsi que la distinction ferme entre cosmographie et géographie prennent toute leur ampleur. Comme l'ont très bien fait remarquer Lestringant et Claude Gilbert Dubois,[11] la cosmographie se rattache aux mathématiques puisqu'elle opère sur un canevas géométrique défini par les parallèles et les méridiens, l'équateur, ou s'étale la représentation géographique des continents. Le sol, les arbres, les montagnes forment la figure de la terre. La géographie suppose, en contraste, que l'on adopte le regard idéal du créateur sur le monde, ou que l'on puisse aller vers le ciel. Elle va offrir petit à petit un art à la mémoire: l'espace compartimenté décrit les lieux et accueille un grand nombre d'informations représentées par des figurines. Comprendre et parcourir cet espace demande une interprétation de la mise en place des symboles ou des lieux commémoratifs. Par exemple les églises, les sanctuaires, etc. permettent de raviver la mémoire sur les territoires acquis et les récits d'évènements anciens. Ainsi, la carte du Moyen-Orient suffira à pérenniser les exploits d'Alexandre, celle du Sud d'affirmer les territoires acquis par Jules César.

À ces deux distinctions de la cosmographie et de la géographie s'enchaîneront bientôt des distinctions entre chorographie et topographie. La chorographie examine en particulier les lieux pris de façon individuelle. Elle est avant tout exhaustive puisqu'elle ne se fonde pas comme la géographie sur des calculs mathématiques sur les courbes et les angles. Elle représente de façon plus sélective tout ce qui a été mis en place auparavant par les découvertes et les relevés topographiques.

La cosmographie et la géographie embrassent la totalité du monde connu, et la chorographie est plus localisée puisqu'elle considère les lieux pris isolément. La question de méthode intervient également: si la cosmographie se rattache aux mathématiques (puisqu'elle implique les calculs mathématiques sur les courbes, les angles, la sphère armillaire,) elle est dotée d'un canevas précis et étudié défini par l'équateur, les parallèles et les méridiens. La géographie prendra alors la suite, révélant tous les détails du monde connu. De façon plus sélective, elle représente ce qui a été déjà mis en place auparavant par les découvertes et les relevés topographiques. La chorographie, quant à elle est exhaustive: enregistrant les moindres accidents de terrain et tous les détails jusqu'au bosquet le plus minime, au vallon le plus petit. Loin de l'abstraction mathématique et du tracé délimité de la géographie, elle estime avant tout les matériaux et les lieux autant que se peut dans l'énoncé de l'espace. Elle qualifie en quelque sorte le paysage et reste moins abstraite dans ses calculs. Essentiellement descriptive, elle dépend du témoignage visuel du voyageur et de l'observateur. Elle trace les chemins de l'activité humaine, que ce soit dans le modelé d'un ruisseau, l'escarpement d'un ravin, et permet de lire sur la terre des bribes de récits et d'évènements. La marqueterie instaurée sur le relevé du terrain demande un effort de lecture "pour voir plus près" la série de lieux et les poussières des sentiers. Ces espaces seront d'ordre qualitatif puisqu'ils permettront d'évaluer et de coordonner des concepts de figure humaine: par exemple chez, Apian il s'agira d'examiner les différents climats et de les faire coordonner aux aspects physiques des personnes (Figure 4). Une sorte de cosmologie "analogique" va reprendre de strate en strate les différents ordres de la création. Entre l'accord du microcosme et du macrocosme, la théorie où l'homme est en accord et en harmonie avec le sol et l'air, et positionne les peuples en fonction de l'image des territoires qu'ils habitent. De la cité au corps individuel et de la cité au corps du monde, les correspondances vont bon train. Loin de se réduire à la pauvreté d'un schéma d'explication causale, cette théorie est bien un principe d'unification et de liaison. Ici les choses se font écho: les nations ressemblent aux pays, eux-mêmes en accord avec tel ou tel organe ou telle humeur du corps.

La théorie des climats apparaît alors systématique et de ce fait certainement réductrice. Mais pour l'époque, elle représente une idée stratégique et déontologique qu'il va falloir signaler. Elle est un critère de sélection de l'histoire et de la causalité du monde, un instrument d'adéquation de l'institution au fait de la vie et de son engendrement par Dieu. C'est lorsque le maillage de la carte est le plus distendu et l'œil de l'observateur au plus près de son objet que la volonté de systématisation à base mathématique semble être ignorée d'Apian. En suivant cet ordre qui va du général au particulier, la compilation des faits s'accroît. La disparité s'atténue si l'on pense que les cosmographes de l'époque malgré le respect porté à Ptolémée exposent et orientent leur texte vers une chaîne de tableaux particuliers. Souvent réduit à un modèle théorique, la cosmographie tente de recueillir prestige, histoire et fait souvent l'amalgame de vastes compilations existantes infinies. En plaçant les ouvrages sous l'invocation de Ptolémée, ces cosmographes essayent d'en retenir le prestige et la caution.

De même, si le système cartographique de Ptolémée fait de coordonnées est opératoire, la représentation d'espaces spécifiques, d'échelles et de mesures variées se développera au cours du XVIe siècle. Lorsque l'on voit les cartes de de Dieppe pour la première fois, on remarque dès le début une variété d'échelles et de mesures bien différentes selon les dessinateurs. Les couleurs et le modelé des côtes reflètent souvent des habitudes pour représenter les fonds ou les sables, mais l'ensemble de ces mesures n'est pas systématiquement établi. La flexibilité, la variété et l'inconsistance des mesures dans les échelles ainsi que les gabarits établissent plus un genre entre figures et représentations que des bases mathématiques absolues. La aussi, la force de réalisation dans chaque dessin, le déplacement dans l'ouverture et la possibilité de futures représentations sont mises constamment en œuvre chez nos cartographes, sans pour cela représenter une totale fiabilité. Cependant deux autres personnes influenceront le tracé de ces cartes de façon prépondérante pour l'école cartographique. Il s'agit d'Alberti et certainement de Copernic.

La grille d'Alberti

Alberti commence en 1431 son *Descriptio Urbis Romae*. L'ouvrage illustre une technique importante qui permet de tracer le plan d'une ville par de simples schémas établis à partir d'un point central. En se plaçant au centre du Capitole, l'auteur y met—certainement un astrolabe à l'envers—pour indiquer "l'horizon." Il fait correspondre le plan et l'étendue du disque. Ce dernier est divisé de 48 degrés qui sont eux-mêmes partagés en 4 minutes. Le centre du disque est une espèce de bras gradué d'où les points répertoriés peuvent être calculés. Ce système permet de relever les différentes locations désirées au moyen du pivot du bras sur son axe. On mesure l'angle obtenu par rapport au Nord, établi comme ligne de référence. En ce qui concerne les points visés au centre, Alberti ne propose rien de particulier. Un système de proportionnalité se met en place entre les pas comptés, entre les points relevés et le Capitole, et une graduation du bras pivotant. Il s'agit d'un système de calcul important puisqu'on utilise à la fois des mesures mathématiques et un système empirique de pas pour disposer les données sur un espace binaire. La technique du dispositif permet d'obtenir une représentation aussi proche que possible de la distance des éléments et des lieux, tout en reposant sur une seule direction (le Nord). L'homogénéisation et l'unification de cette représentation par "grille" et par "point" permettront à l'École de Dieppe d'assembler beaucoup de données et d'exprimer les relations entre plusieurs points de la terre de façon plus systématique. Gemma Frisius dans *Méthode pour décrire la location de lieux et les distances entre eux* généralise plus avant ce procédé avec une planchette de bois dénommée "planimetrum" que l'on posera horizontalement. Sur cette dernière sera inscrit un cercle divisé en degrés, lui-même ayant une flèche appelée "l'enseigneur" pivotant et matérialisant en quelque sorte le regard. Grâce à un système élaboré de triangulation, le lieu se voit précisément localisé à partir de deux endroits. À la différence du système d'Alberti, la direction unique du Nord n'est pas nécessaire. On peut aussi voir que chaque point se trouve référencé comme une combinaison et une intersection de deux mesures.

Ces deux systèmes absorbent à la fois les méthodes simples de calcul et permettent de concrétiser tout un ensemble de données empiriques de manière systématique. La construction favorise une homogénéisation de la "fabrication" des lieux. Enfin, ce système permet de déduire une distance entre les lieux si on connaît une des distances réelles. Le geste se traduit graphiquement: il construit un espace calculé devenant alors répertorié de façon exacte et se trouve inclus dans la totalité du monde. L'usage des instruments produit un véritable système d'où le regard de l'homme n'est qu'éphémère: ce dernier doit calculer, mais l'abstraction des chiffres clarifie et assure la précision des éléments tout en provoquant un ensemble homogène. L'espace et le regard se voient en quelque sorte "en dehors," détachés de l'empirisme. La manipulation instrumentale propose un autre vécu qui prend la distance avec le regard. Cette systématisation du quadrillage est particulièrement intrigante chez les cartographes dieppois. Ils se servent systématiquement de grilles pour reprendre et annoter les données, les comparer avec les éléments d'autres cartes. Jacques de Vaulx dans son admirable traité de 1583, et Jean Roze expliqueront en grand détail les calculs mathématiques et les outils nécessaires pour achever les points et les distances.

Cependant dans la manipulation de leurs calculs, nos cartographes ne porteront pas toutes les dimensions calculées dans leurs propres cartes. Ainsi, nous verrons que Jean Cossin, Desceliers ou Guillaume le Testu, pour ne citer que ces trois exemples n'enferment pas toujours leur tracé dans une représentation systématique: Jean Cossin imaginera une représentation sinusoïdale dans sa carte de 1570; Guillaume le Testu essayera de ne pas formuler les rhumbs et les roses des vents dans son œuvre de 1566 (Figures 5-7) et Desceliers cachera certains détails par des vignettes narratives.

Ce refus de "non systématisation" n'est pas une erreur de leur part: c'est un choix esthétique lié à la perspective des personnages, de la flore et de la faune représentée. Elle est bien souvent un élément qui leur tient à cœur dans l'expression d'un monde ancien et renouvelé. Leur regard ne se veut pas neutre. C'est aussi à cause de ces effets, de ces retouches de perspective, de ces plans travaillés mais souvent dissimulés qu'ils porteront aussi la fin de leur ère. La rationalité et l'écrit mathématique prendront petit à petit place dans un système organisé, uniformément délinée et plus fiable qui ne laissera aucun espace pour une inventivité inutile pour les marins, les géomètres, ou les désirs des conquérants de s'approprier les terres. Connaître systématiquement les distances, les parcours et les écueils font partie de "l'utilité" des cartes.

Copernic

En face de la redécouverte de Ptolémée et de la grille d'Alberti, la révolution copernicienne prend forme. Elle passe cependant longtemps inaperçue. En 1504, âgé de trente ans et ayant acquis une vaste culture scientifique et humaniste, Copernic quitte l'Italie où il avait trouvé l'inspiration pour retourner en Allemagne et y peaufiner son œuvre. L'idée fondamentale de Copernic est assez simple: comme l'avait fait Aristarque dans l'Antiquité, il échange les positions du soleil et de la terre. Retirant cette dernière de l'immobilité où elle est figée ainsi que sa centralité, il lui attribue un mouvement de révolution autour du Soleil qui devient alors le centre du système des planètes et lui donne un mouvement de rotation autour de son axe. Les mouvements des planètes se trouvent alors expliqués plus simplement que par les épicycles de Ptolémée. L'apparente complexité de leur rotation a pour cause que le mouvement de chacune d'elles est en étroite relation avec la terre gravitant autour du soleil. *De Revolutionibus orbium coelestium* est un ouvrage essentiel dans le développement de la compréhension de l'univers. C'est en se basant sur des observations concrètes que Copernic a fondé son hypothèse. Il propose ainsi de renverser les données ptoléméennes tout en consolidant sa théorie. D'où semble-t-il un paradoxe: d'un côté, on assiste à une véritable révolution scientifique, de l'autre, l'auteur reste très attaché aux conceptions de l'univers connu de l'époque. Dans la conclusion de son ouvrage, il remarque:

> Enfin, on admettra que le Soleil lui même occupe le milieu du monde. Tout cela, c'est ce que nous enseigne le principe d'ordre selon lequel les planètes se suivent les unes les autres, ainsi que l'harmonie du monde dans son ensemble, à condition que nous considérions la chose elle-même avec, comme on dit, "de nos yeux."[12]

L'auteur reste très attaché au concept de l'ordre des planètes et de leur sphéricité comme étant "la forme la plus parfaite de toutes." Il est persuadé que les mouvements de l'univers restent principalement circulaires et uniformes demeurant ainsi dans la tradition de la nature éternelle crée à l'image de Dieu. Le monde pour lui reste fini: il est contenu dans la sphère des étoiles fixes. Il admet cependant que celle-ci est localisée à une grande distance de la Terre et du Soleil. Pour effectuer cette remarque finale, Copernic montre l'absence de parallaxe des étoiles fixes dont les directions devraient légèrement varier au cours de l'année en raison des mouvements du soleil et de la terre. Si l'on examine plus attentivement les données de Copernic, on se rend compte que ce système, qui voulait simplifier les éléments, est presque aussi complexe que les systèmes d'Aristote ou de Ptolémée. En entrant dans le détail des comparaisons et des observations, le système se révèle incapable de rendre compte des positions des planètes et de leurs mouvements. Copernic rebrousse alors le chemin: il fera usage d'épicycles et de référents excentriques. C'est ainsi que la version finale de l'ouvrage ne contient pas moins de quarante-huit épicycles. Le soleil se voit lui-même légèrement excentré. Le centre des orbites des autres planètes coïncide avec le centre de l'orbite terrestre où il n'y a aucun corps. Il n'y aura aucune brisure des sphères de Cristal, ni de mouvement d'ellipses pour remplacer les cercles.

À son corps défendant, on peut faire remarquer que Copernic ne disposait pas d'observations assez précises pour lui permettre de franchir ce pas. Ces études seront faites par Tycho Brahe (1546–1601) et interprétées plus tard par Kepler (1571–1630).

Il faut donc distinguer entre l'aspect scientifique de cette révolution et de son aspect théologique. D'un point de vue scientifique, Copernic a effectué un renouvellement important dans la conception et la décentralisation de la terre. Et c'est là que nos cartographes dieppois entrent en jeu: le positionnement de l'homme au "sein" de l'univers est dans une zone de "milieu" un endroit d'où la perspective lui paraît être la meilleure. La constellation des êtres sur les cartes dieppoises montre une élaboration complexe de leur pensée sur l'homme et met en valeur leur propension à l'intégrer dans le système des cartes. Pour mettre en valeur les figurines dans les cartes, les cartographes dieppois n'hésiteront pas à prendre les mesures prises par les explorateurs qui se sont déplacés d'un point A vers un point B afin de réaliser une visée de deux endroits et obtenir le calcul souhaité. Il semble que ces calculs soient constants comme peuvent le souligner les traités de Jacques de Vaulx, ou Roze.

Par ailleurs, Copernic permit ainsi à ses successeurs de continuer les calculs sur le soleil et les planètes en ne les considérant pas comme des objets immuables. Mais cette théorie resta encore attachée au passé. Ainsi, l'échange des positions de deux astres aux fins des observateurs n'est pas si fondamental au regard de l'astronomie et de la cosmologie. Au plan théologique, le traité représente un point de vue fondamental en liaison directe avec le Moyen Age. La terre est habitée par l'un des deux astres et c'est l'homme. L'opération réalisée par l'astronome sort l'individu de la position centrale qu'il occupait dans l'univers et met en question le message des Ecritures sur un plan cosmique de l'existence. L'Eglise ne s'y trompera pas: et si elle admet le passage de la terre plate à la terre ronde et à l'univers de Ptolémée, elle admet aussi que l'homme demeure au centre du monde. Le système copernicien se révèle traumatisant pour elle.

Il remet pourtant en cause et sans prétention les traditions qui se sont imposées. À bien y regarder, ce renversement se situe dans un contexte d'un clacissisme renaissant: dans le système de simplification des données, Copernic veut rester naturel et se défie de l'artifice, de l'ingéniosité des grands écrivains cosmographiques.

Un autre effet de cette révolution est aussi l'extension de l'univers: le monde se révèle deux fois plus grands que précédemment. La grandeur visible n'est pas proportionnelle à la grandeur réelle: en posant mathématiquement les lois de la perspective, l'équilibre et le calcul des distances, Copernic est aussi un homme de la Renaissance qui cherche, expérimente et calcule. Il poursuit dans sa lancée les travaux de Nicolas de Cues, malgré que ce dernier ait posé l'hypothèse d'un univers *interminatum*, sans fin et sans fond.

Que se passe-t-il dans l'élaboration des cartes au XVe et XVIe siècle et où se situent alors les cartographes normands?

Figurations de la terre aux XVe et XVIe siècles

Trois points fondamentaux changent au XVIe siècle dans la figuration de la terre. Tout d'abord, la forme de la terre—entendons par là—les dispositions internes des espaces de la mer et de la terre. Ensuite, sa position s'achemine vers un changement dans l'ordre de la grandeur et d'extension. Enfin, la représentation de l'œkoumène reste stable. Au point de vue de la forme, la terre habitable ou *terra habitabilis* se présente dans une articulation en trois parties principales; l'Europe, l'Asie et l'Afrique qui sont ceints par les océans. Ordonné visuellement et schématiquement dans une forme presque ovale, les trois parties sont visuellement tracées en T dans une forme de O (terre). Ainsi comme par exemple dans la Figure 8, le monde habité est figuré sous la forme d'un cercle, échancré par les mers, dont la Méditerranée pénètre loin à l'intérieur des terres. Les cartes sont orientées souvent vers l'Est et parfois le Sud, rarement vers le Nord (au moins jusqu'au XIVe siècle). Le partage remonte au Déluge, au premier âge du monde, quand l'espace fut imparti aux trois fils de Noé. À Sem, l'aîné revient l'Asie; à Japhet, le cadet, L'Europe; et enfin à Cham, l'Afrique. La ceinture océanique du O, La hampe du T de la Méditerranée délimitent déjà quelques frontières obligées entre l'Europe, l'Asie et l'Afrique.

Le monde d'Isidore de Séville et de ses cartes en T/O du Moyen Age ne semble plus faire l'adéquation entre l'esprit et la réalité des cartes: si son texte décrit l'image du monde en insistant sur la constitution et le fonctionnement de l'ensemble (au sein duquel la Terre occupe la place qui lui est propre,) l'extrémité Sud et les trois quarts représentés vont aussi se compliquer. La terre habitée sous forme de T/O comprend ainsi le O encadrant l'œkoumène. Dans cet O figure le T, séparant les continents. La barre horizontale délimite la Méditerranée, entre l'Europe et l'Afrique. Cette représentation durable s'incruste dans les mémoires et perdure tout au long du XVe siècle. Toutes les mesures de ces cartes en T/O ont tendance à circonscrire *la terra habitabilis* au tiers au quart de la fonction de la terre. Au delà de ces terres habitées, l'océan prend place. Il s'agrandit de plus en plus dans les schémas et les dessins, enserre les continents, et paraît souvent infranchissable. Au Nord, le froid empêche la circulation; au Sud, la zone torride est irrespirable. À l'Est comme à l'Ouest, les flux océaniques sont troublés par les vents et les tempêtes rendant la navigation difficile. Pour la question des antipodes, considérée comme la quatrième partie de la terre habitée depuis Aristote, il s'agira d'envisager une sorte d'œkoumène boréal. Ce monde étant à l'époque inaccessible et déterminé comme tel, la nature de ce lieu n'est pas habitable.

> Hors de ces trois parties du monde, il en existe une quatrième au-delà de l'océan en direction du sud, qui nous est inconnue en raison de l'ardeur du soleil, à l'intérieur des limites de laquelle on rapporte qu'habitent les antipodes de la fable.[13]

C'est ainsi que les lieux occupés persistent dans ce modèle de représentation tout en changeant au fil du temps. Les voyages faits par Marco Polo ou Guillaume de Rubrouck, les incursions mongoles au XIIe siècle établiront, bien avant la découverte des navigateurs des côtes africaines, l'idée dune extension de la terre habitable en dehors de ces climats. L'école cartographique de Dieppe ne manquera pas d'insérer les palais découverts par ces derniers explorateurs. Pour ce qui est de la figuration des couleurs de la terre chez les cartographes du Moyen Age, il faut noter qu'elles sont diffusées de façon à bien orienter le lecteur sur ce qu'il doit voir, ce qu'il doit comprendre et retenir. Ainsi elles sont souvent variées, incertaines, suivant que l'on mette l'accent sur la place de la terre au sein du cosmos ou au cœur des planètes. Que l'artiste veuille montrer et souligner un point particulier concernant la sphéricité, la "centralité," ou au contraire l'importance des villes et des habitants, la répartition des couleurs alternera. C'est avec sa propre palette que le dessinateur de la carte sillonne de façon variable toutes les quantifications qu'il veut apporter, utilisant souvent des éléments qui ne correspondent pas forcément à la réalité du terrain, ou des fleuves. Ainsi, la mappemonde en forme de "chlamyde" de Ranuf Higden (Figure 9) procède à l'élaboration de la mer en marron. À cette interprétation variable des éléments, l'auteur inscrit hors des contingences physiques ses critères esthétiques et/ou symboliques.[14] La terre et ses surfaces habitables et non habitables se revêtent alors de couleurs, également de signes qui montreront sa fécondité. Ces nuances donneront dans ses étendues et ses variations des chapelets d'histoire. Elles répondront souvent à la double volonté de tout voir dans un mouvement de la pensée livresque. Elles prendront forme dans la mémoire sur le fonctionnement physique de ce qui est proposé. Chasser les ténèbres de l'ignorance, ouvrir les yeux, tel sera aussi le travail de ces couleurs et celui des artistes sur le monde merveilleux crée par un Dieu puissant et infini. Roze, Desliens ou Desceliers que nous étudierons au chapitre trois s'inscrivent dans ces chatoiements de couleur et manipuleront encore toutes les gradations et les nuances de leurs palettes pour accentuer leurs spécificités.

Le monde est encore à cette époque en quête de nouveaux mots, de nouveaux échanges et de nouvelles possibilités d'interprétation. Il est intéressant de constater ici que la réflexion sur les deux périples de Parmentier (étudiés au chapitre suivant) représente déjà une avancée dans l'élaboration et la définition de ces terres. Desliens, Desceliers ou Roze remettront à jour cette vision des choses. Certes, les régions sont souvent découvertes Par Colomb pour le premier voyage de Parmentier ou des navigateurs portugais sur les côtes d'Afrique. Mais le témoignage de ce navigateur dieppois est unique en son genre car il n'effectue pas seulement un travail de redite sur les terres découvertes dans les deux voyages. Il constitue un témoignage vivant et ethnographique important de la diversité linguistique, des coutumes des habitants, de leurs mœurs, des problèmes intimes de la navigation. À notre sens il contribue, ainsi que les cartes de l'école de Dieppe au déroulement et à la réinscription de ces genres de voyage et à une redéfinition du genre cartographique et du genre de journal.

Il faudrait examiner de plus près les avancées portugaises au delà de la "zone torride" mise elle aussi en question par les cartographes dieppois. Elles font partie du paysage familier de l'école de Dieppe comme nous le verrons ultérieurement, mais elles placent aussi au cœur du problème le développement des cartes qui s'ensuivirent, du déroulement et de l'essor des explorations ainsi que leurs projets de colonisation, leurs rituels d'échange et de journaux.

Les portulans

En effet, comme nous venons de le voir, les cartes du Moyen Age et du début du XVe siècle représentent souvent plus une image conceptuelle d'un monde et ne peuvent être guère utilisées dans la navigation. En dehors de ces cartes en T/O, les portulans vont aider les marins dans la déclinaison des ports d'attache, des courants et de tout ce qui peut se rapporter à la mer à l'époque.

L'une des plus anciennes cartes marines est sans doute celle issue de 1290 et confectionnée à Gênes. En général, les portulans de l'École cartographique de Dieppe sont faits sur de grands parchemins d'animal. Ils montrent par différentes couleurs les récifs, les rhumbs. Dans leurs formes et leurs contenus, ces cartes représentent avant tout les côtes. Peu maniables de part leur grandeur, elles sont visuellement un lien très étroit pour les marins avec la réalité qu'ils connaissent. Gardées roulées, elles obligent une manutention délicate: attachées autour d'une baguette de bois, elles sont maintenues dans leur forme par une lanière de cuir. Il faut les imaginer étalées sur une table autour de laquelle on se déplace pour les consulter. Si elles ont un Nord et un Sud (comme nous le verrons chez nos dieppois) elles n'ont ni haut ni bas. Les noms sont inscrits perpendiculairement aux rivages, toujours dans le même sens, avec le nom des îles portés en sens inverse afin d'éviter la confusion.

Le déroulement de la carte pose bien sûr problème quand il y a tempête ou beaucoup de roulis comme on peut l'imaginer. Elles sont férocement gardées par leurs propriétaires. À ce jour, il en reste environ une trentaine pour le XIe siècle et une cinquantaine pour le XVe siècle. Elles représentent cependant une avancée considérable pour les marins et leurs expéditions.

Leurs couleurs correspondent souvent aux conventions générales de l'époque: l'alternance du noir et du rouge reste pour le marquage du nom des lieux. Les villes les plus importantes, les habitants les plus connus sont souvent situés avec différentes couleurs. Elles ne reflètent pas forcément le gabarit du port trouvé, ni la grandeur exacte des monuments. Avec le temps, la différenciation dans les teintes s'accentuera dans la disposition des îles et des deltas. Mais y sont déjà présentés des symboles de navigation fondamentaux tels que les petites croix noires pour signaler les rochers. D'autres cartes porteront des croix rouges pour indiquer les hauts fonds. L'échancrure des côtes est particulièrement bien détaillée et met en valeur les côtes et leur danger avec en général assez de finesse. Comme nous pouvons le voir dans la Figure 10, le détail de l'intérieur du pays est en général pauvre ou pratiquement absent. Mais l'image de la Méditerranée devient le point de focalisation de tout le monde connu de cette reproduction.

On peut dire que les transformations de l'image du monde dans la période envisagée (1480–1540) portent sur des problèmes de représentation et des problèmes de signification. C'est dans des sens opposés que le système de représentation agit: on assiste souvent à un entassement de métaphores anthropomorphiques qui portent l'univers dans la forme d'un corps humain (comme nous le mentionnions par exemple avec Apian) avec des humeurs, des pulsions, des modes de fonctionnement et une âme (*anima mundi*). Cette représentation loin d'être immuable se complique souvent de réseaux qui lient l'univers à toutes sortes de variations possibles et calculables.

Cette variété naturelle et cette multiplication de traits parcourent alors le monde dans un principe d'organisation interne: soit dans des mouvements "in saltus" dans le maniérisme, soit dans le baroque, dans un rejet de ce monde et vers une restauration tentative de la création faite par un seul auteur, Dieu.

Une autre série de métaphores s'organise également dans la figuration du monde. L'homme devient habitacle et machine. La mécanique, et les changements mathématiques inspirent et procurent un bon nombre d'associations et de découvertes ou redécouvertes (utilisation du compas, de la boussole, calculs des latitudes, longitudes dans le domaine des cartes par exemple). Les figurations semblent alors jouer de tremplin dans un processus de signification. Un message semble parcourir le monde. Par exemple, les formes engendrent leur propre histoire, leurs propres *legenda* et portent l'homme comme quelqu'un habitant la terre où les cieux et l'enfer ne restent que des endroits particuliers. *Le jardin des délices* de Bosch montre dans son triptyque un univers en gestation. L'autre monde reste dans cette œuvre une façon de sublimer et d'expérimenter de façon autre les transferts d'habitat, et ceux des "transports" de l'âme. Cet autre espace et ces nouveaux mondes font leur chemin. Le déroulement pictographique de l'École cartographique de Dieppe suit ce spectacle. Leur cartographie engendre de nouvelles formes sur le vélin et le papier, l'imaginaire social et culturel. Dans cet agglomérat de tracés et de points, le lecteur navigue dans les cartes trompe-l'œil ou parfois en anamorphose (Guillaume Le Testu). Les cartes semblent alors acquérir leur propre dynamisme et leur mobilité dans les bords instables du parchemin ou du livre, retrouvant et permettant l'examen de fêlures "dont les auteurs ne sont peut-être pas pleinement conscients, mais qu'ils ressentent comme un malaise, une tâche floue à l'horizon de la pensée."[15]

Les découvertes géographiques comme "passage" des connaissances

La relation des cosmographes n'est pas seulement modifiée par les rapports des voyageurs dans leur narration, c'est aussi du point de vue visuel que l'image et la conceptualisation de la terre vont changer. Allié à de nouvelles formes de légitimité mathématique et de production, le Nouveau Monde se voit atterrir dans des représentations binaires ou de globe qui changent au fur et à mesure la norme, la façon de concevoir et d'habiter l'espace maritime et terrestre. Une géographie du regard envahit les scènes des livres, des murs où sont exposées les nouvelles découvertes dont les mécènes (rois de France, d'Espagne, du Portugal) s'enorgueillissent. L'attention se déploie dans une même unité visuelle au point que l'œil plonge sur les spectacles de la terre, vers des horizons surélevés qu'affectionnent les arts de cette époque. La perception des artistes à la diffusion de cette nouvelle vision du monde revêt des formes multiples. Ainsi Holbein travailla dans des ateliers cartographes. Dürer, de son côté, participera à la publication du Monde de Ptolémée. Les artistes italiens couvrent les murs de Florence ou de Rome de cartes murales gigantesques d'après les cartographes Ignazio Danti ou ceux de Stefano Buonsignori (1565).

Ces cartes sont peintes. Celles de l'école de Dieppe le sont aussi. On peut y parcourir des territoires dans une espèce de double mouvement cinématographique. Entouré par les murs des cartes au Vatican, ou dans le déploiement des cartes de Desceliers ou de Vallard, le spectateur peut lui aussi tourner autour du monde et se laisser porter dans d'autres sphères: le monde s'y déroule dans une découpe particulière et dans une vision globale. Avec le règne du secret, il est souvent difficile d'y interpréter les éléments omis ou cachés. Le programme des dessinateurs se fonde sur les rapports entre l'art et la nature sans toutefois tout reconnaître. Le monde s'explore dans un discours où les cartes sont des images-pensées de lieux, suscitant une adaptation pour les nouveaux espaces et traits schématiques, mais aussi dans une remémoration de ce qui a été produit avant. Un monde abstrait-concret se dessine. Avec des mers plus grandes, des poissons monstrueux, des bateaux de toutes tailles et d'envergure, des contours très nets et très vifs, l'univers cartographique reste à plat et surtout en aplat. Les cartouches signalant des incipits sur les territoires ou les emblèmes des rois, ou les roses des vents indiquent que l'on peut encore isoler tel détail infinitésimal. Partout le monde est un microscope où l'identification *lisible* et *visible* de chaque détail comporte une valeur picturale, iconographique, voire ornementale, parfois réelle, mais souvent encore déformée. De plus, entrent en jeu la fascination de ce *visible* et de cet *invisible*. Ainsi, si dans le domaine du vu, les données des explorations et des calculs sont transcrites généralement en italiques et rehaussées de couleurs, contentant en un premier temps les lecteurs des cartes, la construction et la compréhension de ces nouvelles formes de continents, de ces données géographiques et mathématiques feront appel aux notions de *l'incroyable*:

> *L'incroyable* est indispensable à l'idéal, plus que comme question initiale: déporté et inclus dans le système. Pour que l'aspiration commune ait une force de conviction, pour que l'idéal entraîne une adhésion puissante et indéfectible.[16]

Aller au delà des limites du monde et légitimer l'expérience passent par la vision et l'acquisition d'un savoir qui se modifie. Le changement des techniques (comme nous le verrons au chapitre trois) et leur synthèse permettent l'aventure. Dans une espèce de décentrement ou de perte de ce qui était connu avant, le discours se modifie et son modèle antique vole en éclats.[17]

L'originalité du "Nouveau Monde" est dans la représentation livresque et picturale un phénomène qui prendra du temps. L'œkoumène ne disparaîtra pas pour autant. Ainsi, devant la présentation de la nouvelle figuration de la terre, on peut distinguer trois types d'attitude. La première est celle qui consiste à rappeler que ce nouveau monde n'en n'est pas un: il est connu et a été connu avant par les Anciens (selon Kepler). La seconde consiste à montrer que seuls les Anciens avaient une "conscience" de la grandeur de cette terre. Vespucci en 1501 en indiquant que "je me suis rendu dans la région des antipodes, et j'ai parcouru en navigant un quart du monde," ne fait que revoir et redire ce qui est la norme pour Apian.

La troisième attitude qui accepte les travers et les défauts de ceux qui ont précédé va marquer une nouvelle façon d'appréhender et de caractériser les trois parties de l'œkoumène. Si comme l'affirme Montaigne "Notre monde vient d'en trouver un autre," il faut y attribuer une volonté de renouvellement de la pensée.[18] C'est en multipliant les nouveaux centres que la culture de la Renaissance génèrera des réactions souvent contradictoires, des dynamiques changeant constamment de "centre" et donnera une image éventuellement plus critique d'elle-même. Les cartographes dieppois contribueront à ces changements: soit dans des cartes dénommées par Christian Jacob comme *texte-archipel*[19] où l'espace sera nettement fracturé entre dessin et écrit, soit *carte écrite* quand l'immixtion de la carte et de l'écrit s'insurgera sur la carte. Parfois, même leurs projets se situeront "entre les deux," lorsque la réfraction, la dentelure et la fusion des toponymes et des dessins incrusteront et matérialiseront les nouveaux chemins de l'écriture du voyage et des explorations.

Deux éléments interviennent dans la pensée: Premièrement, l'image de ce nouveau monde et la modification de son dire et tracé vont souvent aller de pair et ne se mettront en place que graduellement au fil du temps. Souvent relié à la représentation d'un monde "austral" peuplé d'hommes "antipodiens," il valide les expériences, les rappelle, les inclue sans toutefois en tirer toujours des conclusions. Ainsi, nos cartographes dieppois mêlent les exploits des navigateurs tels que Cartier ou Parmentier à leurs cartes dans leurs illustrations. Cependant, elles sont souvent succinctes et laissent dans les récits bien des doutes ou des "trous" dans le modelé pictural. Par exemple, la représentation de Roze des indigènes assaillant les deux voyageurs dans les environs de l'île (Figure 11) montre bien une transcription du journal de

Parmentier et de cet accident, mais en même temps ne satisfait pas totalement la curiosité du spectateur qui n'arrive pas à décerner le pourquoi ou le comment.

Deuxièmement, le Nouveau Monde qui va prendre sous la plume de Vespucci le terme de *Mundus Novus* postule un monde ouvert en ce qui concerne les mers, la largeur d'Est en Ouest et la hauteur du Nord au Sud. De ces terres découvertes, l'homme y est souvent absent en raison de leur inaccessibilité. Il faut aussi considérer pour l'époque et pour la représentation picturale des cartes, la difficulté de mettre les tonalités des couleurs, des grandeurs mesurées et du nombre des habitants que l'on ne connaît pas. Les discours et les journaux des voyageurs le confirment. Que ce soit Colomb, Cartier ou Verrazano, aucun n'est capable d'enregistrer le nombre exact d'autochtones. Cortez ne fait pas non plus de recensement. Les cartouches, les légendes des cartes, quand elles existent, ne le montrent pas non plus. Le Nouveau Monde est donc la figuration d'un lieu et non une science exacte: les rencontres avec la terre et les indigènes se situent au delà de l'attente de tous ceux qui lisent. Le franchissement de ce cap au propre et au figuré est encore en gestation.

L'espace de la découverte de ce monde "neuf" s'insère alors dans un discours qui est avant tout "autre" ou comme le mot anglais le suggère "alien." Différent, aux marges des antipodes, aux frontières des connaissances et des savoirs, il n'a de repères que par rapport aux connaissances du monde africain ou asiatique. C'est en cela que le vocabulaire des cosmographes ne peut aller plus avant. Ces derniers vont se servir des registres connus et articulés par les Anciens tels que ceux de Cléomède ou Macrobe pour restituer le nouveau des lieux trouvés à partir de l'ancien.

Bien sûr des rectifications et des inserts sur les nouveaux territoires, les fleuves et les habitats peuvent modifier ici et là les cours des cosmographes ou des explorateurs. Mais il faudra du temps pour décentrer et passer de façon systématique à une nouvelle représentation des géographes. De Münster à Mercator ou Oronce Finé, l'isolement de la partie du nouveau monde est souvent inadéquat. La question de savoir si l'Amérique est une île ou un continent est souvent indiquée et débattue. Nous pouvons voir dans la représentation de Waldsmüller (Figure 12) ou celle de Ramusio de 1534 que ce n'est plus une île, mais que ce n'est pas encore un continent.

L'affirmation de l'existence de ce continent ne pouvait se concevoir que si deux effets étaient réunis: tout d'abord, les calculs géométriques, mathématiques et astronomiques en longitude et en latitude allaient pouvoir établir des coordonnées. Ensuite, les transcriptions des données dans un langage spécifique de coordonnées et de grilles allaient être cruciales. Dans ces opérations, Ptolémée joua un rôle important.

Nous verrons que les cartographes dieppois ont bénéficié de ces avantages et ont su—à leur échelle—contribuer au nouveau savoir. En même temps, leur étude indique une disponibilité et une grand flexibilité a "digérer" les nouvelles parvenues de ces mondes nouveaux: modulant des retouches de carte en carte pour se mettre au goût du jour, ajoutant des cartouches particulières dans l'élaboration de certains espaces décrits par Verrazano ou Cartier, les cartographes dieppois témoigneront de ce qui a été vécu. L'exploration et la manutention des repères, des baies, des isthmes et des îles montrent un souci constant de faire connaître au plus près les mesures et les distances ainsi que la fiabilité de ces évènements.

Les premières découvertes portugaises

Les découvertes des explorateurs portugais sont importantes et rythment le temps de nos cartographes dieppois de façon cruciale. Ces derniers étaient en effet au courant de toutes ces expéditions et il leur arriva de tracer des cartes—en cachette—comme nous le verrons ultérieurement dans le livre pour des voyages. Ils influencèrent toutes les cartes de l'École de Dieppe.

Les premières expéditions remontent au XVe siècle. En cherchant à contourner l'Afrique pour trouver une route des Indes, les Portugais vont parcourir et sillonner bien des pays.

Grâce à la volonté et la curiosité de Henri le navigateur (1397–1460), un groupe de savants rassemblés par ses soins va réunir la première collection cartographique de l'époque. C'est à partir de 1415, grâce à la prise de Ceuta au Nord du Maroc, qu'Henri commença à envoyer régulièrement des expéditions qui allaient successivement aborder les côtes de l'Afrique occidentale.

En 1418–1419, Madère fut occupée puis les Açores (1427–1450). Le cap de Bojador fut franchi en 1434 par Gil Eanes. Cette découverte est intimement liée à l'utilisation de la *volta.*

En 1436, Afonso Gonçalves Baldaia atteignit Rio de Oro. Puis le Tropique du cancer fut atteint et on pénétra dans la zone des "terres torrides." En 1441, des indigènes furent capturés et mis en esclavage. En 1443, Nuno Tristam passa le 20e parallèle aussi appelé cap Blanc et découvrit l'embouchure du Sénégal. C'est en 1461 que les marins portugais abordèrent la Guinée: ils acquirent le monopole du commerce africain qui comportait de l'ivoire, de l'or, de l'encens, des esclaves et la malaguette (mot français pour poivre). Des accords seront établis pour avoir le monopole du commerce en échange avec celui de pouvoir poursuivre les explorations sous monopole de la couronne portugaise. En 1456, le Génois Antonio Usodimare et le vénitien Alvise Cadamosto combinèrent leurs efforts: ils entrèrent au service du roi Henri et passèrent le Cap Vert et explorèrent la Gambie. En s'approchant du onzième parallèle, ils aperçurent la Croix du Sud, mesurèrent la longueur du jour et furent contraints de repartir.

À la mort du prince Henri en 1460, son neveu Alphonse IV continua d'envoyer des expéditions maritimes autour du monde. João Vaz Corte-Real et Alvaro Martins Homen découvraient en 1474 la Terre-Neuve et le Groenland. L'embouchure du Niger fut explorée. En 1472, l'équateur fut atteint. Le roi Jean II (1481–1495) continua les découvertes. Ainsi, il fit construire la forteresse de la Mine sur la "Côte d'Or" (Ghana) afin d'en faire un atout principal pour cette partie de l'Afrique. Il centralisa le pouvoir et dut faire face aux ressentiments des nobles. Il désirait avant tout contourner l'Afrique et trouver un passage vers l'Inde. Il confia cette mission à Diego Cao: ce dernier planta le *padrao* sur les terres qui était une borne de pierre revêtue des symboles du Portugal. Il remonta le cours du fleuve Zaïre, atteignit le Congo en 1486 puis passa au Gabon, en Angola et enfin en Afrique du Sud. Il mourut près du tropique du Capricorne en 1486.

La latitude est maintenant plus facile à calculer grâce à l'astrolabe et les expéditions peuvent se poursuivre plus avant. Le roi chargea João Afonso d'Aveiro de mener une expédition où les latitudes pouvaient être scrupuleusement relevées afin d'en établir une carte connue. Martin Behaim, cartographe de Nuremberg était à bord de l'expédition et réalisera en 1493 le premier globe terrestre moderne de l'époque. Cependant cette expédition devra rebrousser chemin autour du 18e parallèle en raison de diverses maladies de l'équipage. Grâce au traité de Tolède du 6 mars 1480, le Portugal partageait l'Atlantique avec le royaume de Castille et assurait son monopole en Afrique. Les découvertes à l'Ouest seront désormais aux Espagnols. Madère devint une escale importante dans l'acheminement des biens et des denrées. C'était principalement le vin, la canne à sucre et l'élevage qui étaient exportés vers le vieux continent. Le blé des Açores était également acheminé directement vers le Portugal et contribua à l'amélioration de l'alimentation portugaise. L'exportation de l'ivoire et des fruits tropicaux augmentera aussi.

Bartolomeu Dias atteignit en 1487 les côtes de l'actuel Angola. Il se dirigea vers le Sud en longeant les côtes et découvrit en quelques mois le bout de l'Afrique. Il nomma la pointe Sud de l'Afrique (Cap de Bonne Espérance). Il accosta ensuite en Namibie. Devant faire face à une grosse mutinerie, il remonta vers son pays natal.

C'est toujours en vue d'aller vers les Indes, que Jean II envoya également par voie de terre des émissaires (notamment Montanoio et Pedro de Lisboa, Covilhã et Afonso de Paiva). Il put ainsi rassembler des informations qui permettront aux navigateurs de connaître les courants de l'océan indien.

Les renseignements trouvés seront bien utilisés pour le voyage de Vasco de Gama. Pedro de Covilhã, partant de Jérusalem, passa rapidement l'embouchure de la mer rouge. À la recherche du père Jean, il partit rapidement pour les Indes et se sépara de l'expédition de Pedro de Lisboa. Ce dernier, apprenant la mort de son compagnon fit parvenir toutes les informations au roi portugais.

N'oublions pas également Christophe Colomb: ce dernier revenant d'Amérique débarqua tout d'abord à Lisbonne. Annonçant que les terres lui appartenaient par le traité d'Alcaçovas, il mécontenta Jean II qui s'empressa de les revendiquer auprès du pape Alexandre VI. C'est alors qu'une bulle papale vint établir la division des terres explorées qui passaient à cent lieues à l'Ouest du Cap-Vert. Jean II réclamera un autre accord. Le 7 juin 1494, le traité de Tordesillas fixera la limite à 370 lieues. Grâce à cet accord, les Portugais pourront revendiquer la découverte du Brésil et les nouvelles terres d'Amérique. Vasco de Gama atteignit les Indes le 20 mai 1498 et établit sérieusement le commerce des épices (jusque là contrôlé par les Vénitiens). Suivront les expéditions de Pedro Alvares Cabral. Celui-ci atteint les côtes du Brésil le 22 avril 1500, puis poursuivit sa route à Cochi, Canon, Sofal, Quiloa et Malacca (1511).

Amerigo Vespucci effectua quatre voyages vers l'Amérique bien que seuls trois de ses voyages aient été confirmés officiellement: en effet, il semble que la dernière expédition de 1497 n'ait pas existé. Il atteindra la Guyane en 1499-1500 et parviendra à l'embouchure de l'Amazone. Il poursuivit son chemin et donna le nom de Rio de Janeiro à la ville principale. Il mourut à Séville en 1512.

Le résumé de ces expéditions portugaises est ainsi nécessaire pour comprendre la grandeur de la vision des rois portugais. Mais aussi, nous verrons que les navigateurs dieppois ne sont jamais loin de ces comptes-rendus de voyage que ce soit au Brésil, ou dans les Caraïbes, en Afrique, ou à Sumatra, ils devront souvent défier les normes et passer outre. Cependant, des artefacts trouvés sur les côtes de l'Afrique porteraient toujours des noms français. Les termes tels que malaguette (vieux mot français pour poivre) ou le mot Guinée (venant d'un noble français Duplessis qui aurait été au Sud du cap Bojador vers 1304)[20] demeurent toujours.[21] Le récit d'expéditions du XIVe siècle montre l'inventivité des Dieppois et leurs aventures en haute mer bien avant les Portugais.[22] Au XVe siècle, la présence d'Indiens tels que Bénard de

Poux, d'Inde la Major, de la ville d'Almacer pendu à Rouen en 1428 pour "démérites"[23] ou plus tard Maistre Antoine de Neyn, natif du pays d'Inde la Major font partie des registres indiquant les allées et venues des Normands dans ces contrées lointaines.[24] Les nombreux abordages des pirates (dont certains sont perdus dans les témoignages portugais) et l'occupation de Rio de Janeiro en 1555 par les Français témoignent également dès ces premières années d'une concurrence vive entre les pays pour la revendication des territoires.[25] À titre d'exemple, nous en citerons trois: les ordres des commissaires portugais et français résidant à Bayonne sur les dommages subis par les Français, la lettre de 1539 du Docteur Affonso Fernandez à Jean III sur les différents entre les deux pays et celles du 15 mars 1542 dans la lettre d'Estevan Limpo à Jean III l'informant des avancées des Français et de leur commerce de poivre.[26]

Si les Portugais ont bien revendiqué les espaces découverts, on peut lire sur les cartes dieppoises et dans les certaines lettres et ordres cités ci-dessus que la situation est bien plus compliquée. La progression le long des côtes méridionales de l'Amérique mobilise les consciences cartographiques. Bien qu'il soit difficile d'en mesurer tout à fait l'impact, on peut noter que le premier effet important dans les navigations australes et même américaines est la liquidation de la notion d'un espace inhabitable centré sur l'équateur. Desceliers, Desliens, pour ne citer que ces deux cartographes ont su réaliser l'ampleur et l'étendue de ces paradigmes dans leurs cartes. L'élargissement du monde humain s'exprime dans leurs dessins également. En même temps, ils découvriront et répertorieront l'avancée sur les îles: ce qui s'ouvre entre ici et là-bas. Non point au sens astronomique mais comme étendue parallèle, incontournable et comme monde habitable. C'est en acquérant et en intégrant ces mers à ces terres découvertes, que l'habitat de l'homme change et perdure. Dans la quantification et la diversité de ce qui est proposé, ramené et accumulé, l'homme connaît un bouleversement profond dans la conception de la nature même. Défi intellectuel sans précédent, un enrichissement de l'idée du monde s'installe. De l'Est à l'Ouest et du Nord au Sud, la surface de la terre et de la mer se précise. Sur les globes, la même convexité et les mêmes rapports de proportion s'échelonnent. Les éléments de la terre et de l'eau ne se voient plus envisagés comme des réalités séparées mais feront partie d'une entité entière configurée sur la totalité de l'espace du globe.

Les Portugais et les Espagnols sembleraient alors bien les seuls à sillonner le monde. Quand est-il des explorations normandes? Sont-elles si importantes?

Les explorations normandes au XVe et XVIe siècle

Si les Français n'ont pris qu'une modeste part à la première grande vague des découvertes du XVe siècle, monopolisée en grande partie par les Espagnols et les Portugais, certains marins ont cependant bien sillonné les mers. Les marins normands de cette époque restent souvent méconnus mais les témoignages maritimes, les contrats d'assurance, les inventaires, les factures méritent qu'on s'y attarde ici quelques instants. En effet, si nos explorateurs portugais et espagnols ont été les grands héros des découvertes, il n'est pas à exclure tout un courant de navigateurs moins connus et qui, fort de leurs bateaux et de leurs expériences, vont partir et tenter de joindre des rivages inconnus. Dans ce vaste mouvement collectif vers le nouveau monde, il semblerait que les Français ne s'alignent pas sur les autres pays. Dans les premiers temps, ils ne mirent pas en péril les grandes puissances maritimes et obtinrent des résultats surprenants - comme nous le verrons dans un instant—mais ils se montrèrent vite gênants pour les Portugais et les Espagnols.

Ces marins voulaient exploiter les richesses de la mer, des pays, où épices, or et argent leur permettraient eux aussi de revenir au pays fortunés. Ils ont un grand sens commercial, mais revenus sur le sol français, ils ne verront pas l'intérêt d'explorer plus avant le continent ou d'établir des lieux de colonie. Egalement, le processus d'évangélisation des autochtones ne les intéresse guère. En bien et en mal. Surtout les rois français ne voient pas bien le besoin et la "curiosité" éprouvée par Henri II du Portugal. De plus, les perspectives de la politique française se limitent à l'Europe occidentale et à ses conflits internes: luttes contre le duc de Bourgogne puis engrenage des guerres d'Italie.

Tout ce qui concernait la mer restait sous la responsabilité de l'amiral de France, grand officier de la couronne et échappait ainsi à l'autorité royale. Codifiées par l'ordonnance du 7 décembre 1373, l'amirauté disposait d'attributions très vastes, à la fois militaires, administratives, judiciaires et financières. Cette formidable autorité était consacrée par le parlement de Paris, si bien que les régions de Provence, de Bretagne ou de Normandie par exemple relevaient d'amiraux qui allaient parfois mettre les intérêts de la région plus à profit sans avoir une vision plus large pour le territoire français. Il ne faut pas oublier également les différentes bulles papales qui codifiaient et régimentaient les nouvelles découvertes (8 janvier 1454, 4 mai 1493). Elles empêchèrent les autres pays de se lancer dans des aventures de façon ouverte.[27]

Il n'en demeure pas moins que de nombreux témoignages résident aux archives Nationales à Honfleur, Rouen et Dieppe et à La Newberry Library, pour ne citer que ces quelques exemples, dans les récits des journaux, les traités d'assurance, les cartes laissées.

Les expéditions normandes

1365 Charles V envoie 2 vaisseaux (100 tonneaux). Les marins normands passent Noël au Cap Vert.
Débarquement à Rio Fresco. Les marins s'arrêtent à Rio Sestos (nom portugais) et décident de l'appeler "Petite Dieppe."
Un an plus tard, trois vaisseaux de la compagnie de Dieppe et Rouen sont envoyés sur cette côte. Deux d'entre eux vont jusqu'au Cap Vert et petite Dieppe. Deux autres vaisseaux accostent la côte de Malaguette. Chaque année, des expéditions partent sur cette côte et établissent d'importants comptoirs.[28]

1380 La Compagnie de Normandie envoie un grand navire de 550 tonneaux en septembre. L'équipage revient chargé de nombreux biens et marchandises (poivre, or, argent, nourriture, et bois).[29]

1381 Trois bateaux, *La Vierge*, *le St Nicolas* et *L'Espérance*, arrivent sur la "Côte Or" et elle est nommée *La Mine*. Un des bateaux va à Akara (Accra), Fantin and St Cormentin.[30]

1382 Un des bateaux atteint sur la côte Sud de *La Mine*. Six à douze hommes restent à *la Mine*. C'est en 1410 que le comptoir sera délaissé.[31]

1401 Robert de Bracquemont cède à Jean Béthencourt (son frère ou cousin) les droits sur les îles de l'Atlantique. Ils vont sur l'île de *Lancerole* et établissent un "camp fortifié" à *Rubicon*. Gadifer (un membre de l'équipage) reste sur le territoire avec un membre de l'équipage dénommé Berneval: celui-ci crée des problèmes avec les autochtones.
Bethencourt est nommé par Henri III (Portugal) le roi des Iles Canaries. Il y meurt et est enterré dans l'église Granville.[32]

1402 Jean de Béthencourt et Granville vont en Afrique en partant de la Rochelle.[33]

1438 Le pape investit le roi du Portugal d'une autorité souveraine et absolue sur toutes les contrées qui seraient à l'avenir découvertes dans l'Atlantique et depuis le cap de Nun jusqu'aux Indes exclusivement.

1471 Il semblerait que les Normands recommencèrent dès 1470 leurs expéditions de la côte de Guinée mais les Portugais leur ravirent toutes les loges.[34]

1488 Jean Cousin: le capitaine Cousin fait flotter le pavillon français sur l'Atlantique et rétablit avec les Africains des relations pacifiques qui les avaient unies auparavant. C'est aussi le premier à aller loin au "milieu de la mer." Il met cap à l'Ouest, entre le 15e et 25e degré de latitude méridionale. Jean Cousin est surpris de trouver une terre et nommera la grande rivière trouvée Maragnon (nommée ultérieurement par les Portugais "fleuve des Amazones.") Puis l'explorateur part vers le Sud et va jusqu'au bout de l'Afrique. Il en nomme une partie *Des Aiguilles*. Il revient à Dieppe en 1489. Il se plaint du capitaine Pinçon (futur capitaine de Christophe Colomb).[35]

1501 Jean de Nove aurait découvert l'île de l'Assomption.[36]

1503 Expédition de Binot Paulmier de Gonneville. Parti de Honfleur sur l'*Espoir* avec un vaisseau de 120 tonneaux et 60 hommes d'équipage. Arrive au Brésil.[37]

Ces explorations sont importantes. Généralement peu ou mal connues—même des Français—elles constituent un élément important dans la recherche des nouveaux territoires et des explorations. Si beaucoup d'ouvrages nous montrent la véracité des faits[38] et l'importance des artéfacts trouvés au Canada, Sumatra ou aux Canaries, il n'y a pas eu un précis systématique de tous ces voyages.

Ainsi, nous avons pu voir dans ce chapitre quelques grands mouvements et changements fondamentaux sur le concept de la terre, l'importance des techniques, l'historique des découvertes portugaises et normandes qui allaient marquer les cartographes dieppois. Ces derniers seront également influencés par les rapports des explorateurs. Comment et pour quelles raisons les explorations de ces frères Parmentier ont-elles été décisives? Comment celles de Cartier ou de Verrazano ont-ils pu les influencer? Deux points semblent déterminants: d'une part, le contournement de L'Afrique qui occupe le royaume portugais durant le XVe siècle reste primordial. D'autre part, la partie du continent américain réaménager l'image de la surface de la terre pour les cosmographes et les géographes.

Avant d'examiner l'influence des récits de Parmentier et de la rencontre des premiers autochtones de Colomb, Cartier et Verrazano pour établir des corrélations entre l'écriture de leurs voyages et l'emprise qu'ils ont eue sur les cartographes dieppois, il faut tout d'abord dans les premières pages du chapitre deux voir comment la littérature de voyage a changé dans les concepts et dans la représentation du monde.

NOTES

1 Hannah Arendt, *Conditions de l'homme moderne.* Traduction française G. Fradier, Calmann-Lévy, 1961, 1983, réédité avec une préface de Paul Ricoeur (Pocket, 1988, 1992): 302.

2 David Buisseret, Introduction, "Monarchs, Ministers, and Maps in France before the Accession of Louis XIV." in *Monarchs, Ministers, and Maps: The Emergence of Cartography as a Tool of Government in Early Modern Europe* (Chicago: University of Chicago Press, 1992): 1-4, 99-123.

3 Jean-Marc Bresse, *Les grandeurs de la Terre. Aspects du savoir géographique à la Renaissance* (ENS, 2003). N. Broc, *La géographie de la Renaissance* (1420-1620) (Paris: CTHS, 1980). M-D Couzinet, "Fonction de la géographie dans la connaissance historique: le modèle cosmographique de l'histoire universelles chez F. Baudouin et J. Bodin." *Corpus*, 28, 1995, 113-145.

4 Claude-Gilbert Dubois, *Essais sur Montaigne. La régulation de l'imaginaire éthique et politique* (Caen: Paradigme, 1992).

5 Claude-Gilbert Dubois, *Mots et règles, jeux et délires. Etudes sur l'imaginaire verbal au XVIe siècle.* (Caen: Paradigme, 1992) 201-209.

6 Patrick Gautier Dalché, *La Géographie de Ptolémée en Occident (IVe–XVIe siècle)* (Brépol, CNRS, 2009).

7 J. Baltrusaitis. "Cercles astrologiques et cosmographiques à la fin du Moyen Age" *Gazette des Beaux-Arts*, t. XXI, février 1939, 63-64.

8 Dante, *La Divine Comédie, Purgatoire*, I, 13-18, trad. Alexandre. Masseron; Albin Michel, 1950.

9 Ibid.

10 Peter Apian et Gemma Frisius R. *Cosmographie, ou description des quatre parties du Monde, contenant la situation, division, et étendue de chascune Region et Province d'icelles, escrite en latin par Pierre Apian. Corrigée et augmentée par Gemma Frison, excellent Géographe et Mathématicien, avec plusieurs autres Traités concernant la même matière, composés par le susdit Gemma Frison, et autres Auteurs, nouvellement traduits en langue française.* Anvers, 1581.

11 Claude-Gilbert Dubois, *Mots et règles, jeux et délires. Etudes sur l'imaginaire verbal au XVe siècle* (Caen: Paradigme, 1992). Frank Lestringant. *Ecrire le monde à la Renaissance. Quinze études sur Rabelais, Postel, Bodin et la littérature géographique* (Caen: Paradigme, 1993).

12 Copernic, *De revolutionibus*, 1,5, trad. Lerner, Segonds et Verder dans *Astronomie et Astrophysique* (Paris: Les Belles Lettres, 1993).

13 Isidore de Séville, *Etymologies*, traduit et édité par M. Reydellet (Paris: Les Belles Lettres, 1984) XIV, 5.

14 *Couleurs de la Terre.* Sous la direction de Monique Pelletier (Paris: Bibliothèque Nationale de France, 1998).

15 Terence Cave. *Pré-histoires. Textes trouvés au seuil de la modernité* (Genève: Droz, 1999) 15.

16 Guy Rosolato, "L'Objet de Perspective dans Ses Assises Visuelles." *La Nouvelle Revue Française de la Psychanalyse.* 35 (Spring 1987) 143–164.

17 James S. Romm, *The Edges of the Earth in Ancient Thought: Geography, Exploration, and Fiction* (Princeton: Princeton University Press, 1992).

18 *La Renaissance Décentrée. Actes du Colloque de Genève.* (28–29 Septembre 2006) Publiés sous la direction de Frédéric Tinguely (Genève: Droz, 2008).

19 Christian Jacob, *L'Empire des Cartes: Approche Théorique de la Cartographie à Travers l'Histoire* (Paris: Albin Michel, 1992).

20 Nous remarquons que jusqu'alors aucun membre d la famille ne s'est appelé Guinaye du Plessis. C'est donc dans les registres du tabellionage de Rouen que pour la première fois nous lisons ce mot Ginaye à propos d'un Du Plessis qui était mort avant 1365 ou 1366. Il s'agit peut-être de Gisnaye Du Plessis, époux de Jaeanne de Saane qui vivait dans la seconde moitié du XIVe siècle.

21 L'abbé Anthiaume. *La Science Astronomique et Nautique au Moyen Age chez les Normands.* Le Havre; Micaux, 1919) 82–95.

22 Assouline, *Les Antiquité et chroniques de la ville de Dieppe*, 2 vol. in-8e publiés en 1874 et Jean-Antoine-Samson Desmarquets, (Dieppe, 1785). *Mémoires chronologiques pour servir à l'Histoire de Dieppe et à celle de la navigation françoise* (Dieppe: 1785).

23 Abbé Anthiaume. *La Science Astronomique et Nautique au Moyen Age chez les Normands.* Le Havre; Micaux, 1919) 82–95. Voir également le parchemin appartenant à M.Ed. Le Corbeiller, de Dieppe.

24 Charles de la Roncière, *Histoire de la marine française*, LII, 395.

25 Bartolomé et Lucile Bennassar, *1492 un monde nouveau?* (Paris: Perrin, 1991). Michel Chandeigne, Lisbonne hors les murs. 1415–1580. *L'invention du monde par les navigateurs portugais* (Paris: Autrement, 1992).

26 Eugène Guénin, *Ango et ses pilotes* (Paris: Imprimerie Nationale, 1901).

27 Eugène Guénin, *Ango et ses pilotes* (Paris: Imprimerie Nationale, 1901), 175–186.

28 Estancelin, *Recherches sur les voyages et découvertes des navigateurs normands en Afrique, dans les Indes orientales et en Amérique* (Paris: Delaunay, 1882):7–23.

29 Villault de Bellefond, *Relations des costes d'Afrique appelées Guinée* (Paris: 1669).

30 Estancelin. Ibid.

31 Estancelin. Ibid.

32 Estancelin. et aussi *Histoire de la première descouverte et conqueste des Canaries faicte dès l'an 1402 par messire Jean de Bethencourt, chambellan du roy Charles VI*, escrite au temps mesmes par F. Pierre Boutier, religieux de Saint-François, et Jean Leverrrier, prestre (Paris, chez Jean de Hugueville, 1630), voir aussi Abbé Anthiaume, *Cartes marines. constructions navales. Voyage de Découverte chez les Normands. 1500–1650* (Paris: Dumont, 1916), 82–95.

33 Ibid.

34 Abbé Anthiaume.

35 Jean-Antoine Desmarquets, Desmarquets, *Mémoires chronologiques pour servir à l'Histoire de Dieppe et a celle de la navigation françoise* (Dieppe: 1785) tome 1 et Estancelin.

36 Ramusio. *Navigationae et viaggi III*, Villault de Bellefond, *Extraits de la relation des costes d'Afrique* (Paris: 1669).

37 Paulmier de Gonneville, *Relation authentique dans Jacques Cartier. Voyages au Canada. Avec les relations des voyages en Amérique de Gonneville, Verrazano et Roberval* (Paris: La Découverte, 1992).

38 Villaud, S. de Bellefond, *Extraits de la relation des costes d'Afrique* (Paris: 1669). Jean-Antoine-Samson Desmarquets, *Mémoires chronologiques pour servir à l'Histoire de Dieppe et a celle de la navigation françoise* (Dieppe: 1785). Eugène Guénin, *Ango et ses pilotes* (Paris: Imprimerie Nationale, 1901).

CHAPITRE 2

Redire le Voyage: La Dynamique de l'Espace

Si le monde arabe identifiait le journal de voyage comme un genre autonome proche du roman, tel que celui de 915 d'Abu Zaïd, le genre de récit de voyage connaissait aussi un franc succès dans les pays chrétiens. Les textes exerçaient sur les lecteurs une influence certaine et satisfaisaient un public lettré. Ainsi Marco Polo, connaît cent quarante-trois manuscrits: il n'existe pas moins de quatre éditions en un an de la Relation de Hans Staden en 1557. Toutes ces merveilles, toutes ces nouveautés inspirent la curiosité des lecteurs. Elles influenceront aussi les récits de Parmentier que nous examinerons dans ce chapitre. Les premières rencontres d'autochtones que nous examinerons dans la deuxième partie de cette section resteront influencées par ces récits et exerceront un réel ascendant sur les cartographes dieppois.

Jusqu'au XIIIe siècle, les récits de pèlerinage constituent un groupe à part. La plupart d'entre eux doivent porter témoignage des lieux Saints et soulignent les intentions particulières des pèlerins. Rome ou Jérusalem marque les moments ultimes du voyage. Tout ce qui jalonne le chemin du voyageur est décrit pour en encourager d'autres à parcourir ce trajet précis et souverain. Le voyageur/raconteur participe à un sentiment commun de louer les louanges du Seigneur, d'exalter les sentiments pieux et dévoués, de rendre grâce aux Saints et à Dieu. Le lieu privilégié de Jérusalem est aussi un espace souvent représenté, enclos sur la recherche et les retrouvailles avec Dieu. Les traits dominants de ces échanges viatiques s'accentuent au XIVe siècle de façon assez paradoxale au moment où change le monde médiéval. Depuis 1350, les récits changent. En effet, après une interruption d'une vingtaine d'années, les voyageurs arrivent dans une Jérusalem bien changée, car maintenant soumise au contrôle tyrannique du Sultan. Régie par une main de maître et gérée par une administration tatillonne, les pèlerins préfèrent passer par le Caire. Du coup, l'expérience se transforme; la rencontre de gens et de mœurs différentes influence les descriptions et les rencontres. Celles-ci se personnalisent et la présentation se laïcise.

L'histoire, elle aussi, joue un rôle important dans l'élaboration de ces œuvres. La menace de l'invasion turque ouvre un possible état de curiosité et provoque une réaction de défense de l'Occident, inquiet de savoir à qui elle a à faire.

C'est à partir du XVIe siècle qu'il semble y avoir une désaffection envers ce genre de récits. Les savants et les humanistes semblent moins bien considérer ce genre d'écriture qu'ils jugent peu fiables. C'est aussi une des raisons pour laquelle les deux journaux de Parmentier ne connaîtront pas un franc succès. De même, les travaux de Jacques Cartier et de son *Bref récit* ne susciteront guère au début l'intérêt parmi leurs contemporains.

À la différence des récits de pèlerins—qui peuvent être considérés jusqu'au XIIIe siècle—comme un groupe à part dans leur popularité, les périples de voyage semblent être délaissés au moment du voyage de Parmentier. En effet, la tradition chrétienne des pèlerinages est passée, et les traits spécifiques de sa narration sur la Terre Sainte forment un sujet sur l'espace particulier qui ne traduit pas ou plus les objets de discours. Souvent les chroniques de ces voyages comportaient une visite du Mont Sinaï et s'organisaient en plans spatiaux bien délimités et répertoriés tels que les descriptions du désert, les flancs de la colline et des montagnes, l'ascension vers le Sinaï, la descente, le retour au désert. L'expérience de ces lieux change vers la fin du XVe siècle: peu d'éléments distinguent ces textes des autres récits de voyage qui peuvent également susciter des réflexions sur les utopies et les paradis perdus. Lieux connus et sacralisés, ils encouragent le croyant et allégorisent sa vocation. Si le discours se montre stable et se trouve lié directement à la mentalité médiévale, le quinzième et le seizième siècles ne vont plus pouvoir répondre à ces attentes. D'autres formes narratives font surface: ainsi, Chaucer dans *Canterbury Tales* utilisera des techniques plus littéraires et parcourra d'autres lieux que ceux des pèlerins. Il en est de même pour les voyages de Jean de Léry, de Nicholas de Nicolaï et de Cartier.

Si en général le récit de pèlerinage permet de connaître une topique ne présentant aucune nouveauté particulière qui permet d'assurer une crédibilité du discours sur le monde, le voyage du seizième siècle va au delà. Il exploite les textes connus, les met en perspective, offre des indices nouveaux de description, parcourt d'autres flores et d'autres faunes, les énumère en les expliquant. Il est aussi, comme bien des voyages de pèlerin, un itinéraire où la réflexion doit se mettre en place, et mettre en ordre objectif—tant que faire se peut—des données de ces pays inconnus afin de mettre en relation le moi et le monde. Tout comme le voyage de Magellan, celui des frères Parmentier est élaboré par des anecdotes, décrit les périls du voyage avec les tempêtes, les hostilités des hommes rencontrés. Mais il met en relief d'autres sphères: il incorpore des données différentes, nouvelles, il répertorie et classe de façon certaine tous les points comme les données des bateaux, les habitudes des autochtones de Ticou, etc.

C'est en recourant à un certain type de modèle littéraire précis que se forme le moule du récit de ces voyageurs. Les moments forts de l'expédition de Parmentier sur les îles sont relatés non seulement en vertu des conventions narratives et des bienséances (l'arrivée, les échanges, les petites affaires quotidiennes, etc.) mais ces petites activités permettront aussi l'éclosion de véritables émotions, et d'échanges.

Si les récits des pèlerins ouvrent dans ces détails des topoï particuliers où par exemple la visite de Jérusalem constitue l'apogée de l'expérience pérégrine, les émotions des voyageurs, leurs anecdotes vécues se racontent en propos codifiés et régentés. Ainsi, on pourrait dire que leur rituel d'écriture ne déroge pas aux principes de leur érudition. Il se conforme à une certaine forme d'écriture des faits susceptibles de prolonger les activités pieuses des personnes et des lieux saints. Les structures litaniques, les exemples de la Bible et des Evangiles, les mentions des indulgences concédées aux voyageurs, les oraisons récitées et les bienfaits du voyage nécessitent un parcours assez strict et limité dans l'exploration des incidents (rarement gratuits) ou des inclusions particulières de l'auteur. Tous ces écrits s'adaptent à un certain modèle attendu de ceux qui les lisent et les publient. Or, pour le domaine des voyages de découverte des quinzième et seizième siècles, de nouvelles donnes apparaissent. L'itinéraire de circuit n'est plus déterminé. Si Jérusalem n'est plus le point de chute, le sommet de la traversée, les Indes deviennent l'aboutissement d'un modèle géographique récemment trouvé. Que ce soit pour des raisons économiques, politiques, sociologiques, le Nouveau Monde, et le passage vers "Les Indes" est plus vague. Où est véritablement le point de chute des voyageurs? Où est la ville, où sont les fleuves, les mers, les lacs qui vont marquer les itinéraires et qui seront "bons" pour de futurs développements, retours et marchandages?

L'embarquement sur les mers instables, les traditionnelles tempêtes (si chères dans l'élaboration des récits de pèlerinage) instaurent un monde renversé des éléments, soutiennent le récit par des épisodes (surtout au début et à la fin du livre de 1529 de Parmentier) en actualisant le débat de la lumière et des ténèbres:

> Cette nuit, au deuxième quart environ minuit, je vis en la moyenne région de l'air une flamme de feu ronde comme une boule, et en sortit une autre plus petite du dedans, et rendoit aussi grande lumière qu'un éclair de tonnerre, et dura peu sans être consommée. (6)

À la différence du voyage du pèlerin, les tempêtes ne sont pas assez importantes pour favoriser un schéma traditionnel didactique: le récit de

Parmentier ne propose pas une suite de rebondissements au fil desquels on épuise toutes les solutions pour faire une demande et une prière à Dieu. Les exhortations, les prières et les actions de grâce n'interviennent pas lors de ces évènements généralement porteurs de discours théologiques particuliers au Moyen Age, où on se permettait de poser des questions métaphysiques sur la place et l'action de Dieu dans l'univers.

Le voyage de Parmentier ne conjugue pas les situations d'effroi suivies de résolutions surnaturelles comme dans le cas du pèlerin Henry Castela,[1] car les interprétations providentialistes ne sont pas là pour démontrer l'intervention divine. La boule de feu suggérée dans le texte de 1529 est avant tout une marque humaniste, où n'intervient pas un message particulier. C'est en quelque sorte un exemple d'intempérie comme d'autres. Il faut le signaler, qu'il soit de bonne ou de mauvaise augure. Le travail à la louange divine n'intervient que beaucoup plus tard dans le récit de Parmentier et souvent de façon moins élogieuse que Léry. Ce dernier dira:

> Dieu, qui soutenait nos corps d'autre chose que de pain et des nourritures ordinaires, nous tendait la main au port, et par sa grâce fit que le vingt-quatrième jour de ce mois de mai 1558, alors que tous étendus.[2]

Et plus loin dans le même paragraphe:

> Dieu eut pitié de nous et nous assista, après que nous lui eûmes rendu grâce de notre délivrance prochaine, le maître du navire dit out haut qu'assurément.[3]

L'arrivée dans différents pays constitue un parcours à étapes successives qui ne semblent pas culminer par un aboutissement comme celui du récit du pèlerin, qui est de trouver et décrire Jérusalem. Au contraire, le récit de voyage de Parmentier ne finit pas sur les lieux saints. Le lieu mythique de Ticou (Sumatra) avec ses descriptions marque le début de leur décision de retourner au pays. Les voyageurs voient bien qu'ils pourraient continuer, que le chemin est ondulatoire et extensible. Leur bon sens leur dit que c'est assez.

Ainsi, le topoï du péril, bien important dans le récit de pèlerinage, dessine plus dramatiquement l'acuité des décisions des capitaines, intègre les mouvements et les gestes de façon assez nouvelle. Il montre que les voyageurs sont sages: ils revêtent en quelque sorte un "manteau" de héros ayant rencontré beaucoup de gens, subi des intempéries, connu l'hostilité des personnes envers le service du roi, de la foi et du savoir. La foi du voyageur s'exprime à plusieurs endroits dans le texte. Ce récit n'est toutefois pas aussi dévoué à la louange de Dieu que celui du *Tracité en forme d'exhortation, contenant les Merveilles de Dieu et la Dignité de l'Homme* que Parmentier avait écrit avant son départ. Après la mort du capitaine, Crignon témoignera des incidents qui se sont passés sur le bateau. Il montrera beaucoup d'affection et de dévotion quand il écrira "Plaincte sur le trepas des deffuncts" en hommage à Parmentier. Les anecdotes de ces textes et du récit lui même (en particulier dans les dernières pages sur les conciliabules des marins, ou la vie à bord) vont renforcer les dangers vécus et la longueur du périple.

Jean de Léry intériorisait les tribulations que furent les siennes, sur le chemin qui le ramenait du Brésil en France, comme le signe de son élection particulière et de sa vocation à témoigner des forfaitures commises par Villegagnon dans la colonie brésilienne contre les réformés. Le voyage de Parmentier se montre bien différent. Il n'y a pas d'invocation particulière à Dieu, et Crignon, qui fait publier le livre dès on retour n'introduit pas ce genre d'élément à l'intérieur du récit. Le respect de Crignon est évident. Il ne rapporte que succinctement la mort du capitaine.

Le récit des péripéties dramatiques qui ponctue la fin du voyage est entremêlé des divers propos des gens de Ticou, du Chambadaire (sorte de roi du port) et des rencontres avec les deux bateaux. Il n'y a point de véritable voyage de retour. C'est aussi en ceci que le voyage est particulier. Crignon n'a pas voulu assurer les détails de ce qui s'était passé au retour. C'est avant tout bien sûr un poète, mais il semble que la charge émotionnelle ait été trop importante. Ici encore, la place du récit de Parmentier aboutirait alors à une célébration de l'ordre du monde réalisé par l'écriture. Le truchement par un autre regard dépasserait alors aussi les comptes-rendus d'anecdotes et de moments particuliers destinés à authentifier le voyage. L'authentification se double ici d'un témoignage verbal d'une personne qui a respecté la mémoire de l'auteur. Tous ces évènements qui viennent perturber le cours du périple et introduire la possibilité d'une intervention personnelle d'un autre rédacteur constituerait un élément signifiant: celui de transformer le déroulement chaotique des différentes étapes du voyage sur lequel se fonderait un deuxième récit, lui aussi bien différent du premier.

La place de l'expression de soi dans le récit

Si le voyage à l'époque de la Renaissance s'impose comme un genre littéraire et participe directement à une entreprise épistémologique qui se donne pour ambition le miroir de l'Ailleurs, il est avant tout un livre qui doit permettre de comprendre, d'ordonner et d'interpréter le spectacle du monde. En ceci, le voyage de Parmentier est une réussite. L'itinéraire est précis et fait défiler des lieux. Il joue encore le rôle d'aide mémoire. De plus, il fait assez nouveau dans le genre. Le journal de Parmentier de 1529 et celui de 1525 restent en général "objectifs" dans leurs descriptions des villes, des villages et même des paysages.

> Item, il y en eut encore deux ou trois de isle qui présentèrent un petit de limons au capitaine. En cette isle, il y avoit un temple ou mosquette de façon assez antique et magistralement faite et composée de pierre. Le capitaine le voulut voir tant dedans que dehors; le grand prestre le fit ouvrir et entra dedans, et l'ouvrage luy pleut fort. (51)

ou encore:

> Ceux de Ticou sont gens à demy noirs, et ne sont point gras. Pour vestement ils ont une toile de coton ceinte entour leurs reins, et une autre qu'ils jettent sur leur espaules. Aucuns ont des bains de toile de coton blanche, ou perse, ou autre couleur, qui sont faits comme une chemise de sergette. (71)

L'ensemble du discours de Parmentier et des voyages de l'époque ne peut être traité comme un genre constitué, car son extrême diversité l'interdit. Le thème et les genres chez Cartier, Villegagnon ou Adorno se mêlent intimement dans ces récits de voyage. Pourrait-on en effet considérer les voyages d'Adorno comme une ambassade ou un pèlerinage? Pourrait-on dire que le récit de Christophe Colomb n'était qu'une tentative de "séduire" le roi pour qu'il finance d'autres voyages?

Cependant plusieurs constantes émanent de tous ces récits. Le discours de Parmentier n'y échappe pas. L'emplacement de l'espace et la nomination des lieux, des territoires, des iles, des personnes et de leurs descriptions montre un lieu discursif bien particulier. Il ne s'ordonne pas et ne se combine pas en représentation globale, mais il opère de façon à montrer des mondes ou des individus dans des endroits particuliers et organisés.

Il est vrai qu'à la Renaissance, le désir de recenser les richesses de l'univers est important. À la différence des pèlerins qui montraient un univers connu, les explorateurs du seizième siècle modèlent les grandes lignes de description comme un lieu organisé d'un monde encore inconnu. L'obsession et la nominalisation des îles chez Parmentier ne sont pas uniquement faites pour aider les futurs marins à suivre ce chemin. Il procède de manière érudite avec les noms et les orthographes du monde, et réassure les lecteurs. Le souci épistémologique est ici en jeu: si le genre du discours veut être pertinent dans la description des habitants, ou des iles, ou des personnes, il doit procéder à une vérification systématique des termes connus alors employés pour établir un inventaire précis.

De même, la conscience de l'altérité envers les différents peuples et nations qu'ils vont rencontrer au cours du voyage compose et brosse des portraits précis et concrets. La mise en scène de la différence est bien élaborée. Elle cultive à dessein l'illusion spéculaire. Les marques de l'écriture viatique de Parmentier se résument à la mention de l'art du voyageur témoin, et de son itinéraire, qui Claude Lévi-Strauss le soulignait est "un bréviaire de l'ethnologue."

Les deux journaux de Parmentier restent accrochés à des lieux successifs, dea séries de noms et toponymes d'îles jalonnant le discours, traçant une appropriation symbolique du territoire plutôt qu'une répartition et une projection de l'étendue. La discontinuité du discours, trouée de faits et de répétitions, de prise des calculs et des vents jalonne le parcours tout en donnant une certaine monotonie du temps. Dans cette monotonie s'intercalent des escales, dûment répertoriées et décrites. Ce discours esquisse cependant toute une trajectoire esthétique et humaine différente de celle du premier voyage. En effet, dans le voyage de 1525 aux Caraïbes, le récit de la description des champs, des prés, et de la longueur du territoire est moins entrecoupée de commentaires sur les personnes. L'auteur se préoccupe de l'agriculture ou de l'économie locale. En même temps, ce premier voyage (1520–1526) n'enregistre presque pas les vents et les latitudes: il débute sur des considérations sur l'île. Point de départ, de mer récalcitrante. L'itinéraire se fait, trace le parcours de toute l'île et enregistre les données côtières. Point de commentaire sur l'état de l'équipage ou sur l'état d'esprit du capitaine. Il est certain que pour des raisons historiques (Parmentier n'est pas le premier,) l'auteur ne juge pas particulièrement intéressant de le commenter. Le voyage de 1529 se fait dans des conditions plus précises de mécénat, d'amitié et de découvertes proprement dites.

Ces deux voyages illustrent bien la complexité narrative de ces récits. En quelques années, de nouveaux soucis apparaissent, de nouvelles alliances se forment. De plus, l'âge et l'expérience de l'auteur entrent en considération dans le récit.

La dynamique de l'espace dans les deux voyages

À l'évidence, une nouvelle dimension spatiale s'est imposée après la découverte du Nouveau Monde. Cet espace s'est ainsi temporalisé et actualisé. Nous aimerions dans ces quelques pages voir en quoi l'espace et la littérature interfèrent dans les récits de voyage et en particulier étudier la place de cette dernière dans les deux voyages de Parmentier.

Il faut tout d'abord revenir sur ce qui est arrivé vers la fin du Moyen Age et examiner les différents éléments qui ont pu influencer également les récits de Parmentier. La trajectoire est complexe et mérite un petit détour. Passerelle entre la littérature et d'autres formes de représentations artistiques ou de variations fictionnelles, la fiction et l'espace se trouvent encore et toujours bien liés en 1529 et sont étroitement corrélés chez Parmentier.

Si la littérature du Moyen Age est d'abord une forme où le lieu de la langue est primordial, il convient de noter que la place de la langue change et s'incruste au fur et à mesure de l'apparition du "roman" ou des "récits." Cela montre comme Paul Zumthor[4] l'a mentionné, en contrepoint, des revendications d'identité et de territoire. Parler de géocritique à la fin du Moyen Age et de la Renaissance ne relève pas de l'incongruité mais d'une réalité entière. En effet, elle affecte tous les lieux écrits – que ce soit dans les chants, les actes notariés, les histoires. On peut donc envisager le fait que la structure multiforme de l'espace linguistique comme celle de l'espace du texte s'imprègne à tour de rôle dans leur environnement. La langue, liée tout d'abord à une géographie floue—dans une non précision de frontières et de territoires—change peu à peu jusqu'à se greffer au douzième siècle dans une notion de genre. Le latin fermement ancré s'affirme dans un milieu qui tend à s'unifier. Utilisé de manière privilégiée en politique, en droit ou en sociologie, il reste parfois difficile de l'évincer: en effet, toute la chrétienté l'utilise couramment, y compris dans les représentations théâtrales. Mais en même temps, le français offre un autre espace, qui devient de plus en plus proéminent et fait déplacer l'espace de l'écriture. Au Moyen Age, on peut parler d'une vie du texte différente pour chacun d'entre eux puisqu'il est recopié maintes fois. L'original fait place au multiple. Son analyse devient en quelque sorte réductrice, car l'agglomération des textes copiés s'assortit d'une méthode parcellaire. L'original étant loin ou oublié ou négligé, l'analyse du document se teinte de déviations et de transformations. Il faudrait alors éditer tous les textes pour pouvoir, en tout état de cause, assurer un meilleur commentaire plus homogène du texte. Au sein même de l'espace linguistique se voient immergés des sous-espaces et de multiples variations. Ensuite, le texte reste performatif quand il enregistre toutes ces nuances multiformes. Cette tension, entre unité et diversité, entre sacré et vernaculaire va animer l'espace de la littérature et le modeler de façon différente. C'est en quelque sorte lui qui moule le texte: la littérature médiévale se structure souvent autour d'un écrit. Comme les traversées des pèlerins pour atteindre Jérusalem prennent de nombreuses années, ou dans les quêtes chevaleresques, les espaces se lieront au temps dans la géocritique médiéviste. De plus, comme le souligne P. Zumthor,[5] le héros chevaleresque fait éclater certains lieux comme les villes, les hameaux, les lieux de sa naissance. En effet, il s'identifiera à l'extérieur de son lieu d'origine: Perceval ou Gauvain annonce des rencontres avec l'Autre. Leur nom est différent de leur origine ou de leur enfance. Ces chevaliers ne prendront alors qu'une véritable existence lors de leur échec ou de leur succès: en quelque sorte, leurs aventures deviennent le fruit des deux espaces: celui de leurs habitudes, us et coutumes qui est fixe et celui de leurs prouesses qui est mobile. Si Gauvain, par exemple, accomplit de nombreux exploits, il les fait en dehors de son territoire. L'espace des villes, des villages et des aires de repos reste avant tout un lieu temporaire de passage. La quête fonctionne sur la durée et tant qu'elle n'aura pas aboutie, le personnage devra quitter ce trajet organisé afin de pouvoir se trouver, apprendre à se connaître et conquérir.

L'approche géocritique[6] au Moyen Age peut donc se justifier par un "fonctionnalisme" de l'espace: la quête du voyageur s'inscrit dans une physique de mouvement. La quête elle-même s'ordonne et s'identifie dans les multiples espaces narrés et rencontrés. Le lieu englobe le texte multiple dans sa production, sa performance et sa réception.

Que se passe-t-il au XVe et XVIe siècle dans ces espaces?

La poursuite des actions des héros ou des vilains ne s'accompagne plus uniquement des lieux où se déroule la guerre comme la chanson de Geste mais prend souvent tous les espaces qui lui sont donnés en "contre espace." *Gargantua* de Rabelais invite ainsi le lecteur à changer de lieu et d'histoire dans un renouvellement de genres, de dialogues et de lieux. Existe-t-il alors une littérature de voyage?

La spatialité du texte littéraire de voyage offre un lieu où s'instaure une possible médiation entre les mots et le réel où il nous est donné. Ces écrits sont aussi envisagés comme domaine possible de vécu retracé. Parmentier et Crignon, qui sont des auteurs occasionnels sur les voyages, restent aussi des hommes de lettres. Ils ont leur plume trempée dans une pérégrination, d'un vécu et d'un réel qu'ils ont explorés. Ils mettent leur écriture au service de la connaissance.

Les notions de distance et de rencontre vont jouer énormément dans cette démarche de geste et dans l'exploitation sociale, intellectuelle et métaphorique de l'espace; le détour, la connexion, le transfert, le court circuit, l'hostilité seront sur le chemin de ces comparatistes. Créateur d'écarts et d'encarts, le récit suit en quelque sorte cette ligne horizontale du chemin retracé et vécu, et qui en même temps ne peut résister au tourbillon des faits. Cette ligne horizontale est certes due à la dimension spatiale de la page, travaillée de façon différente de la poésie, mais évoque particulièrement les allers et retours gestuels de gauche à droite et de droite à gauche. Dans un ordre dispersé, les voyages de Parmentier constituent tout un ensemble de discours de ceux qui l'ont précédé: une topique se forme à partir des thèmes traditionnels. Par conséquent, le témoignage de ce qui a été vu se trouve plus intéressant pour l'auteur. Des figures privilégiées telles que l'hyperbole, les exclamations, les énumérations, les descriptions, les paragraphes sur la mise en œuvre des calculs des vents, etc., et d'autres procédés de découpage se dessinent peu à peu (départ, dureté du trajet, visite des îles, l'accueil ou le rejet). Comportant un espace discursif de lieux, de noms propres, de personnes, le voyage de Parmentier enregistre à la fois le narratif et le descriptif. Pour l'auteur, la redite du voyage opère sa réintégration dans le monde familier d'où il était parti.

Un certain mouvement verbal et mental se met en place dans les récits et les voyages. Une spatialité complètement recrée sera mise en relief dans le voyage de Parmentier de 1529 auquel il faudra y ajouter le côté poétique de tout son espace d'écriture. Quand il décrit par exemple le feu sur la mer, Parmentier n'essaie pas seulement de joindre l'utile à l'agréable en racontant un phénomène climatique, mais il inscrit aussi cet évènement dans un mouvement des temps correspondants. Ce travail de déplacement peut alors faire bouger le programme et mener sur un autre type d'espace olfactif puisque les odeurs imprègnent les images relatées.

> Cette nuit, au deuxiesme quart, environ minuit, je vis en la moyenne région de l'air une flamme de feu ronde comme une boule, et en sortit une autre plus petite du dedans, et rendoit aussi grande lumière qu'un éclair de tonnerre, et dura peu sans être consommée. (6)

Dans cette comparaison de l'espace, la pensée a été retrouvée dans sa *forma mentis*: le changement, le passage, le déplacement. Il s'agit alors d'un type de transition sur l'inquiétude révélée dans cet intermède.

Dans les multiples coordonnées qui jalonnent le parcourt de nos explorateurs, on ne trouve plus comme au Moyen Age un enregistrement unique et la mise en place d'une géographie imaginaire, fondée sur le principe d'une discontinuité des lieux, unifiés par le trajet du voyageur. Si la rupture entre les lieux opère, elle a été vécue et se trouve retracée et affectée.

La question de la représentation

La notion d'espace européen reste importante et revendique une manière de représenter l'espace. Par sa délimitation, "l'espace naturel" devient instrumental dans la formation d'une identité et les prises de décision liées à cette représentation. Dans des combinaisons complexes et parfois imprévues d'options idéologiques, le monde européen va tracer des représentations où la culture, la politique et la société de l'époque vont engendrer une espèce de tyrannie encyclopédique. Les cartographes s'ingénieront à représenter globalement et immédiatement le monde dans des "cartouches," "vignettes" et "légendes." Le déplacement du savoir de Desceliers provient de ce qui lui a été rapporté, de ces lectures sur Cartier, Cabot ou autres explorateurs portugais.

Une dynamique particulière joue alors entre le déplacement authentique et le déplacement "virtuel" des cartographes. Le lien et les échanges entre les marins, les voyageurs et les cartographes à cette époque accentuent un mode de "projection"; celle d'un espace binaire qui doit représenter le monde rond en aplati. L'idée européenne de la représentation du monde est aussi une fiction qui, dans son ensemble, va agiter toutes sortes de fictions, poèmes, ou narrations et déformations. Ensuite, l'espace européen représentant l'espace "autre" mondial devient variable dans son étendue et ses fonctions. Petit à petit au cours du XVIe siècle, la représentation des cartes et des voyages s'affine: elle se voit valider et reprise. Ainsi, le voyage de Parmentier est comme beaucoup de voyages de l'époque une retranscription relativement "solitaire." Dans sa parution et sa diffusion, elle accentue les points importants de référence, souligne les nouveautés et commence à constituer un type particulier de narration qui continue sur la lancée du Moyen Age. Elle devient "nouvelle" dans son appréhension et sa reconstitution de tout ce qui s'est passé lors du périple.

Dans la désignation des escales, des ports, des îles et des nouveautés, Parmentier constitue une sorte de "patrimoine" commun aux explorateurs; ceci suppose une connaissance intime, initiée, des élément destinés à perdre un type de référent spécifique pour n'exhiber qu'une valeur de typicité. Ticou est balisé par les chefs, et les voyages ultérieurs d'autres auteurs tels que Champlain ou La Salle montreront les mêmes spécificités. Ils seront à même de produire tout un ensemble de "curiosités" d'un flâneur initié.

Les deux voyages de Parmentier présentent une riche matière textuelle à explorer, tant sur les plans narratifs, idéologiques, thématiques ou descriptifs. L'espace des endroits découverts doit être évidemment replacé bien sûr dans le contexte des découvertes. L'auteur répertorie les terres inconnues; il en rapporte une description et permet de dramatiser—donc de rendre plus vif—le bilan des connaissances sur les contrées de Madagascar, Ticou et autres territoires de l'Est.

Le point de vue

La manière de distribuer l'espace dans le voyage de 1529, au début du texte, traduit bien l'impression de découvrir le lieu du point de vue même de l'explorateur. Il s'agit d'enregistrer les mouvements pour monter et démonter les voiles et de porter régulièrement les vents. Cependant, y sont insérées des actions importantes qui marquent les mouvements et les décisions du capitaine et de son équipage "Nous fismes voile," "Nous avisames," "Nous relaschames." Les actions du vent obligent les hommes à se déplacer eux-mêmes vivement sur le bateau, et on sent l'impatience du capitaine dans les répétitions de tous ces points de calcul. Il s'agit de termes comme "esquipasmes, trouvasmes." Une sorte de chasse vers l'ailleurs est en place sur le navire. On court les vents et on les attrape afin de trouver les terres.

Si la manière de distribuer l'espace sur le pointillé des vents et des courants de leur itinéraire traduit bien l'impression de découvrir un territoire du point de vue même de l'explorateur, elle produit aussi un texte répétitif et à la limite, de peu d'intérêt pour qui n'a pas envie de tenter la même aventure.

Voyons en particulier cette séquence:

> Le mardi XXVIIe jour d'avril, environ cinq heures après midy, hallasmes l'ancre et mismes les voiles, et partismes de la dite isle et fismes voile au sur un quart de surouest, et au surouest, l'espace de six heures, pour évader la terre; et le demeurant de la nuit, mismes le cap au su. Au second quart de la nuit, vismes plusieurs fois grands brandons de feu sortir comme d'une fournaise du coupe de l'isle de Fuego, qui estoit bien à douze lieües au ouest de nous, et pensasmes qu'elle estoit nommé isle de Feu a cette cause, et qu'il y a des souffrières ainsi qu'au mont Ethna. (17)

Les verbes sont particulièrement indicatifs d'un mode de pensée. Tout d'abord le verbe voir, qui ouvre une séquence descriptive. Il montre bien que toute connaissance du territoire vient d'abord d'une certaine "autopsie"[7] du regard du découvreur. La dissection de tous les détails provient de ses intérêts et de sa propre façon de voir et d'acquisition des connaissances.

Le verbe "Nous pensasmes" attribue une valeur de justification d'après un savoir requis. Le pluriel dans toutes ces remarques est important: il englobe tous les membres de l'équipage et donne un espace où le consensus règne.

La configuration des lieux ne se précise pas seulement à mesure que l'équipage se déplace: elle change aussi avec l'angle de prise de vue et les conditions atmosphériques.

Sartre dans *Qu'est-ce que la littérature?* montrait comment chaque point de vue nouveau transforme notre propose vision du monde: "chaque outil est un sens ouvert sur le monde."[8]

> Saint-Exupéry nous a montré le chemin, il a montré que l'avion, pour le pilote, est un organe de perception; une chaîne de montagnes à 600 kilomètres-heure et dans la perspective nouvelle de survol, c'est un nœud de serpents: elles se tassent, noircissent, poussent leurs têtes dure et calcinées contre le ciel, cherchent à nuire, à cogner; la vitesse, avec son pouvoir astringent, ramasse et presse autour d'elle les plis de la robe terrestre. Santiago saute dans le voisinage de Paris, à quatorze mille pieds de haut les attractions obscures qui tirent San Antonio vers New York brillent comme des rails.[9]

Le point de vue dans la deuxième partie du texte de 1529 de Parmentier propose plusieurs aspects descriptifs et narratifs où la mise en scène de la scénette se déroule comme dans un film.

Prenons par exemple la séquence:

> Pourtant le dit port'enseigne accompagné de quelques autres allèrent vers luy (L'Espagnol), et luy donnèrent deux chemises qu'il refusa plusieurs fois, et faisant présent au port'enseigne du dit cabry, luy dit que s'il vouloit retrouner le lendemain y estoit et qu'il leur bailleroit une couple de bœufs et des poules, et si qu'il y avoit des eaux; et les remercia grandement. (17)

Il s'agit de montrer à la fois l'étonnement du capitaine et de ses matelots, et de susciter le même sentiment chez l'Espagnol. Cette scénette joue un rôle important car il ne s'agit pas de décrire ici des autochtones, ou des gens inconnus de l'Afrique, mais de faire face à un homme européen. La crainte engendrée par la suite des évènements se déroule de façon à mettre en place toutes les facettes de l'histoire racontée à postériori et remémorée dans les détails les plus précis. Elle est aussi destinée à montrer la générosité de l'Espagnol. Autrement dit, il faut insérer aussi dans ce lieu spécifique une valeur politique: tout individu européen rencontré va servir à commenter la politique extérieure–très protégée par les Espagnols et les Portugais–et renforcer vraisemblablement aussi les existants (par exemple, les Français sont fiers, les Espagnols conquérants, etc.). La gentillesse de l'Espagnol contribue cependant à retourner ce cliché et à montrer la flexibilité des hommes de l'équipage ainsi que de cet Espagnol qui apporte des bœufs et des poules à l'équipage.

L'intégration culturelle de la nouveauté

Sur un autre plan narratif, la description des animaux aquatiques souligne souvent chez Parmentier un heureux étonnement et déjà une bonne connaissance du milieu:

> Le samedy, premier jour de may 1529, faisant nostre route au su, prismes la hauteur à midy, et trouvasmes qu'estions à huit degrez seize minutes de la ligne, et de longitude occidentale trois degrez. La relevée, vismes force de bonnites[10] et albacores faire les grands sauts sur l'eau, et les petits poissons voler en l'air; et croy que Cupido les avoit émus à festiner et eux réjouir ce premier jour de may. La nuit nous eusmes calme. (18)

En même temps que la médiation du verbal, les descriptions réorganisent la représentation de l'espace. L'observateur essaye d'intégrer la nouveauté dans sa propre culture. Bien souvent, dans les premiers récits, la nouveauté était figurée sous forme de monstre aquatique ou de bête. Parmentier, lui, utilise puisqu'il est en Afrique les termes tels que "maure, esclave, homme" ou donne des noms spécifiques aux animaux rencontrés. Il mentionne le mot "sauvages" pour la première fois le lundi 28 juillet, dans le sens de "craintif." L'espace de ce vingt-sixième jour n'indique pas à quoi se réfère ce nom. On ne parle ici ni de nudité, ni de barbarie. Cependant, le lieu de cette rencontre montre qu'il s'agit de "Mores." Les relations lors de leur entrevue et leur gentillesse sont notées consciencieusement par l'auteur.

L'incident suivant porte des éléments tout à faits curieux dans le déroulé des actions: le va-et-vient des bateaux, des indigènes et de l'équipage porte à la confusion, mais souligne aussi les difficultés à communiquer de part et d'autre.

> Le lundi XXVIème, furent envoyez les deux petits bateaux à terre du Sacre et de la Pensée ; cependant qu'ils y estoient, vinrent quatre sauvages de terre dedans un bateau fait d'une pièce de bois environ de quinze à dix huit pieds de long, et de deux pieds de large environ, de la façon d'une navette de tixeran; et quand ils furent un petit près de nos, ils s'en retournèrent. Les bateaux qui estoient de terre nagèrent vers eux, et ils se retirèrent en la mer et abandonnèrent leur barquette ; toutefois ceux du Sacre avisèrent une autre barquette qui estoit vers l'eau de nous, qu'ils poursuivirent si bien qu'ils prirent deux Mores qu'ils amenèrent à notre bord, et leur fut donné des bonnets, des patenostres, et du bougran, et puis furent reportez à terre avec un qui estoit venu de terre de bonne veille avec nos gens. (32)

Cette péripétie caractérise bien une mise en place d'un endroit où les valeurs culturelles se voient affrontées et appréhendées.

De même la dénomination des îles et leur justification "Iles de Crainte, à cause des craintes qu'elles nous donnèrent" signalent la prise d'un espace territorial en vue d'une éventuelle colonisation. La désignation pérennise la possession. Cependant, ces noms disparaîtront au profit de Darymple, Beaufort, Flinders, Woody et Smyths. Ils soulignent bien l'importance et la rivalité des explorateurs.

Les deux noms de "St Pierre" et "Andouille" (qui peuvent surprendre au premier abord) font pour le premier mot référence à l'apôtre qui ouvrait l'espace du paradis. Le second pourrait avoir également influencé Rabelais dans ses péripéties au *Quart Livre* du chapitre 35.

À la fois humaniste et pragmatique, Parmentier est fondateur d'une optique originale parmi les découvreurs. Différent de Christophe Colomb dans les éléments de construction, son récit ne semble guère se préoccuper de colonialisme. Christophe Colomb favorise dans son discours l'emploi de nombreuses hyperboles dans ses descriptions pour montrer toutes les cultures, les possibilités d'annexion et les richesses des pays. Il se double d'un missionnaire chrétien. Parmentier a une position plus nuancée. L'ouvrage est d'une autre nature à la fois pratique, parfois mercantile, mais aussi humaniste. Elle reste proche des hommes de l'équipage et des gens rencontrés, qu'ils soient eux-mêmes des étrangers espagnols ou des autochtones.

L'écriture ne se donne pas seulement à voir et n'inscrit pas uniquement des scènes particulières à tout moment: il faudrait tenir aussi tenir compte des effets spectaculaires (comme les coups de tonnerre, les éclipses, la maladie des hommes de l'équipage) et des effets dont les référents semblent bien moins spéculaires que ceux de Colomb. En effet, le rôle d'autoportrait joué chez Colomb est important: il semble souvent montrer un récit historicisé dans un espace d'auto-référence.

Chez Parmentier, la situation est plus complexe. Sa position et ses mouvements ne sont pas uniques. Tout un ensemble de personnages gravitent autour de lui. Ils sont décrits et souvent nommés. La nuance est aussi importante dans la présentation de plusieurs espaces: celui des *mirabilia*, celui de la faune et de la flore, celui des maladies, de la description de la mort des marins, et le va-et-vient des difficultés ou des trouvailles de l'équipage et des autochtones.

Prenons tout d'abord les *mirabilia*: Comme dans la tradition du Moyen Age, les expériences sont culturellement dessinées et refaites en fonction de lectures ou d'expériences parfois anciennes, liées aux périples, ou aux expéditions hors d'Europe vers des contrées inconnues. Ces traces vont constituer en quelque sorte un invariant iconographique qui cependant perd de son influence dans certains récits. À noter également que ces *mirabilia* n'apparaissent presque pas dans le mémoire de St Domingue (1520–1526). Ce type d'écriture implique souvent des redites, des ajouts et des corrections, non seulement au début du voyage quand on donne la précision sur les vents, mais il met aussi en place de nouveaux clichés: que ce soit par exemple dans les relations avec les habitants de Ticou ou les hasards des marchandages (domaine important pour les voyageurs). Un calque de réalités biologiques, végétales, zoologiques reprend les éléments traditionnels de l'espace de l'écriture du journal. En même temps, il se greffe une humanité très nette dans la présentation des personnages et des faits que ce soit par exemple dans la description du faucon:

> Le lundy, mardy, mercredy, et jeudy XIVme jour, nous eusmes tout plein d'indices de la terre, car un tiercelet de faucon qui s'estoit tenu en nostre nef douze ou quinze jours, prenant tous les jours sa proye et la venant manger sur nostre verge, et fut pris par deux fois et luy donna-t-on congé, il nous laissa, parquoy nous estimions qu'il avait veu terre; et si prismes un martelet, et un hocchecu vint à notre bord; fismes voile en l'est un quart du suest; le plus du temps, vent derrière et bon vent. (55)

ou encore celle de la pêche et de sa technique:

> Le vendredy, nous y retournasmes et abatismes force bois, et le samedy aussi, et prismes la hauteur à midy à deux tiers de degré au su. En allant en cette isle, nous touvasmes plusieurs boures; nous en tirasmes plusieurs haut où nous trouvasmes tout

> plein de bon poisson et de diverses sortes, colorez et figurez, et estoient en des nasses faites de clissettes de bois bien faites, quasi en manière d'un cœur, fors qu'il estoit un peu rond par bas, et les cordes pour les haller n'estoient que de rampe grosse comme le doigt, faites ainsi qu'un roseau, mais elles estoient trop plus longues que roseau; car il y en avoit qui avoient plus de vingt brasses de long et est fort simple, et sont quasi aussi grosses à un bout qu'à l'autre, et sont nouées ensemble trois ou quatre, bout à bout pour tenir la nasse et la bourre.[11] Ceux du Sacre prirent leur bois et leur eau à la grande isle, à cause qu'ils estoient ancrez auprès. (57)

Ces deux exemples donnent une multitude de détails sur la manière de pêcher et la faune qui entoure le navire. Certes, il s'agit de répertorier l'abondance dans l'optique d'une exploitation de la terre. Mais, la description se fait plus longue que dans beaucoup de récits. On sent un étonnement certain de la part de l'auteur dans ces extraits (donc un intérêt personnel). Les multiples facettes de la nouveauté sont souvent abordées. Elles représentent le point de mire de l'écrivain observateur, qui teste, consigne et archive ce qui montre son désir presque "inlassable et incessant" de répertorier absolument tout. Cette façon d'archiver est cependant plus insistante dans le premier récit de St Domingue. Le contraste est même frappant dans ce premier journal quand l'auteur dit tout sans laisser le moindre souffle à l'imagination. Dans le *Discours de la navigation*, le rythme des remarques est plus proche d'un récit qui inclut les manœuvres du bateau et la vie à bord avec l'équipage. Ces espaces structurent alors la page de façon plus intriquée. Desceliers ou Vallard incrusteront tous ces détails dans leurs cartes (Chapitre 5).

Nouveautés des espaces

Dans tous ces espaces rencontrés, une dynamique d'écriture humaniste entre en jeu. Rarement le mot "nouveau" est employé, mais les trésors énumérés font partie indubitablement de la force du récit et suscitent l'intérêt pour les exploits des navigateurs partis sur les mers.

Tout comme pour le discours de Colomb, les terres trouvées doivent être révélées de façon à faire voir au lecteur qu'elles existaient depuis longtemps, et possédaient déjà une vie. Le récit se porte dans l'intensité de l'instant et révèle au monde ce qui a été jugé comme "bizarre," ou était un "secret." Colomb bien sûr ira plus loin que Parmentier dans le domaine de la lexicologie sur le Nouveau Monde: comme par exemple l'emploi des comètes jusqu'à présent ignorées.

Pour Parmentier, la vision de ces différentes étapes passe par de multiples points stratégiques: que ce soit dans la description des autochtones, leurs comportements, les échanges, les discussions des traducteurs. La variété règne et la description de certains détails est particulièrement longue, ce qui démontre une facilité à relater l'aspect psychologique et l'interaction des faits:

> Puis s'en allèrent, le contre maistre du Sacre, Jacques l'Escossois, et Vassé avec eux; Pollet les suivoit et encore deux autres; ils leur donnoient à entendre qu'ils les meneroient où il y a force zingembre qu'ils apellent *chellou*, ce que nos gens crurent, et si leur faisoient semblant qu'il y avoit des forgeurs d'or et d'argent sur la terre, pourquoy se mirent aux bois avec eux; et si tost qu'ils furent un peu dedans, ceux du derrière ouirent la voix de Jacques qui fit une grande exclamation, et soudainement virent accourri le contre maistre et Vassé qui venoient derrière, qui estoient suivis de seize ou dix huit Mores tenans dards en leurs mains. Ceux du batteau firent sonner la trompette afin que ceux qui estoient allés remplir les barillets d'eau se retirassent au batteau, lesquels ne sçurent si tost venir qu'ils virent tuer le dit Vassé et le contre maistre du Sacre nommé Bréant, et poursuivirent le demeurant jusques au bord de la mer, tenans déjà la chemise du premier qu'ils avoient tué, toute sanglante. (35)

La visée colonisatrice

Elle a son importance dans la perspective de l'observateur, autant peut-être que son obstination à égrener de longs détails sur les habitations (le temple de Ticou et la religion par exemple) ou certains détails qui intriguent le capitaine (épisode de la chemise froissée lors du mercredi 28 juin).

Ces listes ont une fonction rhétorique, souvent encyclopédique et font aussi référence à la culture grecque dont Parmentier raffole:

> Le mercredi dernier jour de juin, à midy, fut prise la hauteur à trente six degrez deux minutes; ce jour fismes voile en l'est nordest et bon vent toute la nuit.
>
> Le jeudy premier jour de juillet, fit la plus grosse tourmente que nous eussions encore point eue depuis notre départ de Dieppe. Et crois que le dieu *Eolus*, accompagné de *Favorinus* et d'*Africus Libo* faisoient ou célébroient les noces de lui et de *Thétis*, fort délibérez de bien faire danser; et plusieurs grands poissons, comme marsouins et chauderons, s'assemblèrent par grandes troupes; et mesme notre nef et nous tous dedans dansions d'une haute sorte. (28)

En même temps, bien sûr, la présence de l'or et de l'argent montre aussi les buts mercantiles de l'auteur.

> Le jeudi XXIXme jour, on fit passer une once de la dite arène par la cendre, et y fut trouvé un grain ou deux d'argent fin. Ce jour, fut dite une messe et un *Dirige* pour les trespassez, et au soir fut délibéré de retourner au dit lieu pour avoir de l'eau et pour voir s'il y avoit des mines d'argent ou d'or. (36)

L'énumération des villages et des îles se révèle cependant dans ce second voyage souvent plus disparate et multiple que celui de Colomb. Le répertoire reste chez Parmentier assez poétique tout au long du parcours.

Le discours de St Domingue, au contraire, est beaucoup moins poétique dans ses listes, dans les actions retranscrites et la description des paysages. Aucune trace ou presque de l'équipage. La multiplicité des points de vue est abandonnée. Le récit est souvent sobre et si le voyageur arpente de long en large le territoire suivant les traces de Colomb, il mesure l'espace de façon beaucoup plus précise. Il essaie de l'évaluer selon la possibilité d'intégration à un éventuel programme de colonisation. De constatif ou descriptif, le regard de Parmentier devient en quelque sorte prospectif. Sous l'enchevêtrement de montagnes, de bois, de forêts, de champs, de la flore et de la faune est constellé d'images d'Amérindiens. On peut y déceler un rapport plus pragmatique, plus précis où l'idée de montrer les richesses pour pouvoir continuer l'expansion de l'Europe est plus nettement tracée à chaque page.

> Il n'y a nulle habitation autour, quelle quelle soit, sinon un jardin ou deux, où il y force oranges. Ils ne servent de rien là, sinon recevoir les marchandises, et les envoyer plus outre à la mer de Sus. Et de Nombre de Dios jusques à Panama, il y a dix huit ou vingt lieües de là sur la mer de Sus, là où sont d'autres navires de trafic qui portent autant de marchandises comme à cette mer, et trafiquent en cette mer de là; et sortant du dit Nombre de Dios tirant à l'ouest, il y a des isles à deux lieües de là du costé de l'ouest, qui se dient les isles de Batiment, qui sont quatre ou cinq isles ensemble, dont il y en a une plus grande de toutes, qu'il y a une maison avec des negres qui sement du mil, et y a un jardin où il y force oranes et plantanes, qui est un fruit qui est long et vert, et croissent à grande quantité ensemble comme gros raisins, et l'arbre qui les portes, est un arbre vert qui na point de façon de bois, et le pied e l'arbre est gros comme le bras, et les feuïlles longues et larges, comme une aune de long et trois pids de large; et quan l'on veut cueillir le fruit, il faut couper la jambe avec un couteau, et l'on abbat l'arbre pour cueillir le fruit qui est gros; et le dit arbre ne porte jamais qu'un raisin seul; et quand l'arbres est coupé subit à son temps en croist un autre; le dit arbre n'a forme de bois pour ce qu'il est tout comme liege; les feuïlles sont en façon d'herbe à la Reyne, et ne porte jamais de fleurs.[12](110)

Dans sa visée pratique, le texte de l'explorateur déborde cependant ici: Parmentier ne peut se cantonner uniquement dans le mesurable et le dénombrement. Il invente un nouvel espace.

En même temps que la médiation du verbal et du texte écrit articule une étendue que l'on aimerait s'approprier, le texte sur St Domingue intègre la nouveauté dans sa propre culture. Comme l'indique l'exemple ci-dessus, le point de vue de l'explorateur n'affirme pas seulement les possibilités de différentes cultures: elle intègre de nouveaux éléments dans la culture même du découvreur, quitte à montrer que ces richesses pourraient être elles-aussi source de revenus pour l'Europe.

L'espace du paysage est aussi très intrigant dans le voyage vers St Domingue. Comme il s'agit de la description d'une île, les enjeux ne restent plus tout à faits les mêmes: l'île est déjà connue et répertoriée par Christophe Colomb et ses successeurs. Comme nous le rappelle très justement Frank Lestringant dans son *Livre des isles*,[13] la notion de fragmentation et de dénombrement des îles est un phénomène constant dans l'histoire de la cartographie et de la découverte. Les manipulations insulaires développent souvent les possibilités de retour à l'éden et au paradis. Elles illustrent aussi souvent les histoires connues de "l'origine des Iles" c'est-à-dire de tout l'imaginaire qui lui a été consacré dans l'Antiquité, le Moyen Age et les utopies du XVIe siècle de Thomas Moore. Le répertoire de ces insulaires est vaste et composite. La représentation cartographique de Desceliers (Figure 10) jouxte celle de l'écrivain dieppois, qui adopte une structure modulaire, et constelle son premier voyage sur cette grande ile de miniséries que l'on pourrait déplacer tant nombre de détails peuvent permuter ou se substituer ailleurs. Le principe de l'accumulation des petites séquences où le savant se mêle au mercantile, l'original aux redites, favorise une connivence entre le cartographe et l'explorateur. Dans une forme erratique et morcelée le voyage s'accorde avec la carte. De la carte de Desceliers aux méandres du texte de 1529, la trajectoire de l'expérience permet de transposer la mécanique cartographique aux structures feuilletées des pages de l'auteur. Ces îles sont déjà une carte en quelque sorte où la morphologie de tous les archipels peut correspondre à l'abondance de tous les détails du voyage même. La nature des espaces—des eaux et des rivages complétées de récifs et de hauts fonds—est délibérément mise à profit pour fragmenter la représentation. À la vision massive d'un continent se substitue une île où il est possible d'en parcourir chaque recoin. Les bateaux s'insinuent dans le dédale de ces criques, remontent avant dans les terres et le marin y pénètre. Ces menus parcours multipliés dispersent le regard de l'observateur et peuvent alors être lus comme l'emblème de l'opération cartographique.

L'île s'oppose au continent; l'espace se complique et se diversifie.

> Parmi ces pensées d'espace—ou plutôt pensées de l'espace—il en est de simples comme bonjour; celle qui oppose l'île au continent, comme une guerre des sexes recommencée à chaque aventure maritime; celle encore qui gouverne l'antithèse de la montagne et de la plaine, du plateau et de la falaise, de la cime et du vallon, du plein et du creux, du rectiligne et du courbe. Mais il y en a aussi de plus complexes, qui combinent en des proportions variables ces divers contrastes.[14]

Elle se divise et se trouve en quelque sorte maîtrisée par le voyageur et le cartographe. Le bénéfice de cette dislocation apparaît multiple. Sur le plan esthétique, la bigarrure du divers se concrétise; la vision euphorisante d'une île et d'archipels entrelace la variété. De plus, le plaisir d'être dans cet espace est certain.

Cependant, le tableau de ces atolls ne doit pas nous faire alors oublier qu'il est aussi global. L'histoire de ce premier récit doit faire "voir" au lecteur/spectateur en un seul coup d'œil, toutes les composantes de ces lieux distincts posés par Desceliers ou Parmentier. Le Nouveau Monde est là dans sa totalité, inconnu et hétérogène dans une mosaïque de couleurs, de senteurs et de scènes. L'émiettement des détails correspond au nombre impressionnant des contours de la carte. Dans une espèce de "transparence," l'archipel du livre et de la carte s'ouvre et approfondit les données pratiques pour faire "envie" au lecteur d'y aller. Les sites insulaires assurent dans l'immédiat une certaine mainmise sur l'espace, dessinent une structure de désir, de contentement d'y avoir séjourné ainsi qu'une possibilité de paradis.

Dans un regard plus éloigné, le cartographe dieppois semble s'user dans les détails d'une topographie compliquée. Le marin pourrait y perdre ses points de repère. Parmentier quant à lui, en se noyant dans les détails de distance et de nomination des lieux archive (non pas dans des listes tel que le fera Champlain en 1613) fait un rapport où les espaces sont constitués de paragraphes distincts formant eux aussi un archipel dans la narration. Si on ressasse les mêmes informations sur les bateaux, les rivières, les canaux, la grandeur des terres, leurs dimensions, c'est aussi pour démontrer que tous ces lieux participent à la réalisation coloniale éventuelle ainsi qu'à une distorsion impressionnante de ces espaces. L'anamorphose du tableau dressé par Parmentier–avec cette profusion de détails–brouille la limpidité initiale, et traduit en dernière analyse une dégradation possible et irréversible de ces nouvelles terres. Parmentier par ses redondances verbales des verbes "il y a" et ses détails kaléidoscopiques alterne sans arrêt entre les détails d'eau (rivières, lacs, cours d'eau et mer) et la terre elle même. La ligne des rivages est constamment secouée par les flux de détails sur les terres. La passerelle entre les deux ne se fait pas distinctement au cours du récit et l'alternance permet d'émousser la patience du lecteur. Cela peut l'entraîner, au contraire, au retour sur les pages précédentes où les mêmes détails semblent avoir été mis en place.

Le dispositif insulaire révèle alors une ambigüité; la conclusion de Parmentier n'est pas faite. Le retour n'y est pas inséré. Il s'agit d'un moment de vécu, répertorié où le retranchement et l'enfermement règnent.

Le paysage dans les voyages de Parmentier

L'examen rapide des dictionnaires Larousse et Robert fournit deux clefs à la définition du terme de paysage; c'est "une étendue de pays qui présente une vue d'ensemble," ou "partie d'un pays que la nature présente à la vue," ou un "tableau représentant la nature où les figures sont seulement accessoires."

C'est dans l'articulation de ces définitions que celui-ci existe par le regard que l'on porte sur lui. La portée qui en est faite dans le premier récit de Parmentier prend une note particulière: en effet, l'analyse raisonnée à but scientifique et pédagogique soumet le regard à une portée esthétique: celle-ci est moins évidente que dans le second voyage puisque Parmentier y inclut d'autres points de perspective. Ce journal ne fonctionne cependant pas en hyperboles comme le texte de Colomb.[15] À travers ce décor, Parmentier parle de sa culture et intègre dans son objet d'étude un autre élément fondamental: en mettant toute son ardeur à décrire ce monde et cette île, le voyageur utilise ce paysage comme un signe à décrypter le monde. Cette description est à la fois complexe, profuse et souvent ambigüe. Parmentier traite les données pour pouvoir en tirer parti. Et même si le fait de travailler sur le paysage devient ensuite source de plaisirs, parfois esthétiques, son but n'est pas uniquement là.

Cette façon de regarder le panorama, de le décrire et de le nommer lui permet de ne pas le figer, de partir du terrain et non d'à priori. S'il reproduit aussi des images sociales largement mythiques, inscrites dans l'inconscient collectif et souvent caduques, l'ensemble du paysage de ce premier voyage bouge en osmose au rythme du périple propre de l'auteur où la nuance et l'affinement des typologies s'égrènent de façon assez systématique. Ce travail participe ainsi à l'enrichissement de la collection des références paysagères du corps social et donne une meilleure réalité.

Ainsi, Parmentier utilise une grille de lecture en recensant les reliefs, les rivières, les habitats. Les éléments d'image (plans, lignes structurantes, distances, couleurs et senteurs) sont toujours analysés par rapport aux uns et aux autres. En quelque sorte, à partir d'une grille préétablie, chaque séquence entre dans la construction d'une typologie fiable par rapport au nombre de plans utilisés. Cela passe par la construction de schémas allégés, de comptage, et d'indices différents et répétitifs. Cependant, on rencontre chez l'auteur un élément visuel inclassable: comment peut-on ainsi ranger le "caura" (barque indienne) et son admirable coque d'une seule pièce et dont la description s'allonge? Est-ce dans la grille des "trouvailles" et "curiosités"? Oui. Mais ou alors placer le reflet de l'eau sur les barques?

Ce rapport complexe entre paysage et regard se voit également situé par rapport à la vue de "dedans" et la vue de "dessus" bien connue des géographes.

La reconstruction des plans assure une bonne couverture spatiale et tous les accès géométriques de l'étendue de l'île. Dans l'élaboration de vouloir "montrer" des lignes épurées, le texte se suit dans un déroulement et un surenchérissement de détails. Mais ceux-ci sont minutieusement choisis et souvent magnifiés. Comme bon nombre de récits de voyage, celui de Parmentier n'échappe pas aussi à ce foisonnement. Mais les rapports entre vue du "dedans" et vue de "dessus" permettent à l'auteur de saisir la totalité de ce monde en y ajoutant une perspective humaniste, qui mêle les faits dans un récit où le paysage accède à un statut spécial unifié.

Le champ géographique semble alors un intermédiaire entre celui du paysage proposé et l'espace physique. Ce n'est pas une simple dualité, mais certainement une triade où l'espace géographique de l'île occuperait une position intermédiaire. Se trouvant au centre de la page et de son discours, Parmentier montre une précarité tout en déplaçant l'image de lui-même. Il n'existe pas (en quelque sorte) une opposition entre le paysage, lieu originaire et familier, et cet espace abstrait et impersonnel où il peindrait des repères qui lui sont propres.

La surface de ce paysage reste chez lui un dépaysement premier et une reconstruction de cette grille. Strauss[16] parlait de "non communication mutuelle entre les deux." Entendons par là que la description phénoménologique de ces "deux moments de connaissance" entre le rapport à l'espace et au monde coexistent.

> Ces deux concepts font moins référence à une division factuelle entre deux types d'espace intramondain qu'à la façon dont l'existant rencontre son monde. . . . Il s'agit donc avant tout du chiasme de deux modalités fondamentales de l'espace qui se combinent entre elles dans l'expérience quotidienne selon une proportion plus ou moins harmonieuse.[17]

Dans ces deux types d'univers géographique et de site, Strauss maintient qu'il n'y a pas d'étanchéité entre les deux. Or, il existe aussi chez Parmentier et son discours une présence anticipée de ce paysage. L'auteur prévoit souvent les éléments et les structures pour leur donner une force toute particulière. Certains aspects invisibles du paysage comme la formation de nouveaux clichés, ou de possibles rêveries sur tel ou tel détail vont épouser les formes du récit avec les directions qu'il accorde et suggère: la pointe en mer, l'ancre, le mouillage et les barques d'Indiens (page 103) reflètent les connaissances tout en accordant les objectifs poursuivis et les imprévus.

Ce qui articule ces deux types d'espace opposés est une herméneutique proprement dite de guide, de passeur qui médiatise constamment ces deux termes opposés. En cela le journal de Parmentier est d'une grande richesse.

Ainsi nous avons pu voir dans ce chapitre que l'espace de l'ailleurs change d'origine et de vue. Commence alors une autre façon de rendre le périple sur le papier. Dans ces deux livres, Parmentier narre ses voyages d'une manière détaillée et plus humaine (en ce qui concerne le voyage de Sumatra) avec une vision plus descriptive (l'île de Domingue). Les deux récits se réunissent à la jonction de l'écriture de l'ailleurs, dans de nombreux détails similaires, mais fort différents dans la visée de l'expédition. L'une, plus proche des voyages traditionnels de l'époque (Sumatra) confronte—comme celui de Cartier—l'existence de l'Autre avec l'image des certitudes et des défis tronqués. La prose est alors alerte et détaillée. Dans le livre vers St Domingue, il détaille les accidents de terrain et les mesures des parcelles et des habitations—dans un paysage déjà décrit par Colomb et s'attèle donc à une vision plus juridique d'annexion des territoires.

Ces deux histoires examinent le quotidien, le déplacent et contribuent à l'élaboration d'un discours et d'un genre particulier: celui de la littérature de voyage qui devient de plus en plus populaire.

Il faut aussi examiner plusieurs points de rencontre entre les explorateurs et le Nouveau Monde. Qu'ont-ils pu faire et pu dire dans leurs premières rencontres? Si nous avons examiné en détail les points de vue des deux journaux de Parmentier et les différents repères culturels sur l'Ancien et le Nouveau Monde, il ne faudrait pas négliger les récits des toutes premières rencontres du Nouveau Monde avec les autochtones. Ils restent primordiaux dans l'élaboration de la littérature de voyage.

La représentation des autochtones dans les débuts des journaux de Colomb, Verrazano et Cartier

Les Européens qui se sont aventurés dans le Nouveau Monde après la découverte de Christophe Colomb partagèrent une technologie complexe, bien développée et mobile du pouvoir: l'écriture, les instruments de navigation, les bateaux, les chevaux, les chariots, les chiens, des armes efficaces incluant la poudre bien sûr. La culture qui les a caractérisés se reflète dans leur confiance à conquérir le monde, souligne l'importance de leur organisation politique, leur capacité à utiliser la violence comme moyen coercible sur les personnes et les tribus rencontrées, et se voit liée à une idéologie religieuse centrée sur la représentation prolifique d'un dieu assassiné et torturé. Le culte de ce Dieu mâle, une déité née de la Vierge Marie et crucifiée pour le rachat des pêchés de l'homme et dont le rituel de communion pouvait, ou a pu poser problème aux autochtones. Le manque de décision de se convertir paraissait cependant impensable aux Européens.

À part quelques exceptions, les Européens se sont souvent sentis supérieurs aux peuples rencontrés, même quand ils ont reconnu certaines techniques d'organisation qu'ils ont admirées.

Le concept d'étrange, de "barbare" de "sauvage" peut dans les premiers extraits des récits de Colomb, Verrazano ou Cartier montrer la difficulté que nos explorateurs dieppois comme les frères Parmentier vont confronter et marque à la fois une insuffisance lexicographique et une grande surprise. Ces trois expéditions vers les Nouveaux Mondes permettront de rappeler au lecteur une exigence première: sans un regard sur le contexte historique à l'aube des Temps modernes, il sera difficile d'apprécier leur récit. Si leur monde bouge, leur écriture semble enregistrer mécaniquement ces changements dans les premières rencontres malgré un enthousiasme certain. Leurs remarques sur leur discours linguistique témoignent d'une conscience intéressante des faits de la langue quand ils s'exercent à recopier des mots d'autres idiomes. Nous verrons que leur effort d'observation leur fait prendre conscience de l'altérité linguistique sans pour autant conclure à l'irréductible étrangeté des nations lointaines. Les cartographes dieppois intégreront ces conceptions des récits d'explorateurs et hésiteront eux-aussi à établir dans leurs vignettes (Desceliers, Vallard) ou dans leurs écrits (Roze, Le Testu) des termes nouveaux ou leurs représentations de l'altérité soulèveront souvent plus de questions que de réponses comme nous le verrons au chapitre cinq.

Examinons tout d'abord la lettre de Christophe Colomb. Contrairement à ce que mentionne Tzvetan Todorov dans *The Conquest of America* "Nous pouvons découvrir l'autre en nous, réaliser que nous ne sommes pas une substance homogène,"[18] il faudrait ajouter que Colomb ne semble pas montrer de substance homogène dans la constitution de son "moi": il était aussi déjà très bien déterminé par sa culture, son expérience et ses ambitions lors de son premier périple. Si la conséquence pour les cultures américaines n'a pas été uniquement une perte du passé, le discours dominé par la mémoire a selon lui été une expression de perte pour manipuler le présent. Cependant, comme le souligne bien Stephen Greenblatt, la culture que les autochtones possédaient n'en était pas moins celle d'une technologie particulière; celle de l'oral.[19]

> But it is a leap from this pleasure to faith in what Todorov calls "the evolution of the symbolic apparatus proper to man," a leap that should give us pause. An it is a further leap—across a chasm at least as great—from this general celebration of writing to the particular dealing between Cortes and Montezuma.

C'est donc dans cet esprit de "regarder" et "voir le texte" de la lettre de Colomb comme une particularité intrigante que nous aimerions constater certains faits récurrents dans les premières fois des "premières rencontres" racontées. Plusieurs dominantes semblent en effet s'installer dans la description des explorateurs. Pour échapper aux impasses conduisant généralement à des raisonnements où le "vrai voyage" s'installe, nous essaierons d'aborder seulement pour nos propos les premières émotions en face de personnes "différentes." Qu'elles soient issues du Nouveau Monde ou de monde plus ancien pour Parmentier (Sumatra,) il existe un certain fétichisme de la véracité qui s'obstine dans tous ces récits. La question de norme est prégnante dans tous ces premiers dialogues avec les autochtones. Le rite d'aller vers quelqu'un, de le saluer, d'être effarouché semblent dominer partout. Les liens établis par les équipages deviennent en fonction de leur vécu et de cette première expérience un lien systématique à la glose et au rapport. Focalisant la pensée et leur actions sur cette valeur éminemment relative du "que se passera-t-il?" on ne peut revendiquer alors cet évènement que comme une recherche de l'absolu là où il pourrait ne pas yen avoir. Il peut s'imposer à la réflexion un cadre logique de raisonnement parfois sans souplesse. En effet, la question de la première rencontre peut prendre au sérieux un mode de pensée rigide dont le propre est de réduire certaines facettes de la réalité ou des valeurs que l'on peut lui attribuer. Entre ces différents allers-retours, entre la perception du voyageur et des Autres il est bon de questionner aussi l'élément de la valeur. Entre ce qui est dit et ce qui ne l'est pas, entre le rapport du voyageur et ce qu'il omet, des jeux et des perspectives se mettent en place. C'est une des premières constantes que nous pouvons constater dans ses trois récits dont nous allons parler. Comme les lettres adressées au souverain le soulignent, Colomb vise des motifs compliqués: l'or, devenir un homme puissant et riche, établir des échanges commerciaux, christianiser. Il s'excuse d'ailleurs de toutes ces raisons.

> Notre Seigneur sait bien que je ne supporte pas ces souffrances afin de m'enrichir, car je sais certainement que tout en cet âge est vain sauf ce qui est accompli pour l'honneur et le service de Dieu.[20]

D'autres desseins ne doivent pas être exclus: conquérir, devenir semblable à Marco Polo que Colomb révérait et emmener sa famille là-bas, conter des histoires inconnues jusque là et devenir l'Interprète du Nouveau Monde. La parole de Colomb résonne dans les traductions françaises et anglaises à plus d'un niveau mais est parfois insuffisamment soulignée dans l'œuvre de Todorov.

Examinons tout d'abord ce que Christophe Colomb écrit dans son journal de bord et quel genre de surprise il eut. Colomb était presque sûr de rencontrer les mêmes peuples que ceux que Marco Polo avait vus. Ainsi lorsqu'il vit des gens pour la première fois, il était certain que bientôt d'autres tribus présenteraient les caractéristiques décrites par ce découvreur.

Aucun des premiers comptes-rendus de voyages de l'ère moderne n'a la puissance de la première lettre de Christophe Colomb décrivant ce qu'il trouva après s'être embarqué d'Espagne en 1492 pour son voyage pour une route plus rapide pour l'Est de l'Asie. Malgré des rapports plus tardifs, incluant d'autres écrits qui offrirent beaucoup plus de détails sur les Amériques, c'est ce compte-rendu particulier (lettre de Luis de Santágel, annonçant sa découverte, Albert Bushnell Hart et Edward Channing, 1832) qui fut le plus célèbre.

Lorsque Colomb s'embarqua, il croyait qu'il aurait peu de problèmes pour atteindre l'Asie en naviguant vers l'Ouest à travers l'Océan Atlantique. D'après ses calculs, le Japon se trouvait seulement à 2,400 miles nautiques des Iles Canaries. Son estimation tirée des lectures des maîtres anciens était fausse: la vraie distance était de 10,600 miles. Le fait qu'il ne pouvait pas estimer la taille de la Terre ou la largeur de l'Atlantique se révéla être bien moins importante que sa "découverte" "accidentelle" de l'Amérique.

> J'ai donné à la première de ces îles le nom de Saint-Sauveur (San Salvador), en reconnaissance du secours que le Sauveur m'avait fourni, tant pour cette île que pour les autres où nous sommes entrés. Les Indiens appellent cette première Guanahani.[21]

Colomb et ses amiraux débarquèrent, en grande cérémonie, déployant la bannière du Roi et celle du vaisseau. À ce moment là, des gens accoururent pour les accueillir. Le capitaine comprit que les Amérindiens viendraient "plus par amour que par force." En vue d'obtenir leur amitié, des chapeaux et des petits colliers leur furent offerts. C'était l'usage courant chez les marins.

Tout d'abord la générosité des indigènes semble étonnante. À aucun moment semble-t-il, il n'est question dans le texte de tirer avantage d'eux. Les faits sont cependant interprétés par quelqu'un qui a un intérêt tout particulier. Si les signes de générosité et d'abondance doivent être répertoriés par l'auteur, le lecteur sera impressionné et se rendra compte également des possibilités de faire facilement du commerce et de diversifier les achats, de cultiver la terre et de s'installer pour vivre.

Quant aux descriptions physiques des indigènes, Colomb note qu'ils étaient nus, avaient beaucoup de cheveux courts, que certains d'entre eux avaient teints, que d'autres portaient des peintures sur leurs corps, ou seulement sur les yeux ou le nez. Grands avec de grands yeux, Colomb les trouva "beaux."

La description est détaillée en relation avec ses croyances personnelles et il remarque la nudité sans rien ajouter d'autre. Il est important de remarquer que dans toute la lettre, le mot "sauvage" n'est pas utilisé. Il est l'interprète du roi, décrivant ce qu'il a vu comme des vignettes et sa description est aussi neutre que possible.

Est-il vraiment si neutre? Deux paragraphes plus bas, il met en relation dans la même phrase les mots "monstres et gens." La juxtaposition dans la même page est pour le moins intrigante. Cette lettre bien structurée s'attèle à convaincre le roi et si Colomb est soulagé de n'avoir rencontré aucun "monstre" la phrase soulève plusieurs questions. Tout d'abord, Colomb suit bien la tradition qui est celle de parler d'animal fabuleux. Le monstre animal et ses illustrations reprennent bien sûr la tradition du Moyen Age et sa fascination pour les animaux étranges (*Traité des monstres* d'Amboise Paré). En même temps, le lecteur s'aperçoit que les monstres ici ne sont pas des animaux. Ce sont des personnes cannibales. Il faudrait alors tirer trois hypothèses que Colomb s'ingénie à suggérer dans ce passage: s'il ne trouve aucun monstre animal, il sera plus facile d'aller et venir sur les territoires découverts. Ensuite, s'il n'y a pas de monstre humain, il sera facile de travailler avec les tribus: pouvoir communiquer, marchander et travailler avec les Indigènes sera une des priorités de l'explorateur. Enfin, s'il existe des monstres humains cannibales, il faudra certainement y faire attention, leur donner d'autres valeurs et les rendre "humains."

> Je n'ai vu chez eux aucun monstre, comme on se l'était imaginé, mais des hommes remplis d'égard et de bienveillance. . . . Je n'ai donc point vu de monstres parmi eux, et je n'ai point appris qu'il en existât ailleurs, excepté dans l'île Caraï. (7)

En contrepartie de ces affirmations cachant des desseins plus ou moins colonisateurs, les réactions des autochtones, lors de cette première rencontre sont à peine mentionnées. Mais Las Casas y ajoute de nombreux détails.

> Les Indiens restent tout ébahis à regarder les chrétiens, contemplant avec stupéfaction leurs barbes qu'ils touchaient de leurs doigts...

Las Casas a certainement enjolivé l'histoire que Colomb a lui même déformée. C'est pourquoi le contenu de la lettre de Santagel, écrite par Colomb avant son départ est sans aucun doute la plus proche de la réalité, sans contredire les autres détails.

> Les habitants vont tous tout nus. Quelques femmes se couvrent un seul endroit du corps avec une feuille ou un mouchoir de coton. Ce sont des hommes bien bâtis, de bonne nature, mais lâches. Il m'est arrivé d'envoyer à terre deux ou trois de mes hommes, pour prendre contact avec les habitants. Ces derniers sortaient en très grand nombre à leur rencontre et, dès qu'ils les voyaient arriver, ils se sauvaient... Il est vrai que, lorsqu'ils reprennent un peu d'assurance et reviennent de leur frayeur, ils se montrent honnêtes et prodigues..."[22]

Cet épisode résume la première rencontre des explorateurs: une surprise suivie de fuite, une grande curiosité mêlée d'intérêt fait revenir les tribus, mais sans une véritable confiance.

Ainsi les premières relations sont bonnes et le mot "homme" est employé plusieurs fois dans la lettre à Luis de Santangel, en février-mars 1493, à son retour de l'expédition. Nous devons cependant faire remarquer qu'il s'agit d'une réécriture de son "journal de bord," puisqu'il perdit la première version lors d'une forte tempête. C'est à travers les yeux de Las Casas, que le mardi 12 octobre 1492 est dûment inscrit comme étant la première rencontre.

Dans quelle mesure Colomb a-t-il modifié ses premières impressions? Combien a-t-il oublié? Jusqu'à quel point le traducteur a-t-il élaboré? Tous ces points demeurent cependant encore obscurs.

Pendant sa deuxième visite, Christophe Colomb essaye d'inviter des hommes à bord. N'y réussissant pas, il capture des femmes et des enfants de la tribu.

> Ce premier jour que nous sommes, en cette île, descendus à terre, nombre d'hommes et de femmes allaient par la plage, près de l'eau, regardaient la flotte et s'émerveillaient d'une chose si neuve. Quand en quelque barque, on s'approchait de terre pour leur en parler en leur criant "tayno, tayno" ce qui veut dire "bon" ils attendaient près de leurs demeures tant que nous ne sortions pas de la barque, en sorte qu'ils pouvaient se sauver quand ils le voulaient.[23]

Nous remarquons la curiosité des gens, mais aussi leur peur. Le mot "tayno" relevé dans le texte est rapidement traduit par "bon" et semble être l'un des premiers mots utilisé pour établir un bon contact. Colomb voulait montrer ses bonnes intentions. Mais frustré par la peur des indigènes, il décida finalement de capturer des femmes et des enfants, et d'aller dans leurs villages. Une autre partie de l'histoire souligne sa découverte de personnes cannibales. De nombreux os furent découverts et Christophe Colomb n'hésita pas à rapporter que des femmes lui avaient dit que ces tribus étaient "brutales" et plus loin dans le texte "cruelles." Ces clans avaient envahi d'autres îles et mangé des prisonniers. Ces femmes n'appartenaient pas à cette tribu "Carribbéenne." Elles semblaient d'ailleurs ravies de raconter leurs histoires au capitaine. À son grand soulagement elles n'étaient pas cannibales elles-mêmes. Colomb commence alors à décrire les femmes qui se ressemblent toutes à ses yeux.

Un peu plus tard, aux alentours d'Hispaniola, une rencontre avec d'autres Indigènes semble être différente. L'échange de petits cadeaux semble possible. Le même jour, alors que l'un des marins était décédé, des Amérindiens veulent venir assister à la procession funèbre. Christophe Colomb leur dit que cela n'était pas possible puisqu'ils n'étaient pas considérés comme Chrétiens.

L'auteur insiste vraiment sur certains de leurs comportements, particulièrement sur leur cannibalisme ou leur manque de Christianité. Quelquefois, certains détails ne sont pas mentionnés. Par exemple, dans cette même lettre, le capitaine ne dit rien sur leur capacité à chasser, ni de créer et de fabriquer des objets. Mais aussitôt que le traducteur peut suggérer que l'on parle d'or, Colomb décrit la scène avec une foule de détails.

> Là, on les reçut avec amitié et on les amena à la nef amirale. Ils dirent, par l'intermédiaire d'un interprète, qu'un certain roi les envoyait s'enquérir quelles gens nous étions et nous prier de bien vouloir descendre à terre parce qu'ils avaient beaucoup d'or et nous en donneraient ainsi que de tout ce qu'ils avaient à manger. (65)

À la fin de la lettre, Christophe Colomb insiste de nouveau sur l'intérêt de l'or et dans les dernières lignes de la lettre s'excuse de donner autant détails, sachant que c'est grâce à toutes ces descriptions qu'il parviendra à convaincre le roi et qu'il pourra retourner dans cette terre étrangère.

La diffusion rapide des rapports de Colomb dans toute l'Europe laisse à penser que les éditeurs savaient qu'il y aurait une audience pour ce genre de nouvelles. L'importance de Colomb a été applaudie et dénigrée au fil des années, ses actions étant considérées comme étant à l'origine des dégradations de l'environnement et de l'esclavage dans l'hémisphère Ouest.

Notre autre exemple sur la façon d'aborder l'Amérique et de retranscrire les premiers faits est celle de Verrazano. Humaniste vivant en France et dieppois d'adoption, imprégné de la culture de son temps, il connaît bien les cartes de l'école cartographique et il s'en servira lors de son voyage.

Le capitaine Verrazano réalisa le premier voyage d'exploration en Amérique du Nord. Il partit de Lyon et fut financé par des banquiers qui cherchaient une route directe vers Cathay, le pays de la soie en Chine du Nord. Il entra en contact avec le fameux propriétaire de bateau de Dieppe, Jean Ango. Suite à un premier échec, il s'embarqua avec son équipage sur la Dauphine et fit voile. Il arriva le 7 mars 1524 près du Cape Fear en Caroline du Nord, et de là suivit la route du Nord. Il alla ensuite jusqu'à New York et revint à Dieppe en France le 8 juillet 1524 d'où il envoya immédiatement son rapport au roi François 1er. Son compte-rendu est rempli d'espoir pour l'or, l'argent et les épices, mais il avait été incapable de trouver le fameux passage vers Cathay ce qui ne fit pas le bonheur des banquiers.

Mais en même temps, il fournit de nombreux détails de ses rencontres avec des tribus différentes. Il prit note de tous les différents aspects des groupes, de leurs descriptions physiques aussi bien que de leurs comportements sociaux. Les descriptions sont précises et certainement parmi les plus exactes de nombreux explorateurs. Les premières tribus qu'il rencontra sont celles de Caroline du Nord dont il percevra mieux les nuances plus tard dans son travail. Il décrit les tribus du Cape Fear comme "noires," nues, avec seulement une petite ceinture." Celles des pays du Nord étant "moins vigoureuses mais plus intelligentes," les tribus vivant en Acadie comme étant "plus blanches sous des garnitures plus élaborées; et enfin les tribus du Main habillées de "peaux d'ours et de loups, portant de grandes boucles d'oreilles en cuivre."

Il consacra les descriptions les plus détaillées aux tribus de Newport. Elles sont "belles, gracieuses et plaisantes." Les hommes sont "grands, hâlés. Leurs yeux sont noirs et brillants." Les bijoux qu'ils préfèrent recevoir en cadeaux sont des lames de cuivre. Pendant l'intégralité de son voyage, Verrazano n'eut pas à faire face à des situations périlleuses (excepté dans la région de Portland, où l'on eut peur pour un jeune marin: les Indiens voulant examiner de trop près sa peau de couleur pâle).

Dans son histoire, Verrazano décrit ce qu'il a vu mais il ne porte jamais un quelconque jugement sur les valeurs de leurs sociétés. Il est même très prudent quand il parle de leurs religions. Pour lui, les autochtones semblaient ne pas avoir de lois ou de croyances, mais vivaient librement. Du point de vue géographique, il revint avec des conclusions remarquables. Il déclara avoir exploré un territoire inconnu, représentant un autre monde qu'il pensait être aussi grand que l'Asie. Il jugea que le nouveau continent était complètement indépendant de l'Asie et de l'Afrique et que les océans entourent le continent. Il contredisait ainsi Aristote qui admettait que l'Océan de l'Ouest ne fait qu'un avec l'Océan Indien sans continent au milieu.

Verrazano voulait y retourner et présenter sa théorie à François Ier. Mais le roi était trop occupé avec les guerres italiennes à ce moment là. Ce n'est qu'en 1528 qu'il pourra faire voile de nouveau. Il fut malheureusement capturé et dévoré par une tribu. Ce fut la fin de ses explorations en Amérique du Nord.

Bien que ses voyages sur la côte Nord Américaine produisissent plus de spéculations pleines d'espoir que d'évidences géographiques tangibles, Verrazano aiguisa les appétits français pour une exploration supplémentaire de la route alléguée vers Cathay. En 1532, François Ier trouva l'homme pour poursuivre cet effort: Jacques Cartier,[24] un maître marin du port français de Saint Malo. La recherche débuterait au Groenland, et après une longue période de préparation, Cartier voguerait avec deux vaisseaux en avril 1534.

Ce fut le premier de trois voyages que Cartier fit en Amérique du Nord. Ceci marqua également le début des revendications françaises sur de larges régions du Nouveau Monde, contrôle qui fut reconnu sur les cartes de l'époque. Les ordres de Cartier lui disaient de voguer "au-delà du 'strait' de l'œil des Chasteaux," le nom français de l'époque pour le passage de la Belle

Ile. Ce qu'il fit. Cartier rencontra sa première tribu après quelques jours de voyage."Il y a des gens sur ladite terre, qui sont d'assez belle corpulence, mais ils sont effarouchés et sauvages." (122)

Notons que le mot "sauvage" est utilisé dans le contexte ici pour la première fois dans le sens de personne libre dans la nature, non apprivoisée, effarouchée. Le mot et sa signification évolueront bien des fois pour beaucoup d'explorateurs et d'écrivains jusqu'à ce que la notion de monstruosité soit inclue. Mais ce n'est pas encore le cas avec Cartier dans cet exemple. Les rencontres qu'il a eues avec des personnes sont toujours menées avec beaucoup de considérations plus proches de celle d'un ethnologue. Il les définit comme étant "sauvage" par manque de vocabulaire plus approprié et aussi parce qu'ils sont assez "pauvres."

> Ces gens là se peuvent appeler sauvages, car ce sont les plus pauvres gens qui puissent être au mode; car tous ensemble ils n'avaient pas la valeur de cinq sous. (145)

Le mot Canadien n'apparaît que plus loin à la page 237, quand Cartier se rend compte qu'il faut nominaliser les régions.

Lors de l'une de ses premières rencontres, il remarqua que les indigènes fuyaient et qu'ils avaient mis un couteau ainsi qu'une ceinture de laine sur un bâton. Cartier les décrivit comme étant habituellement prudents, voire peureux. Mais il fut capable de ramener deux d'entre eux jusqu'à St. Malo afin qu'ils y apprennent l'idiome français et les coutumes, pour aider Cartier en tant que traducteurs pendant d'autres voyages. Ce passage insiste sur les deux Amérindiens et leur insistance à parler de la beauté de leur royaume le "Saguenay."

Il est également important de mentionner dans cette discussion le rôle et l'importance des traducteurs lors des deux premiers voyages. Ils créent un lien direct avec les autochtones mais ils vont représenter un problème selon Cartier. À la différence du voyage de Parmentier qui utilise des marins pour l'aider, les traducteurs de Cartier vont être des autochtones.

Les récits des voyages de Cartier au Canada démontrent l'importance du "truchement" mot utilisé plusieurs fois par Parmentier dans son deuxième voyage vers Sumatra. L'interprète est en fait important. Il est le lien réel tangible entre deux cultures et doit non seulement traduire des mots mais aussi interpréter ou/et en créer de nouveaux, si le terme approprié n'existe pas dans l'une ou l'autre langue. En les ramenant dans un monde différent, les Amérindiens apprendraient les langues et coutumes/mœurs de la France. Habillés comme des français, ils perdaient peu à peu leur identité: tout semblait s'oublier, comme si leur brève visite temporaire commencerait tout d'abord par les éloigner de leurs propre culture. Leur séjour en France leur apprit ainsi à étudier la langue natale des explorateurs, leurs us et coutumes afin d'aider Cartier quand ils reviendraient chez eux.

Le 19 Mai, 1535 Cartier navigua de St. Malo pour la Terre-Neuve avec trois vaisseaux: *La Grande Hermine*, son propre bateau, *La Petite Hermine*, et *l'Emerillon*, 112 hommes, sans oublier les deux indigènes: Taignoagny et Don Agaya. Ces deux derniers furent capables d'aider à trouver le passage jusqu'ou ils vivaient. Cartier exprime son étonnement:

> Ayant jeté l'ancre entre cette grande île et la terre du nord, nus allâmes à terre et emmenâmes les deux hommes que nous avions pris au précédent voyage; et nous trouvâmes plusieurs gens du pays, lesquels commencèrent à fuir, et ne voulurent pas approcher jusqu'à ce que les deux hommes commencent à parler, et leur disent qu'ils étaient Taignoagny et dom Agay. (179)

Ce voyage commença sous de bons auspices, mais bien vite les difficultés s'annoncèrent. Les traducteurs démontrèrent que malgré leur déguisement, l'apprentissage de la langue et des coutumes françaises, ils restaient fidèles à leur loyauté indigène. Une fois réintégrés dans leur environnement, ils semblent faire confiance à leurs ethnies, et Cartier paraît être de plus en plus réservé sur le degré de confiance qu'il leur accordera dans les différentes traductions. Bien entendu, c'est au travers des yeux de l'explorateur Canadien que ces actes déplacés sont notés. Aucun récit complet des deux indiens n'est pris en compte.

> La prise de contact avec Donnaconna (le chef de la tribu) avait été cordiale . . . mais les choses changèrent lorsque Tainoagny et Don Agay purent s'entretenir sans témoin avec leur tribu. Sans doute rapportaient-ils de France des impressions mêlées ou dominaient la peur et la méfiance. Loin de faciliter les contacts, ils devinrent les inspirateurs de la résistance.(181)

Les preuves démontrant les intentions et les impressions des deux traducteurs manquent cruellement. Cartier lui-même ne donne aucune explication; il ne fait qu'analyser le comportement des traducteurs "Aperçumes que ledict Taignoagny ne valoit rien." (186)

Cartier a été vite déçu par le travail des deux traducteurs et semble les accuser de tromperie, malice et mauvaise foi. Ainsi, nous pouvons constater que l'interprète perd de son innocence aux yeux de l'explorateur. L'auteur s'attendait à ce que les deux indigènes restent fidèles à ce qu'ils avaient appris. Mais ceci ne semble pas se produire. Tout le "savoir-faire" et la maîtrise de la langue française, ainsi que leurs connaissances sont mises en perspective afin d'aider leurs propres tribus. Cette attitude irrite passablement Cartier:

> Taignoagny a dit à notre capitaine que le sieur Donnacona était surpris de les voir tenant des bâtons de guerre; car eux-mêmes n'en portaient aucun. Ce à quoi, le

> capitaine répondit que c'était l'usage en France, et qu'ils le savaient. Mais tous ces mots n'aidèrent pas à résoude la question autour d'un bon repas entre le capitaine et Donnacona. Ainsi, nous vîmes ce que Taignoagny dit ne venait pas de sa bouche et de celle de son ami. (188)

Le "bâton de guerre" reste principalement un signe de la force que les explorateurs peuvent mettre en jeu quand ils le souhaitent. Nous pouvons voir que Cartier présente les armes comme faisant simplement partie des vêtements. Ce faisant, il change l'objet, et la nature de ce dernier ainsi que sa fonction. Les interprètes connaissent très bien l'usage de ces bâtons et les présentent tels quels. La page suivante de ce journal confirme cette interprétation. Donnacona demande au capitaine de faire feu, puisque Taignoagny et Dom Agay font l'éloge de ce nouvel objet et il est comique de voir le cadeau de Cartier se retourner contre lui.

> Taignogany fit dire, par personnes interposés, que les compagnons du galion, lequel était demeuré dans la rade avaient tué deux de leurs gens à coup d'artillerie; ce qui les fit se retirer tous en si grande hâte q'il semblait que nous les voulussions tuer. Ce qui ne se trouva pas être la vérité; car, durant ce jour-là, il ne fut tiré du galion aucune artillerie. (187)

Le coup de feu était censé amuser la tribu. Mais à travers l'œil du traducteur, l'arme porte a nouveau sa fonction première, c'est-à-dire de tuer. Il n'a aucune fonction décorative, ainsi que Cartier souhaitait qu'ils le croient plus tôt. Il n'est pas considéré comme étant un cadeau amical tel que les petits couteaux que les Indiens en ont reçu plus tôt. Les Indiens ne se laissent pas berner. Leur bon sens n'est cependant pas totalement innocent. En fait, Cartier accuse ses deux traducteurs d'avoir déformé le sens du message qu'ils étaient censés transmettre. L'auteur interprète cette déformation de façon contradictoire entre l'attitude bienveillante de Donnacona et le message. Ainsi Taignoany et dom Agaya adoptent une attitude mouvante consistant à ne dire le sens réel des mots que lorsque c'est nécessaire. Ils ne mentionneraient et ne traduiraient que ce qu'ils jugent important pour l'équipage.

De plus, l'adage "traduttore, traditore" semble s'appliquer parfaitement dans ce cas. Il est évident que le traducteur ne fait pas confiance à l'explorateur, mais dans ce texte particulier, il parvient à rendre toute la tribu hostile. Comme nous n'avons aucune preuve ni pour affirmer, ni pour démentir l'attitude générale de l'explorateur et de ses traducteurs, nous pouvons seulement souligner que Cartier souhaite vraiment réussir dans cette entreprise.

Les motivations de Cartier ne sont pas de convertir les tribus au christianisme. Aucune explication n'est donnée sur ce sujet épineux. Néanmoins, les motifs de Cartier sont discutés lorsqu'il dit:

> Toute la terre des deux côtés dudit fleuve jusqu'à Hochelaga et plus loin est aussi belle terre et unie que jamais homme regarda. (222)

Nous pouvons souligner que Cartier présente un endroit riche, fertile et tout prêt pour y installer des gens. Le capitaine élimine pratiquement toutes les difficultés et ne mentionne que le problème de communication avec les interprètes qui semble être le seul obstacle entre lui et les autochtones.

À un moment donné, la situation semble se compliquer avec les traducteurs entre le 16 et le 18 septembre 1535. La description que le capitaine en fait illustre les réactions des deux côtés. Taignoagny dit au capitaine que Donnacona semblait être mécontent lorsqu'on lui avait demandé d'aller au-delà de la rivière. Cartier répondit que c'était le commandant (le roi) qui demandait d'aller aussi loin que possible. Dans cet épisode, Cartier interprète les dires de Taignoagny comme une façon de ralentir les explorateurs, voire même de les empêcher d'avancer. Le capitaine a peut-être raison. Mais ce qui intrigue le lecteur est la façon dont la situation arrive. Taignoagny parle au nom de la tribu, et Cartier est le porte-parole de François 1er. Le traducteur manœuvre et s'affirme lui-même comme un membre d'une tribu dévouée à son chef. Deux volontés sont en jeu, ainsi que deux groupes. Apparemment, il n'y a aucune conciliation possible entre les deux parties. Taignoagny démontre le jour suivant qu'il a bien compris ce qui était arrivé en France. Il met sa connaissance au service de sa tribu.

> Ils imaginèrent une grande finesse, qui fut la suivante. Ils firent habiller trois hommes à la manière de trois diables, lesquels étaient vêtus de peaux de chien, noirs et blancs, et avaient des cornes aussi longues que le bras . . . et ils les firent mettre dans une de leurs barques, à notre insu. (187)

Les traducteurs sont les acteurs et les metteurs en scène de cette farce: même s'ils n'apparaissent pas dans la pièce, ils sont présentés comme étant les personnes responsables en coulisses. Ils démontrent ainsi qu'ils avaient parfaitement maîtrisé la culture chrétienne des explorateurs et l'exploit avec leurs tribus. Leurs buts sont parfaitement atteints. Cartier utilise le terme de "diable" et les voit comme des "diables." Il n'oublie pas cependant qu'il ne s'agit que d'une pièce et que le tour est visible, d'après ses commentaires.

> Ils commencèrent une prédication et un prêche, que nous entendions de nos navires, qui dura environ une demi-heure. Après quoi, Taignoagny et dom Agaya sortirent du bois, marchant vers nous, les mains jointes et le chapeau sous le coude, en grand ravissement. Et Taignagny commença à dire et proférrer, par trois fois: "Jésus, Jésus, Jésus, Jésus, levant ses yeux au ciel. Puis Dom Agaya commença à dire: 'Jesus' 'Maria' "Jacques Cartier" regardant le ciel comme les autres. Et le capitaine, voyant leurs mines et leurs cérémonies commença à leur demander ce qu'il y avait, et qu'était-ce qui était survenu de nouveau. Lesquels répondirent qu'il y avait de piteuses nouvelles,

> en disant qu'il n'y avait rien de bon . . . leur dieu dénommé Cudouagny avait parlé à Hochelaga, et que les trois hommes ci-devant étaient envoyés par lui pour leur annoncer les nouvelles, et qu'il y aurait tant de glaces et de neiges qu'ils mourraient tous. À ces mots nous nous prîmes tous à rire, et leur dire que leur dieu Cudouagny n'était qu'un sot et qu'il ne savait pas ce qu'il disait et qu'ils le disent à ses messagers. (189)

Nous voyons bien que les principaux personnages de cette comédie sont les interprètes. Ils avaient compris la culture française et les concepts de christianité. Ils se référaient à Cudouagny comme étant "l'être suprême." Ils isolent certains éléments de la culture chrétienne mais ne sont pas capables de montrer l'intégralité de la chose dans leurs attitudes. La référence à leur dieu et leur déférence à son égard démontrent qu'ils ne sont pas totalement convaincus par la présentation qu'ils ont eue en France et que rien n'ébranle leurs croyances. Ils sont capables d'imiter et de se moquer de certains aspects de la religion. Ils ont utilisé leur position pour présenter la scène à leur tribu. Cartier rit de la chose car il trouve drôle de moquer devant lui certains éléments ridicules de la religion. Si cette scénette avait été présentée différemment et que cela n'eût pas été bien joué, il aurait pu changer d'attitude. Cartier se présente lui-même comme quelqu'un capable de parler à son dieu.

Ce passage pose de nombreuses autres questions:

a) Les dieux parlent par le biais des êtres humains (en contradiction); Cudouagny parle et Jésus répond. Taignoagny parle et Cartier répond.
b) Personne dans ce discours n'établit un bon contact avec l'autre personne. La situation conduit le lecteur à penser que chacun veut posséder l'Autre.
c) La rupture de communication rencontrée plus tôt est de nouveau soulignée et reproduit la même situation.
d) Cartier semble se distancier lui-même et disqualifier l'Autre lorsqu'il choisit d'insulter de dieu de Taignoagny en le traitant de "sot."
e) L'interprète est maintenant un ambassadeur, et confesse qu'il n'est plus neutre. Il a choisi dorénavant son camp et révèle son pouvoir lors de la rencontre.

Les langages ne divisent pas les hommes mais les rencontres introduisent un conflit de pouvoir. La perversion de l'interprète trouve écho dans la perversion de sa contrepartie; ainsi le "truchement" qui était supposé aider sert en fait les intérêts de sa propre tribu.

Cet incident n'affectera pas la poursuite de l'exploration. Mais de nombreux signes démontrent cependant dans ce texte que ce projet est plus qu'une simple exploration. Le reste du passage essaye de masquer ces deux incidents mais fait mention plusieurs fois d'un vrai "paradis perdu" quand l'équipe de Cartier poursuit au-delà du Saint Laurent.

Plus loin au cours de l'histoire, Cartier rencontre un autre chef qui lui présente tous les pauvres et les malades. Cartier est vu comme un messie, un magicien ou un dieu. La fluidité et la "transparence" qu'il cherchait auparavant sont alors atteintes: "Le capitaine voyant la piété et la foi de ces gens récita les mots de Saint Jean..."

Ainsi nous pouvons voir que pour Cartier, l'image de l'Autre, et en particulier l'image de l'aide, de "l'interprète" constitue le vrai problème, puisqu'elle est reliée au pouvoir dès l'origine. La position de l'interprète peut empêcher l'établissement d'un autre pouvoir, celui de Cartier.

L'étalage des standards royaux et des valeurs européennes marquent la double interaction avec l'Autre: dans ce long échange souvent compliqué, Cartier essaye de décrire un thème convaincant sur l'incrédulité, marqué de peur et de surprise, mêlé à des relations élaborées et imbriquées pour obtenir le pouvoir. La distinction entre les personnes en qui on pourra avoir confiance et celles peu fiables deviendra un thème récurrent parmi les découvreurs. Cartier est aussi l'un des premiers à localiser le problème en Amérique sans savoir quoi faire pour le résoudre. Il ne fait que duper l'autre. Dans un formalisme linguistique, l'observateur et l'observé ne réussissent pas à se "voir" comme des personnes capables de dire la vérité.

Les mots dans le système des récits de voyages fonctionnent dans un système clos qui réduit au silence ceux dont les objections pourraient défier ou nier ces explications. Le rituel de "j'ai vu," fonctionne non seulement dans la représentation de l'Autre, mais aussi dans ce que De Certeau appelle la "fabrication et l'accréditation du texte comme témoin de l'Autre."[25] Le discours de Cartier met en relief ces exemples particuliers pour souligner le contexte historique. Le signe, l'histoire textuelle, feront appel à l'évanescence de "l'instant," de ce que tout cela veut dire. L'image "entre" comme Stephen Greenblatt[26] le rappelle dans le dernier chapitre de son livre est valable pour nous trois explorateurs. La circulation de ces descriptions et les discours oraux et écrits seront exposés dans une rotation perpétuelle dans les deux hémisphères du monde.

Nous pouvons en conclure que la figure de l'Autre dans ces trois textes révèle toutes les complications qui surviendront toujours durant les explorations. Déchiré entre réalité, irréalité, conversion et développement, la figure de l'Amérindien demeure compliquée, meurtrie et souvent présentée d'une façon qui prévaut encore jusque maintenant. Il est cependant utile de se rappeler que certains auteurs du XVIe siècle tels que Rabelais et Montaigne ou

Las Casas n'adhèreront pas à ces histoires et défendront leurs idées et leur méfiance sur "Le Nouveau Monde" et leur éventuelle colonisation.

Les voyages et les discours faits par ces explorateurs, et que les cartographes dieppois ont pu entendre ont contribué à leurs atlas et représentations du monde. Comment étaient-ils enclins à reproduire ces discours? Furent-ils au contraire plus circonspects dans l'élaboration des autochtones? Comment est-ce que l'intermédiaire "celui qui a vu" fut-il représenté sur les cartes? Ceci est l'objet du chapitre suivant.

NOTES

1 Henry Castela, *Le Sainct voyage de Hierusalem et Mon Sinay, faict en l'an du Grand Jubile,1600* (Paris: 1603). Nous utilisons l'édition de Charles Scheffer pour le premier voyage. *Le Discours de la navigation de Jean et Raoul Parmentier de Dieppe.* Amsterdam: Philo Press, 1971.

2 Jean de Léry, *Histoire d'un voyage faict en la terre du Brésil* (Genève: Chappin, 1580), chapitre 22.

3 Ibid.

4 Paul Zumthor, *La Mesure du monde* (Paris: Seuil, 1993).

5 Ibid.

6 Bernard Ribemont, "Une géogritique de la littérature médiévale," dans *Littérature et espaces* (Limoges: Pulim), 41-47.

7 François Hartog, *Le Miroir d'Hérodote. Essai sur la représentation de l'autre* (Paris: Gallimard, 1980), 272-282.

8 Jean-Paul Sartre, *Qu'est-ce que la littérature?* (Paris; Gallimard, 1964).

9 Jean-Paul Sartre, *Situations, II* (Paris: Gallimard, 1948), 264.

10 Les Dieppois se montrent très tôt d'habiles pêcheurs. Michel Mollat dans *La vie quotidienne des gens de mer en atlantique IXe–XVIE siècle* (Paris: Hachette, 1983) montre bien les différents niveaux de vie de ces gens et la variété de leur vie.

11 Théodore de Bry donne un dessin exact des nasses de Ternate dans son *Cosmographie.*

12 Variété de liège. Jean Parmentier, *Mémoire de ce qui est contenu en l'isle de Saint Dominigo.*

13 Frank Lestringant, *Le Livre des Iles, atlas et récit insulaires de la Genèse à Jules Vernes* (Genèvre: Droz, 2002).

14 Ibid., 33.

15 Jaim Diaz-Rozotto, "Christophe Colomb et l'émerveillement de la découverte" dans *Christophe Colomb et la découverte de l'Amérique: mythe et histoire.* Actes du colloque organisé par l'Université de Franche-Comté, les 21, 22 et 23 mai 1991 (Université de Franche-Comté: 1994), 73-102.

16 Erwin Strauss, *Vom Sinn des Sinne* (Berlin: Springer, 1935), trad. français de J.-P. Legrand et G. Thines, *Du sens des sens* (Grenoble: Milon, 1989).

17 Ibid., 513.

18 Tzetan Todorov, *The Conquest of America,* trans. from French by Richard Howard (New York: Harper & Row, 1982), 3-13.

19 Stephen Greenblatt, *Marvelous Possessions: The Wonder of the New World* (Chicago: University of Chicago Press, 1991), 61.

20 Bartolomé de las Casas, *Histoire des Indes*, trad. de l'espagnol par Jean-Pierre Clément et Jean-Marie Saint-Lu, d'après *Historia de las Indias* (Caracas: 1986); 3 vol. (Paris: Éd. du Seuil, 2002), 46.

21 *Lettre de Christophe Colomb sur la Découverte du Nouveau-Monde.* Publiée d'après la rarissime version latine conservée à la Bibliothèque impériale, trad. en français par Lucien de Rosny, 1865.

22 Bartolomé de las Casas, *Histoire des Indes*, trad. de l'espagnol par Jean-Pierre Clément et Jean-Marie Saint-Lu, d'après *Historia de las Indias* (Caracas: 1986); 3 vol. (Paris: Éd. du Seuil, 2002), 46.

23 "Lettre du Dr Cahnca sur le deuxième voyage (extrait, février 1494)" dans *Christophe Colomb, La Découverte de l'Amérique. Relations de voyage. 1493–1494* (Paris: La Découverte, 1989), 60.

24 Jacques Cartier, *Voyages au Canada. Avec les relations des voyages en Amérique de Gonneville, Verrazano et Roberval* (Paris: La Découverte, 1989).

25 Michel de Certeau, *Heterologies*, trans. by Brian Masumi (Minneapolis: University of Minnesota Press, 1983) and *The Capture of Speech and Other Political Writings*, trans. by Tom Conley (Minneapolis: University of Minnesota Press, 1998).

26 Stephen Greenblatt, *Marvelous Possessions: The Wonder of the New World* (Chicago: University of Chicago Press, 1991), 119–151.

CHAPITRE 3

La Science Nautique et les Cartographes Normands

Voyageurs français

Que savons nous des voyages français au XVIe siècle? Bien peu. Bien que bon nombre de cartes aient disparu, beaucoup d'autres restent bien conservées dans les bibliothèques disséminées dans le monde. Rappelons dans les deux chapitres qui suivent pourquoi et comment les Normands ont pu voyager, et qui étaient les cartographes de l'époque.

Bien souvent méconnus et ignorés pour les raisons que nous avons vues au chapitre un, les voyageurs français, bien que peu nombreux, et n'obtenant pas toujours de grands et francs succès décidèrent de participer à la grande entreprise des voyages. Le terme d'entreprise reste à cet effet tout à fait particulier pour les Français. Le voyage, véritable rupture avec le défini semble les avoir fascinés; les pèlerinages, les expéditions militaires et les voyages d'agrément font preuve de bonnes préparations comme le démontrent les voyages des Frères Parmentier.

L'historien ou le littérateur peut souvent et assez facilement glaner des récits de tous ces exploits. En effet, les itinéraires, les lettres de rémission, les notes d'assurances, les livres de raison, les quittances et les rapports en tout genre manifestent un grand souci d'organisation. Ces documents témoignent d'une richesse sur les motivations qui s'étendent de la curiosité au marchandage, en passant par la réalisation de soi ou la conquête des peurs imaginées.

Revenons tout d'abord sur l'importance historique de certains personnages qui facilitent ces entreprises et examinons les moyens qui permirent ces types de navigation.

Le roi Charles VII est une figure importante dans l'élaboration des voyages. Ses desseins sont souvent complexes: ils furent d'abord mercantiles dans son périple de Damas de 1432, lorsqu'il fallut vite trouver les soies afin d'éviter les marchands et intermédiaires italiens. Mais ils furent aussi diplomatiques et marqués par l'espionnage; la mission d'enquête sur la

Palestine était aussi d'un intérêt capital pour l'économie et sa politique, comme en témoigne le récit de Bertrandon de la Broquière. Jacques Cœur, diplomate au service de Charles VII, n'hésitera pas à son tour à promouvoir des ambassades et à renforcer les liens diplomatiques à la cour lors de la croisade lancée par Calixte III.

À côté de ces voyages régaliens, on assiste également au développement des voyages "d'espionnage." L'un des plus célèbres est sans aucun doute celui que conte le récit de Guilhebert de Lannoy. Ce noble premier chambellan du duc de Bourgogne entreprend un voyage en Prusse pour se battre contre les "hérétiques" au côté de chevaliers allemands. Chargé par le roi Philippe le Bon des reconnaissances, il parcourt l'Europe centrale (Prusse, Pologne, Lituanie et Constantinople) en 1421. Ensuite, il se rend à Londres puis effectue de nouvelles missions en Irlande et St Jacques de Compostelle. Son récit illustre le souci des détails sur la société, les coutumes et la vie des gens. Ce genre de voyage d'espionnage continue avec Bertrandon de la Broquière en 1432.[1] Dans son récit intitulé *Voyage d'Outremer*, le narrateur insiste également sur toutes les cérémonies qui se déroulent dans les différentes régions visitées. Le tableau social et cartographique qu'il dépeint illustre bien tous les territoires vus et vise à donner une impression "sur le vif" de ces pays et gens rencontrés.

À noter également dans le rapport d'espionnage celui de Gilles Le Bouvier, dit Berry dans son Livre de la description des pays de 1451.

La description des voyages imaginaires prend un rôle particulier durant cette période. Jean de Mandeville dans son livre *Voyage autour de la terre* influence la cartographie planétaire et invite les lecteurs à rêver sur les monstres et les merveilles entrevues et colportées. Largement diffusé à la Cour et dans les milieux urbains, il laisse—comme les récits de Marco Polo—des traces sur les voyages à venir et titille les émotions. Sinon, comme l'ouvrage *Songe du Vieux Pèlerin* de Philippe de Mézières, le voyage se conforme aux conventions de l'époque sur les sujets connus tels que la flore, la nature, les monstres et les témoignages recueillis ci et là.

En parallèle, les voyages en terre Sainte dont nous parlions au chapitre un continuent. Ils exercent toujours la même fascination et tiennent une large place dans la littérature du XVe siècle. On pourrait parler en quelque sorte d'apogée. Cependant il n'existe encore que peu d'expéditions en dehors de ces zones européennes et vers les territoires du Nord de l'Afrique.[2] La chronique de l'expédition de Gadifer de la Salle, fils d'un baron normand, et de Jean de Béthencourt (Normand) fut parmi les premiers à décrire les Canaries. Le récit d'Eustache de la Fosse est encore le seul qui décrive les côtes africaines de la Mine, avant-poste colonisateur sur le golfe de Guinée. Pour la partie Est, on peut nommer les expéditions de Gaston Phébus, Guilhebert de Lannoy et Philippe de Mézières.

Ainsi, petit à petit la littérature de voyage se transforme et devient un genre à part entière. En même temps que s'esquisse cette littérature d'exploration et de récit ou de journal, l'appétit pour les découvertes s'ancre de plus en plus.

Il est important de constater que le développement économique des affaires et le commerce maritime jouent un rôle important dans l'avenir des voyages. Il faut aussi y ajouter le développement de la pêche. La diversité des techniques pour attraper les poissons montre l'ingéniosité des marins qui s'adaptent facilement au terrain: ils pourront ainsi utiliser la madrague, le haveneau, la rissole, les filets fixes ou mobiles, les tramailleurs, la palangre pour n'en citer que quelques uns fort prisés (Figure 13).[3] Si on ne peut dresser de manière exhaustive un schéma complet de toutes les techniques de pêche au XVe siècle, on se rend cependant compte que leur nombre répond à un accroissement et une diversification de la pêche de poissons (sardines, maquereaux, thons, congres). Le receveur de Nantes payait en 1497 celui qui mesurait les mailles des filets.[4] Le roi Charles VI lui aussi fixa les règlements de la taille des mailles et des filets afin de sauvegarder des espèces.[5]

Face à l'attrait de l'écriture et de la narration de ce qui a été vu et vécu, le domaine technique pour aller "au delà des mers" connaît des avancées importantes. L'exploration de ces sources est souvent incertaine et parfois contradictoire. Cependant, la majorité des rapports pour la construction des bateaux soulignent souvent en filigrane des données importantes sur les coûts des pièces, de la main d'œuvre et les prix des assurances. Le nombre et le nom des équipages, la quantité de vivres et les détails des outils et d'autres objets pris (clous, marteaux, etc.) reflètent une constance dans la préparation et l'organisation des voyages. Certains documents sur le carénage, les réparations montrent le souci des marins, des équipages et de leurs financiers à réparer et améliorer leurs vaisseaux. Ils soulignent également l'évolution des procédés et mettent en valeur l'ingéniosité des marins. À cet effet, nous voudrions mentionner en particulier deux livres consultés *Le Livre de marineria*, qui comme son nom l'indique est en Italien et se trouve à Venise. Plus connu sous le nom de *Fabrica di galere*,[6] il indique bien les éléments utilisés pour les bois et les carènes. Egalement digne d'intérêt et circulant bien dans le monde des marins le *Ragioni antique Spettanti all'arte del mare* et *fabriche vassali* illustre la constitution d'un bateau dans ses moindres détails.

En second lieu, les dessins illustrant les cartes—et notamment ceux de la cartographie de Dieppe—détaillent bien la nature des bateaux. De bons schémas répétés dans les cartes "matérialisent" en quelque sorte la figure du bateau en une perception globale. Ils montrent de façon nette les avancées techniques et participent à la vulgarisation des connaissances des différents modes de transport (galère, caravelle, etc.).

Les sources archéologiques de l'époque sont encore souvent précaires au XVe siècle. Elles restent disséminées—notamment sur la côte de Ghâna et certainement sur la côte brésilienne. Deux épaves du XVe siècle—l'une en Méditerranée sur les côtes de Provence, l'autre en Bretagne du Nord—ont été soumises à des fouilles plus poussées. Les naufrages des navires permettent de dire que certainement beaucoup s'abiment au plus profond des océans et ne seront récupérés que si par grande tempête—ils venaient s'échouer—sur des côtes—quelles qu'elles soient. Mais ceci devient alors une chasse au trésor et passe dans un domaine différent de celui de ce livre.

Cependant, le domaine des archives et des assurances s'enrichit de témoignages vivants. La mobilité des hommes à la recherche de travail—les charpentiers, les calfats ou les constructeurs—ont eu la possibilité de bouger du Nord vers le Sud et vie et versa.

Un exemple de cette mobilité est souligné dans le *Clos des Galées* de Rouen qui fit appel depuis 1293 jusqu'à 1418 (date de sa destruction) à une main d'œuvre venant des côtes de la Méditerranée. L'importance de ce clos se traduit dans l'expansion de l'architecture navale où cohabitent les navires de tradition locale avec les traditions du Sud.

La marine

Bien que les côtes du littoral soient très importantes en France du point de vue de l'espace, elles ne demeurent pas toutes acquises au XIVe siècle. Le Poitou, l'Aunis et la Saintonge ne seront réunis que sous Charles V; Charles VI acquiert la Guienne et la Bretagne sera finalement annexée sous François Ier. La Provence devra attendre le règne de Louis XI et les domaines de Ponthieu et du comté de Boulogne (détachés en 1279) appartenaient encore aux rois d'Angleterre jusqu'en 1350. De nombreuses contestations apparaissent encore sur la Manche, le Languedoc. En 1350, les plages marécageuses d'Agdes, d'Aigues-Morte et de Maguelonne sur la Méditerranée représentent la France.

Si Charlemagne avait essayé d'établir une belle homogénéité et avait constitué un vaste empire de défense en essayant également d'augmenter la marine, c'est à Alfred-Le-Grand que l'on doit—semble-t-il—une vaste opération de restructuration et de modification des bateaux (nefs et galères). Au fil du temps, les Normands semblent bien s'installer et préfèrent le commerce plus paisible aux raids. C'est en effet par la mer et la rivière qu'ils vont effectuer les transports des biens du Xe au XIe siècles. Leur puissance maritime s'accroît et leurs navires peuvent également transporter des armées nombreuses. Leurs voyages en Terre Sainte témoignent de leurs avancées dans l'art de la navigation. Sous St Louis, la marine connut une nouvelle effervescence et le roi fut le premier à nommer amiral un officier principal français. Sous les soins de l'amiral Jean-de-Vienne, seigneur des Rollons, Charles V réussit à rendre la marine plus importante pour faire face aux Anglais.

En 1212, Philippe Auguste, maître de la Normandie, réussit à faire sortir une belle flotte de dix-sept cent voiles qui se verra malheureusement détruite par l'Angleterre. Cette défaite va ainsi favoriser la venue de mercenaires étrangers pour continuer les luttes ou simplement faire plus de commerce. Cet échec oblige aussi les successeurs de Philippe Auguste à acheter ou louer des navires aux républiques de Gênes, de Venise et de Pise puisqu'ils ne seront pas ou plus en mesure d'avoir assez de galères ou de nefs. Se développe alors un corps "d'amiraux" nommés par différents rois. Ce sera le cas pour Hugues-Lartaire, Jacques de Levant sous le roi St Louis, ou des gens comme Montmorency, Harcourt, Grimaldi, Boccanera, Doria pour n'en citer que quelques uns. L'autorité de l'amiral s'exercera jusqu'en 1627. Désigné commandant en chef des armées navales par le roi, il nomme à son tour tous les officiers de la marine. Il est le chef suprême des ports. Il distribue les amendes, récolte les prises en mer. Devant ce fabuleux pouvoir, qui va même jusqu'au recouvrement des épaves à son dixième, on voit que la marine française n'est pas en mesure de se développer aussi rapidement qu'elle le pourrait. Les intentions de l'amirauté diffèrent souvent de celles des éventuels explorateurs. La possibilité d'envoyer des vaisseaux "ailleurs" n'est pas non plus un souci prioritaire des amiraux—déjà très sollicités. De plus, quand le roi ou l'Etat avait besoin de vaisseaux, il devait les demander et les affréter de l'étranger. Henri III, conscient du problème, voulut accroître la force maritime mais n'alla pas jusqu'à réaliser ses désirs.

Au contraire, la marine anglaise et portugaise bénéficient d'une centralisation des décisions: celles du roi. Ces derniers sont conscients de l'importance de la construction des bateaux.

Nos marins dieppois devront ainsi confronter ces différentes autorités mises en place en France et devront aussi faire face à un certain manque généralisé de "vision." Ces difficultés pourraient également faire comprendre pourquoi il y eut moins d'expéditions lointaines à l'époque.

Pour ce qui est des récits de voyage, dans le cas qui nous intéresse, il ne faut pas oublier cependant—malgré la rareté des récits—deux comptes-rendus importants qui témoignent d'un début prometteur. Le premier, établi par Jean de Béthencourt,[7] raconte la chronique de son expédition aux Canaries, témoigne de la richesse de ses connaissances et marque un moment crucial dans la prise de l'île et de ses liens étroits avec les Portugais. Fils de baron normand, il fut accompagné de Gadifer de la Salle en 1402 avec l'autorisation de Henri II de Castille. De son côté, le récit d'Eustache Delafosse, habitant de Tournai, montre l'expédition entreprise jusqu'à Mina, avant-poste de la colonisation portugaise sur le Golfe de Guinée.[8] À côté de ces expéditions sur la route de l'Afrique, on notera également les expéditions de Gaston Phébus, Guilhebert de Lannoy et Philippe de Mézières allant vers l'Est sur les traces de Marco Polo.

Du côté des enluminures du XVe siècle, les représentations se multiplient. Cependant des points d'interrogation demeurent: les tonnages, les chantiers ou les maquettes font encore défaut. Les datages restent encore souvent approximatifs, mais l'évolution vers une autonomie et une meilleure représentation apparaît dans les dessins. Les représentations des bateaux chez les cartographes dieppois sont nombreuses; qu'il s'agisse du galion, ou de bateaux de petits tonnages, les nuances s'approfondissent et le contraste entre les navires et les pavillons se trouve nettement marqué.

Si, longtemps, les domaines de ces projets, les maquettes et les travaux sur les bateaux et les objets techniques sont disséminés sporadiquement, c'est que le genre a été considéré comme mineur. En y regardant de plus près, des sources sûres montrent une importante communauté de marins et de modélistes qu'il ne faudrait pas négliger. Ainsi Rouen conserve des données précises sur les enregistrements des mouvements de bateaux. On en compte ainsi 384 lors de l'année 1477-1478. Parmi eux, 188 unités sont des navires bretons et 196, des Normands.

Les navires

Les types de navire sont aussi variés que les mots servant à les désigner d'après leur fonction ou suivant certaines caractéristiques de leur structure et de leur gréement: certains glissements sémantiques restent intéressants puisqu'ils reflètent à la fois la méconnaissance concernant certains autres navires et la lente évolution du domaine linguistique. Ces notions sémantiques représentent également un instant important qui enregistre toutes les variations. La grosse nef traditionnelle et aussi *le kogge*, la *hourque* et la lourde *caraque* répondent aux exigences de gros convois. Aux formes lourdes s'associent les renforts extérieurs des châteaux de proue et de poupe, un bordage à clin dont les planches se recouvrent comme des ardoises d'un toit, une mâture de moyenne hauteur. Au XVe siècle, la caraque à "côte" avec son deuxième mât, puis un troisième, est munie d'une cale béante qui se situe entre la nef et l'arrière, et qui semble disproportionnée par rapport aux innombrables bâtiments appelés *gabare, escaffe, pinasse, barge, barque, coque, crayer, batel.* Dieppe semble construire 56 petits bateaux et 273 navires de tonnages supérieurs à 24 tonneaux.

L'hirondelle est un petit bateau à rames, à marche très rapide, qui peut aborder les gros bateaux. Quelquefois, dans la représentation des cartes de Dieppe, on peut déceler un de ces petits bateaux (Desceliers et Vallard).

Les *flouins* sont des navires pontés qui marchent à la voile et à l'aviron. Ils portent quarante à cinquante tonneaux. Egalement chez les Dieppois la "barge à rames" ou *roberge* est similaire dans le dessin d'une galère: cependant on peut y surélever des bordages. Ribaut les utilisera au départ du voyage de la Floride. D'après Bréard,[9] le navire royal Lémerillon partit en 1565 avec une belle artillerie.[10]

D'autres bâtiments ronds se trouvent ancrés dans les ports normands de Dieppe et de Rouen; il s'agit du *caraquon*, de *la barge*, du *heu*, du *flibot* et du *dragon*.[11] Le *heu* est un bateau qui possède un grand mat et peut facilement naviguer les rivières. Le *dragon* quant à lui est un navire de moyenne grandeur employé de plus en plus au XVIe siècle. *L'hermine*, bateau de Cartier, fut commandée en 1517 par François Ier qui traita avec un constructeur normand, Messire Regnault de Berquetot (fief de la sergenterie de Bolhec). Sa réception fut faite par le vice-amiral de France Guyon le Roy.[12] Mais de nombreux autres navires sont rassemblés dans les différents ports. La nef de *la Grande Françoise* en 1522, ou *la Louise* qui combattit vaillamment pour trois rois différents sont connus des historiens Bréard et Barrey.[13]

En bateaux de pêche, on peut noter *le foncet, la hourque, l'escute la cref et les navires à caravelles.* Ces navires à caravelles feront aussi l'objet de dessins chez Le Testu ou chez Roze comme nous le verrons au chapitre suivant.

Que dire des échanges et des techniques diverses pour la réparation sur les bateaux?

La question entre les divers gabarits et les diverses nomenclatures entre les bâtiments du Nord et du Sud montre certainement les difficultés entre les constructions et le peu de communication dans les différents ateliers. On peut ainsi noter que lors de la capture de caraques génoises en 1416 et 1417, les chantiers locaux, peu experts dans les techniques de construction à clin, durent demander l'aide exceptionnelle de charpentiers du Portugal, de Catalogne et de Venise. Mais dans l'ensemble, ces difficultés vont aussi permettre de faire des échanges techniques et de comprendre ce qui se passe dans d'autres ports. C'est même la difficulté qui a encouragé la flexibilité et l'apprentissage d'autres techniques pour se hisser au rang des autres ports ou répondre aux demandes économiques.

À l'opposé des navires de l'antiquité qui favorisent la construction des navires de 'bordé," où l'importance de l'architecture est donnée au revêtement des membrures, la construction au Moyen Age marque la position des membrures comme principale pour la construction architecturale de ses bateaux. Ainsi, dans la région du Nord (en Scandinavie et en Normandie), la position centrale des membrures est parachevée dès la mise en place de la charpente axiale (étambot, quille et étrave) des éléments de membrure (charpente transversale). Quand l'ossature du navire est élevée, les planches du bordé sont mises en place, indépendantes les unes des autres: elles sont placées selon la technique à franc-bord (entendons par là bord contre bord) aux membrures. C'est ainsi que la charpente transversale dans ce genre de nef est en fait la clef de voûte de l'ensemble de la structure. Cette mise en place se substitue au processus de l'antiquité qui donnait la priorité au bordé. Ce changement des formes de l'avant vers l'arrière repose sur des constructions géométriques simples qui vont spécifier et modifier la partie centrale (diminuer la largeur, élever la coque, etc.). Les extrémités des bordures sont envisagées sur le chantier. Cette technique fait appel à des calculs sûrs et précis sans pour cela être transcrits sur du papier ou une maquette. Les voiles sont carrées et vont souvent être agrémentées au milieu du XIVe siècle d'une petite voile latine établie à l'arrière. La surface réduite de la voile carrée dans ces régions semble faire son apparition vers le début du XVe siècle. La silhouette du "trois mâts" devient populaire.

Dans la région de la Normandie, une autre structure apparaît. La place des planches de bord à bord jointes sur le navire, vient certainement de ces environs d'après toutes les sources.[14] Ce mode de construction permit d'affiner la coque, d'allonger la quille, et ainsi de rendre le bateau plus manœuvrable. Il est en même temps plus stable et diminue la hauteur de fonds. Même si aucune documentation particulière n'existe pour figurer la caravelle avant 1458, il est clair que, d'après les données des archives, Philippe le Bon en commande 19 pour la croisade et que la première signalée à Dieppe est une "escarvelle de rand pour mise en astelier" en 1451.[15]

La construction "à clins" comme celle "à franc-bord" ou "membrure première" met en place comme assise la charpente axiale, comme la quille ou l'étrave: vient se placer ensuite l'élévation du bordé. Ces bordages ou planches sont réparties à partir de la quille et se recouvrent légèrement les unes sur les autres, au niveau de leur tranche supérieure. Cette surface de recouvrement permet l'assemblage des bordages entre eux grâce à des rivets métalliques.

Quand le bordé est totalement fait, une troisième séquence intervient: il s'agit d'introduire des "membrures" à l'intérieur même de la coque. Une fois que la charpente transversale est jointe au bordé par des chevilles de bois intervient, en opposé à la construction de franc-bord, la "membrure première" comme renfort de la structure architecturale. En revanche, le bordé à clins, dont tous les bordages sont joints entre eux occupera une position centrale.

Sur les chantiers apparaissent les "clinqueurs" qui sont des hommes capables de poser et de constituer les assemblages à clin des bordages avec l'aide de "teneurs." L'étanchéité du bateau sera mise en place grâce à une petite corde (cordon d'étoupe). Pour mettre en place tous ces détails, des ouvriers spécialisés appelés "calfats" seront responsables de la bonne marche de ces équipements.

Pour construire ces bateaux, les charpentiers sont nombreux. La technicité requise nécessite une bonne connaissance des mers. Le charpentier est donc bien aidé par des calfats, des cordiers, des maîtres et des fabricants de voile. À cette communication évidente pour l'aboutissement de réglages et de mesures plus affinées se joint un savoir-faire dans le choix des matériaux et les procédés de fabrication. Jean de Bueil dans son *Jouvencel* explicite bien les détails techniques des XIIe et XIVe siècle: l'ouvrage est connu—n'en doutons pas—des armateurs et constructeurs au XVe siècle. Jusqu'au milieu du XVe siècle, la construction à clin "bordé premier" dans le Nord et la construction à franc bord" avec "membrane première coexisteront.

Le bateau "à carvelle" et sa popularité

Il faut noter que les différents modes de construction des navires font apparaître de plus en plus souvent les bordages encore appelés "tables de carvelles"[16] s'imposant sur les membrures "table portable." Au terme "clenchnaille" se substitue le terme "cloitz de carvelle." Le clou à carvelle qui assure l'assemblage des bordages à franc-bord sur les membrures préétablies pourra ainsi nommer le bateau construit à "membrure première" franc-bord. En Normandie, le terme fera son apparition vers 1451 à Dieppe "escarvelle de grand port mis en astellier."[17] Si cependant ce type de navire est apparu, il ne reste aucun détail sur le détail de sa construction. Les caractéristiques techniques font défaut. Ainsi que les épaves qui pourraient documenter de façon certaine ces avancées. Il n'en demeure pas moins que la maîtrise de ces constructions navales passent de main en main et se développent. Un point reste cependant sans réponse; l'importance de l'influence de la relation entre ce type de bateau "à carvelles" et celui à fond plat "romano-celtique." Les vestiges de ces constructions pourraient aussi permettre de comprendre les raisons pour lesquelles le type de bateau "à carvelles" fut soudain plus populaire.

On peut souligner cependant que les techniques de ces deux types de construction se répandent vite au cours du XV siècle et coexistent. Une culture commune entre le Nord et le Sud semble même s'installer rapidement au début du XVIe siècle; par exemple, l'assemblage des varangues gabariées représente une connaissance commune sur les rivages de l'Atlantique ou sur les bords de la Méditerranée. Il en est de même dans la façon dont s'expriment les charpentiers. Que l'on soit au Nord ou au Sud, un vocabulaire commun s'installe afin de pouvoir comprendre, utiliser les outils et mettre en forme ou remettre à flots ces navires. Tout en conservant leur propre histoire, leur propre richesse technique, les cultures du Ponant et du Sud utilisent une terminologie commune de ces nouvelles techniques; le mot "varangue" ou "madier" sont synonymes au Nord ou en Méditerranée. Ce mouvement important de "technique commune" favorise aussi la curiosité des constructeurs. Il leur procure aussi une autonomie économique plus importante; plus ils pourront construire ce qu'on leur demande, mieux leurs affaires se développeront. Cette riche mise en place d'échanges commerciaux et techniques se reflète également dans la recherche de bons navires pour les explorateurs. Ces derniers feront preuve de savoir-faire, mais aussi devront s'équiper autrement pour aller "au delà des mers."

Si la voile triangulaire est l'apanage de la marine méditerranéenne et fut utilisée par les Arabes, les Carthaginois et les Crétois, son association avec la voile carrée des types de bateau du Nord va permettre de renforcer la solidité de ces grands tissus grâce au bordage à clin: ces derniers renforcent la solidité des coques des navires puisqu'elles vont se recouvrir les unes par rapport aux autres (un peu comme les ardoises d'un toit). Le gouvernail permet des ajustements plus précis dans la navigation et de mieux tenir les routes au long cours. C'est le commandant Lefèbvre des Noëttes qui a privilégié son usage et appliqué le principe du levier, différent du gouvernail axial pivoté chez les Chinois. Il est différent du pivot fixé sur l'estambot plus manœuvrable, semble-t-il.[18]

Pour ce qui concerne la Bretagne, on peut noter que c'est à Dieppe précisément que le patron Mathelin de Cargeret fit construire une caravelle en 1458, "une escarvelle de grand port mise en l'atelier sur les greves oultre l'eaue."[19] Il s'agit ainsi d'un navire rapide et assez léger. Grâce à la multiplicité des mâts, et un centre de voilure très bas, les caravelles pouvaient ainsi porter une voilure importante. Ces voiles sont maintenant produites plus facilement grâce aux machines et à l'ingéniosité des fournisseurs.[20]

Les vents

Si le vent est arrière, mais de côté arrière, on se trouve alors porté par l'alizé et le voyage des Canaries aux Antilles s'effectue encore plus rapidement. La position dans le vent, par contre ne satisfera pas le bateau. Dans le voyage de Jean Parmentier, les marins en feront la triste expérience. La dérive arrive vite dans ce cas précis et la caravelle manquant de quille ne peut pas rectifier son cours assez rapidement. Les voyages de Christophe Colomb le soulignent bien: "En décembre 1494, Colomb remonte 32 miles en 25 jours sur la côte d'Haïti. . . . En août 1502, avec de bonnes caravelles spécialement choisies, il remonte contre l'alizé 170 miles en 28 jours. Dans les meilleurs conditions, elles pouvaient parcourir 1 mile 1/2 à l'heure sans tenir compte de la perte aux virement de bord."[21]

C'est certainement la recherche de ces vents qui titillera tous les explorateurs. Ainsi les marins pouvaient hisser leurs voiles arrière et se laisser pousser vent en poupe à une belle vitesse. En corollaire, le compte-rendu de ces alizés devient un sujet important dans les récits et la description des cartes. La bonne utilisation des vents de l'Atlantique peut donner une toute autre forme de voyage pour qui veut aller sur les côtes africaines, contourner l'Afrique et bien sûr rejoindre l'Amérique, sans autre effort que celui d'affronter l'inconnu.

Les Portugais créent une technique particulière appelée "la volta" ou volte pour utiliser au maximum les meilleurs vents. Il s'agit de faire un détour en haute mer afin de contourner les vents contraires et d'en trouver de meilleurs. Aller ainsi au cap vert n'est pas une mince affaire puisque les conditions climatiques sont souvent défavorables. De même, les alizés du Nord et du nord-est soufflent souvent si fort qu'ils empêchent pratiquement un chemin de retour rapide et sûr. C'est en coupant vent de travers la zone des alizés que les marins portugais réussirent après bien des tâtonnements à maîtriser cette façon de piloter. En faisant cela, ils décrivaient un arc de cercle vers le nord-ouest, jusqu'aux Açores. Là, les vents variables pouvaient ramener les voyageurs vers leur pays. Cette manœuvre encore appelée "bordée de haute mer" ou "volta de Mina" ou encore "la volta de Guinée" devint vite la façon de contourner tous les vents contraires.

D'autres moyens techniques; boussole, cartes, roses des vents, longitudes et latitudes, sondes, astrolabes et arbalètes

Malgré les difficultés de voyage, les côtes européennes n'étaient pas sans connaître une forte circulation sur les mers. En France notamment, comme le précise bien Michel Mollat,[22] la circulation des bateaux est intense que ce soit pour la pêche côtière ou pour les échanges maritimes entre pays voisins; notamment les ports allant vers le Portugal, l'Espagne ou la Grande Bretagne. Les connaissances empiriques des marins pour parvenir sur les côtes et pour aller dans les pays voisins, ou "au delà des mers" à la recherche d'un passage pour Cathay sont à louer. Bien sûr, ces derniers se transmettent les connaissances oralement et sont instruits par de nombreux allers et retours, mais ils se font aider par de nouveaux instruments. La boussole (du mot italien) surgit au XIIe siècle par l'intermédiaire des Arabes via la Chine. Elle permet de s'orienter grâce à son aiguille. À ce premier instrument important vient s'ajouter la carte marine ou portulan.

Aux XVe et XVIe siècles, les cartes nautiques de la Méditerranée et de la mer Noire se font remarquer par leur grande précision et leur savante exécution. Offrant entre elles bien des traits de ressemblance, elles indiquent les unités de mesure, les distances naturelles entre les lieux, tracent les côtes de façon très précise avec les promontoires, les baies et même les récifs. Chacune d'entre elles porte une échelle de distance (non encore systématisée) et si l'on veut les utiliser, on peut voir et faire corréler les points de distance entre les différents ports de façon adéquate.

Le portulan original semble dater du XIIIe siècle. La première carte portulan ou carte pisane (acquise à Pise) date de 1290. La carte précisait les contours de la Méditerranée et montre les contours incertains de l'océan proche qui va jusqu'à la mer du Nord et les environs des Canaries. Elle permet de voir pour la première fois la possibilité de couper les distances par la mer intérieure. Si ce genre de carte est tout d'abord une spécialité de la Méditerranée, elle connaît vite un engouement et une appréciation certaine parmi les marins. Le portulan permettait de concevoir en un seul coup et de façon abstraite l'espace linéaire du littoral en une image globale. Il donnait un avantage pour la réalisation des voyages. Le grand intérêt de ces cartes provient de leur extension aux régions extra méditerranéennes; côtes de l'Afrique, de l'Atlantique. Elles permettaient de faire revivre (en quelque sorte) les phases de préparation des grandes expéditions. Souvent affichées aux murs, dans une pièce à accès limité, elles produisaient un effet important sur le visiteur. Aucun tracé de longitude ou de latitude n'apparaît cependant sur les portulans du Moyen Age. Cette carte se répandit du Sud de la France vers la Loire, conquit la Bretagne à Conquet puis Dieppe en Normandie. Les Portugais et leurs expériences voyagèrent vite dans ces contrées. Guillaume Brouscon dressa un planisphère xylographié en 1543 au Conquet. Très beau esthétiquement, il souligne encore les erreurs dues à la méconnaissance des longitudes des terres de l'Amérique du Sud tout en faisant la part belle au territoire mythique austral. Cependant, *son Manuel du pilotage à l'usage des marins bretons* de 1548 est un document exceptionel qui conjugue de façon synthétique le calendrier des marées entre la Normandie et le finistère. Ce document circula rapidement et connut un vif succès en Belgique et en Angleterre.

Le routier des mers de Pierre Garcie dit Ferrande fut imprimé au début du XVe siècle et fut suivi d'un Grant Routier édité à Poitier en 1520. Ce document traduit à Londres en 1528 décrit de façon précise les routes côtières de l'Espagne à l'embouchure de L'Elbe.

Sur les cartes portulans, les navigateurs dieppois utilisent la rose des vents (Figure 14). Cette dernière a précédé l'usage de la boussole. On peut, comme il est bien reconnu au XVIe siècle graduer les distances dans les cartes comme l'a fait Ptolémée (comme nous en parlions dans le chapitre un) et il est sûr que les portulans n'ont pas hésité à copier cet auteur. On peut aussi dire que les lignes de directions données par les roses des cartes ont été souvent préférées aux méridiens et aux parallèles. Leur tracé est souvent net et semblait—à l'époque—plus facile avec les aires de vents.

Latitudes et longitudes

On ne trouve pas de trace de ces deux éléments dans les cartes du Moyen Age. Cependant, les navigateurs de l'époque savaient déterminer avec précision les positions réciproques des ports. Les plus anciennes cartes graduées semblent venir du Nord.[23] Pour tracer les portulans, les cartographes calculaient la distance entre deux points quelconques en situant un des deux points dans un port bien établi. À l'aide de la boussole, l'observation de l'angle de la direction du navire avec le méridien était déterminée (l'azimut). Ensuite on portait la direction et la distance entre les deux ports sur la carte plate où étaient déjà figurés les méridiens équidistants et les parallèles. Le lieu du deuxième port était ainsi indiqué par rapport au premier. Comme le lecteur peut l'entrevoir immédiatement, les données étaient relativement exactes et la connaissance de la Méditerranée était plus ou moins bien tracée. Pour ce qui est des contrées plus éloignées, les calculs pouvaient encore devenir plus aléatoires.

À ce tracé, les navigateurs préféraient la projection cylindrique. Dans ce type de projection, les méridiens et les parallèles sont des droites équidistantes. De cette façon, tout est égal en degré et la précision en carré semble plus adéquate. On nomme ce type de projection "plate carrée." Si ce type de projection est important pour les navigateurs, il demeure encore limité pour la représentation de grandes distances de latitude.

Un autre instrument clé de la navigation semble être la sonde. Le plomb creusé pour recevoir du suif indiquait la profondeur et la nature du fond. Support de la navigation sur les côtes basses, cette méthode laissait peu de prise au regard mais assurait le bon passage du navire ou son arrêt rapide. Dans cet univers déjà connu, le regard expérimenté des marins et leur pratique systématique de la sonde, la connaissance des vents et des marées demeuraient plus importants que l'abstraction des cartes. Cependant la nouvelle génération de marins du XVIe siècle va changer la navigation en haute mer. Les navigateurs normands adaptent ainsi trois instruments utilisés dans les milieux scientifiques au Moyen Age. Le bâton de Jacob ou "arbalète" qui était à l'origine destiné à mesurer les angles entre les étoiles permettra vite de calculer la hauteur d'un astre au-dessus de l'horizon, le soleil de jour et l'étoile polaire de nuit.

Ensuite l'utilisation de l'astrolabe s'accroît (Figure 15). D'origine arabe, il permet de montrer la situation des étoiles dans les cieux et ceci pour une latitude donnée à divers moments de l'année. Simplifié, il put être utiliser en instrument d'observation grâce à la suppression des tympans (sortes de pique ronde donnant des projections de la voûte céleste,) la suppression de "l'araignée" (qui montre les étoiles et que l'on peut faire tourner) et par la mise en place de "deux pinnules" de visée. Ainsi, les mesures angulaires de la hauteur des astres au-dessus de l'horizon peuvent être établies. Malgré cette simplification, le quadrant semble plus pratique pour les marins portugais et normands et se voit de plus en plus utilisé. Tous ces progrès sont également corroborés par une meilleure utilisation des voiles,[24] et le passage progressif de l'aiguille à la boussole. D'abord simple pierre aimantée, cette dernière sera vite placée dans une boîte. Inlassablement reproduite, elle permettra un appoint important dans l'établissement des portulans. Pour corriger le magnétisme de la terre, Pierre de Maricourt dans son *De Magneto* (1269) montra comment éviter les mauvais calculs et son ouvrage fut une référence importante pour l'étude des déclinaisons magnétiques. Il fallait en effet savoir corriger les errances et les tâtonnements des voiliers qui ne vont pas en ligne droite. Ce furent d'abord les mathématiciens juifs du XIIIe siècle qui calculèrent précisément ces variations grâce à la trigonométrie. L'étude des tables de "martologie" ou tables de trigonométrie simples pour l'utilisation des marins est un facteur important dans leur cartographie, que ce soit pour de nombreux mathématiciens comme Raymond de Lulle, Richard Wallingon ou John Manduith, mais aussi pour l'École cartographique de Dieppe comme pour Jean Roze, Vallard, ou Desceliers.

La navigation à l'estime, l'introduction du gouvernail[25] et les techniques de navigation s'échelonnent sur plusieurs vitesses au cours du XVIe siècle. Entre le Nord et la Méditerranée, les situations varient. L'utilisation des boussoles, des portulans et des tables trigonométriques apparaissent vite en Italie et gagneront bientôt l'Espagne. Mais ce sont les pays du Nord qui auront vite fait d'utiliser les techniques d'assemblage et la voile latine. La combinaison de ces deux hémisphères produira rapidement un ensemble d'échanges. C'est au XVe siècle, que "le pôle de croissance de l'invention maritime se déplace vers le Portugal et, secondairement, vers l'Espagne atlantique."[26] La cohérence de ces techniques que l'on voit resplendissantes dans les atlas de l'école cartographique de Dieppe (figure 16) doit également son importance et sa croissance à un développement économique important. Les échanges stimulent la compétition, enrichissent les uns, ruinent les autres (pirates, catastrophes). L'essor du capitalisme naissant est un moteur indéniable dans l'essor de l'établissement de ces cartes.[27] Le marché est là.

Ces quelques pages ont certainement pu aider le lecteur à comprendre la complexité et les difficultés des voyages à cette époque. Les relations des explorateurs tels que Cartier, Verrazano ou Gonneville et les cartographes dieppois montrent bien tous les changements dans les connaissances scientifiques et les progrès de réalisation. Presque tous les cartographes de l'École de Dieppe étaient des explorateurs, comme nous le verrons dans la suite de ce chapitre, à l'exception de Desceliers. Après lui, une véritable école royale d'hydrographie naît. Si les archives de l'École cartographique ont disparu lors de l'incendie provoqué par les Anglais en 1694, les cartes de beaucoup de ses cartographes témoignent de recherches avancées dans l'élaboration des maquettes de bateau, l'utilisation plus systématique de grilles, de longitudes, de latitudes et d'utilisations géométriques et trigonométriques. Grâce à une décoration recherchée autour et sur les cartes, ils soulignent tous des dédicaces au Prince, aux rois et aux mécènes de l'époque. Dans leurs détails des couleurs et de la figuration des personnes, ils élaborent un monde connu et déjà ailleurs. Il est temps de les répertorier et de les caractériser individuellement. Dans les pages suivantes, nous verrons qu'ils représentent une étape importante dans la combinaison des accords entre les explorateurs français et les cartographes. De plus, ces cartes soulèvent le problème de la spécificité éphémère entre Moyen Age et Renaissance. Les intentions et les désirs de "plaire" de ces géographes représentent un moment crucial dans la construction de particularités bien françaises. Leur contribution à l'enrichissement de la création de la "nation" française et leurs utopies méritent qu'on leur prête attention. Si en effet beaucoup de cartes normandes ont été perdues, et certains noms de cartographes de la moitié du XVe siècle tels que Jehan Robert et Jehan Morel restent cependant connus. Voyons ce qui se passe précisément au XVIe siècle.

Jean Cousin/Jehan Cossin

On ne sait presque rien de sa naissance et de sa mort. De nombreuses controverses existent sur l'étendue de ses découvertes et s'il était professeur d'hydrographie.[28]

Voici quelques données sûres: c'est en 1488 qu'il part du port de Dieppe, avec le titre officiel de "pilote entretenu,"[29] "sachant naviguer loin des côtes," entendons par là qu'il connaît bien la mer et sait calculer certainement les latitudes. Il navigue pendant deux mois, s'arrête devant un continent inconnu (l'Afrique) et désigne l'embouchure du fleuve Maragnon. Il s'agit du fleuve des Amazones. Il continue vers la côte d'Adra en direction du midi en courant sur l'Est. C'est ainsi qu'il découvre la pointe de l'Afrique: il donne le nom des "Aiguilles" à un banc qu'il observe. Revenant sur les côtes du Congo d'Adra, il fait des échanges de ses marchandises et revient à Dieppe dans le courant de l'année 1489.

Sa petite mappemonde de 18/30 cm contient une bordure d'une largeur de 30 millimètres qui comporte de nombreuses couleurs et toutes sortes de rubans entrelacés C'est une carte sinusoïdale (Figure 17). Sur les rubans du pourtour de la carte, on peut y lire l'inscription; "Carte cosmografique ou universelle description du monde avec le vrai pourtraict des vens. Faict en Dieppe par Johan Cossin, marinier, en l'an 1570." Cette carte comporte beaucoup de similarités avec celles de Desliens. Ces deux mappemondes diffèrent de toutes celles de cette époque. Elles donnent une image globale du monde et se révèlent peu utilisables pour les marins. En effet, la carte de Cousin est trop restreinte dans ses proportions et dans le tracé de ses côtes. Cependant, elle affiche l'étendue du monde en un seul coup d'œil comme celle de Desliens. La forme sinusoïdale accentue un effet de distorsion comme les anamorphoses au siècle suivant et dont la coquetterie savante s'affiche ici de façon particulière. Le monde semble flotter et la perception du lecteur tangue. Avec ces lignes qui ne veulent pas fuir, l'auteur trompe l'œil et le regard, certain que le plaisir rétinien n'est pas synonyme d'exactitude.

À noter en particulier que la figuration des personnes est omise. Il n'y a en effet aucune représentation d'autochtones, ni d'explorateurs. Cette bande de couleur offre un rapport direct avec les frises traditionnelles du Moyen Age. Cependant, utilisée comme marqueur et identificateur de la carte, elle suggère des enjolivements dans le mode de l'identification. Ainsi la banderole en latin sur fond bleu est surmontée d'un rectangle marron qui délimite la carte. Quatre armoiries rouges de forme sinusoïdale sont posées sur ce linteau marron. Ces banderoles semblent elles-mêmes participer à la distorsion de l'ensemble dans la façon dont elles sont enroulées: leurs plis se déroulent de plus en plus pour culminer dans des boucles à droite et à gauche.

La carte désigne un continent antarctique démesuré qui s'étire de l'Ouest vers l'Est. Les monts y sont nombreux. Dans ce dessin, on peut déceler que l'intérieur des continents africains et asiatiques a quelques fleuves disséminés ici et là sans refléter une totale véracité. La constante de cette carte réside dans le calcul des vents et surtout se porte sur un point central, presque comme un nombril d'où convergent des lignes de rhumb. Donnant une idée globale de la terre, elle porte un centre au milieu de la mer. Dans la disproportion et son côté anamorphique de dessin, elle indique aussi un terrain de jeu du lecteur et du dessinateur.

D'autres cartes de l'auteur ont certainement existé selon La bibliothèque de la Croix du Maine (première édition de 1854) mais elles ont disparu. Il faut noter également dans l'étude de Jean Cousin une controverse qui n'est toujours pas résolue. Dans son article "La question Jean Cousin," Edouard Le Corbeiller[30] a discuté des découvertes de Cousin et de son éventuel voyage en Amérique qui fut documenté par M. Gaffarel et Charles de la Roncière. Il montre l'imbroglio entre les deux personnages de Cousin et Gonneville. Un manuscrit français, montrant les faits de la flotte du Ponant le désigne cependant avec le titre officiel de *pilote entretenu*[31] dont la solde s'élevait de "trente-trois escus un tiers." La confusion semble toujours régner entre le Cousin qui eût pu être professeur d'hydrographie et "habile à construire des globes terrestres" et celle de Cossin, maître de Guillaume Le Vasseur. Une copie de la carte sinusoïdale se trouve au château-Musée de Dieppe. L'original se trouve à la Bibliothèque Nationale de Paris.

Nicolas Desliens

Né en 1541 à Dieppe, mort en 1567, on sait peu de choses sur sa vie. Il est célèbre pour avoir été un membre à part entière de l'école cartographique de Dieppe. Il est l'auteur d'une carte marine mesurant 0 m 587 x 1 m 75 qui était conservée à la bibliothèque de Dresde. Elle fut détruite pendant la deuxième guerre mondiale. Le facsimilé est situé à la Bibliothèque nationale de Paris et une carte de Dieppe plus petite (0 m 45 x 0 m 80) se trouve au château-Musée de Dieppe. Desliens contribua aussi à l'établissement d'une mappemonde en 1566. De grande dimension (450 cm x 270 cm) elle est réalisée sur parchemin. Cette grande taille souligne encore à cette époque les contours détaillés des côtes—chers aux marins de l'époque—et diffère des cartes en T qui ne révèlent pas les sites, mais répondent à l'idéologie chrétienne de l'époque comme nous le mentionnions au chapitre un. La carte de Desliens de 1566 reste dans le même schéma de construction soigneusement élaborée et recherchée de nombreux portulans de l'époque.[32] Les directions de la carte sont inversées: le Sud se trouve au Nord et vice versa. Si la maniabilité des portulans est ici encore soulignée dans la grandeur de l'exposition de Dieppe, son grand gabarit permet de "voyager" autour de la carte. Desliens semble vouloir "jouer" de cette attitude en reproduisant une espèce de monde à l'envers. La position des nombreux bateaux est elle aussi inversée, si bien que le spectateur/lecteur fait face à une représentation où les vaisseaux s'alignent dans un sens pendant que les continents et les mers figurent dans l'autre. Cette reproduction "à l'envers" (Figure 18) permet au lecteur de parcourir de façon kinésique l'espace qui est représenté. À lui de découvrir ce qui est vraiment dessiné. Ce jeu important est en effet traditionnel dans la représentation de certaines cartes (voir les cartes de Cousin par exemple) mais continue d'être utilisé ainsi dans beaucoup de cartes du XVIe siècle.[33]

À la différence de Desceliers qui n'inversa les noms que sur la partie de l'Amérique du Nord, celle de Desliens propose une inversion généralisée. Il faut sans cesse se retourner et "naviguer" entre les continents et les toponymes. La carte comporte une importante nomenclature française comme le fait souvent l'École de Dieppe. Les couleurs y sont variées et le détail des côtes précis et bien souvent assez fiable. Comme la carte de Vallard, le cadre est bleu: entouré de banderoles qui portent des inscriptions, la représentation des vents est donnée sous la forme de bébés joufflus. Cette carte comprend de nombreux carrés rouges placés à des endroits certainement stratégiques mais qui n'ont pas de légende particulière. Elle ignore les enjolivements à l'intérieur du pays; les arbres, les montagnes, les animaux, les rois et les personnages ou/et les autochtones n'y figurent pas. Seul une demi-douzaine de navires y sont mentionnés: l'un est au Nord de l'Asie et a franchi le passage Nord-Est; un autre est plus avancé dans la course et se dirige vers Zimpangu (Le Japon). Le document souligne l'importance du passage vers le Nord pour obtenir des épices. Il indique aussi la richesse des inscriptions sur le passage de l'Amérique septentrionale. C'est une carte qui montre les avancées des explorateurs normands, tout en s'attachant à divertir le lecteur pour qu'il y trouve toutes les indications de lieu et de repère dans un jeu d'inversion. Elle ne s'intéresse pas non plus aux descriptions à l'intérieur des continents: l'absence d'animaux, d'hommes ou de femmes démontre le peu de connaissances sur ces lieux. Desliens n'a certainement pas voulu recopier les figurines qui sont souvent indiquées dans les cartes du Moyen Age. Il semblerait que le commerce côtier et la position stratégique des continents et des hémisphères aient été plus importants pour lui.

Pour la représentation de La Baltique, encore mal figurée comme dans bon nombre de cartes normandes, on y voit une direction N-E. 1/4 N avec une petite échancrure sur le Sud (Serait-ce Riga?) Le golfe de Finlande pourrait être dans la continuité de la mer Baltique. La Scandinavie a deux subdivisions: La Suède et la Norvège. Aplatie du Nord au Sud, ceci relève d'une reprise de Ptolémée. La partie de la Norvège ou *Noroègue* est tracée jusqu'aux limites de la corde polaire. La Suède y est large. Au Nord de la Baltique se trouve *La Bodia* et au Nord la *Coreilla*. C'est là que se terminent les deux pays. En ce sens, on peut voir que les contrées demeurent encore bien méconnues des cartographes dieppois, mais aussi de d'Olaüs Magnus ou de Sebastien Münster de l'époque.

Vers la *Corelie Fretum*, se trouve le Groenland à environ 75 degrés de latitude. Ensuite au-delà n'existe plus de continent. Seule la dénomination de "Mer septentrionale incongneue" demeure.

À noter en particulier des connaissances encore sommaires de la géographie intérieure: le Nil est le seul fleuve représenté, il s'étend jusqu'au fin fond de l'Afrique du Sud. L'amalgame de plusieurs fleuves importants est le rappel que de nombreux récits d'autochtones locaux et de voyageurs africains ont déjà décrit ces grands et larges fleuves. La synthèse de Desliens sur ce continent reflète bien les connaissances hiératiques de l'époque. La côte du continent africain souligne les voyages et les expéditions maritimes de l'époque des Portugais et des Français. L'Europe et la mer méditerranée sont par contraste de taille adéquate. La Russie et l'Asie bénéficient de contours nets et sont de bonne dimension. L'intérieur de l'Asie est représenté par plusieurs fleuves. La surdimension de la mer noire fait encore état de l'approximation des connaissances.

Les côtes d'Amérique du Nord ne montrent pas l'étendue du continent et contrastent singulièrement avec le modelé précis de toute l'Amérique du Sud qui fait apparaître non seulement les fleuves, mais aussi une partie de montagnes. Les côtes canadiennes reflètent avec succès les entreprises des deux premiers voyages de Cartier et de Verrazano. Mais le troisième voyage de 1541 est ignoré de l'auteur. La topographie est très succincte et la nomenclature est souvent illisible ou défigurée. Elle est inférieure dans le modelé des cartes de Roze ou celles de Vallard. On peut noter que le pavillon français flotte au Canada avec les fleurs de lys. Au Nord du golfe, on peut distinguer le nom de *Jacques Cartier*. Vallard reprend le nom donné par l'explorateur lui-même. Ce fut lors de son voyage en 1534 que le malouin s'était approvisionné en eau et en bois le 11 juin et qu'il avait donné son propre nom à ce lieu le surlendemain, le 12 juin. Ce lieu se nomme aujourd'hui *Cumberland Harbor*.

À l'intérieur du golfe, *l'ile de l'Assomption* (Anticosti aujourd'hui) est bien placée: elle ne comporte cependant aucun nom. Au Sud du golfe, on peut lire *Honguedo, Mercemay* et *baie de Sainte-Marie. Honguedo* est le nom indien de la baie de Gaspé. *Merchemay* est la terre de Miramichi, appelée aussi Rivière de la Croix en raison du culte des Indiens pour les croix. Cartier dénomma le lieu *Ste Marie* parce qu'il la découvrit le lendemain de la fête de la visitation Sainte Marie le 2 juillet. Comme nous le rappelle bien Anthiaume,[34] cette partie est aussi appelée *Saint-Lunaire*. Les îles de *Bacchus*, la rivière du *Saguenay* ou *Orléans* font directement partie de la nomenclature de Cartier et sont bien gardées sur la carte de Desliens.

Pour la partie de la Floride, on peut noter l'influence des écrits de Verrazano, du Portugais Gomez (1525) et de Fagundes (1520–1521).

La côte Ouest de l'Amérique n'est que succincte et se dénomme *L'Isthme américain*. Peu de recherches et des complications historiques pour les Espagnols et les Portugais de l'époque entraînent la méconnaissance des lieux.[35]

La mer Rouge, encore appelé *Golfe Arabique* et *sinus arabicus* a un tracé droit et ressemble au tracé de Desceliers. Le pavillon portugais semble flotter près du Golfe persique, ainsi que divers drapeaux autour du croissant: le cartographe reprend les indications des nombreux voyages et expéditions dans ces parages.

Cette mappemonde est conservée à la Bibliothèque nationale de Paris. Une autre mappemonde se trouve également au Musée maritime de Greenwich. Le château-Musée de Dieppe possède une petite carte de Desliens très originale.

Faite en 1566, on y voit le premier méridien passant par *l'île de Fer*. Sur ce dernier document, figurent les latitudes, dont les degrés sont tous égaux entre eux. La rose centrale et aussi celui du milieu de la carte: elle se trouve localisée entre 10 degrés et 15 degrés de latitude Nord, entendons par là qu'elle correspond avec le méridien passant par le Cap de Bonne-Espérance. Sur cette carte de Dieppe, sont figurées les lieues (contrairement à l'autre). Là encore on ne trouve aucune trace de représentation humaine, animale et végétale. La grande préoccupation de Desliens semble être de donner les données précises géographiques et historiques. Comme les autres cartographes dieppois, il veut aussi montrer qu'il faut accéder par le Nord pour trouver les marchandises et les épices, en navigant soit à l'Est, soit à L'Ouest.

Pierre Desceliers

Il est difficile de donner une date exacte pour sa naissance: elle varie selon les encyclopédies et les livres. Sa famille est sans nul doute originaire du pays d'Auge puisqu'on retrouve son nom de famille encore entre Honfleur et Pont-L'évêque. Il naquit d'un père archer au château d'Arquest aux environs de 1500 à Arques. Cette date semble plus appropriée que celle de 1483 qui l'empêcherait de connaître alors aussi bien Jean Ango, Parmentier, Verrazano etc. pour ne citer que ces illustres explorateurs. Ordonné prêtre, il se passionne très vite pour les mathématiques et la constitution des cartes. Il devient examinateur des pilotes maritimes, est autorisé par le roi à décerner les brevets, comme l'atteste le sceau retrouvé portant ses initiales. Il enseignait certainement l'hydrographie. Ses élèves furent nombreux.

Proche de Jean Ango et de son entourage des explorateurs, il rassemble grâce aux explorateurs Verrazano, Parmentier et peut-être Gonneville des informations sur les territoires découverts. Cette recherche studieuse et constante lui permet de compiler les toutes dernières informations et de calculer aussi près que possible les distances sur les cartes. Quoique n'ayant lui même jamais voyagé, il réussit à faire de nombreuses cartes utilisées par nos explorateurs et les Portugais. Il réalise une carte hydrographique des côtes de France en accumulant les données précises et en les transcrivant scrupuleusement. Grâce à ses connaissances et à son enseignement, il forme la célèbre école de Dieppe avec notamment un autre ami et cartographe Nicolas Desliens. Il mourut vers 1558.

Il existe plusieurs cartes de grand format.

Celle de 1546 consultée au Château Musée de Dieppe de 1540 est une reproduction du XIXe siècle dont l'original est à Manchester.

La carte de 1550 se situe à Londres, au British Library,

Celle de 1553 de Dresde fut brûlée lors de la première guerre mondiale en 1913. Le Château Musée de Dieppe en possède une copie.

La carte de 1550 est constituée de quatre grandes feuilles de parchemin blanc dont les dimensions sont 2,15 m par 1,35 m.

La création de nombreux portulans de grande taille est impressionnante. Leur caractéristique commune est qu'elles sont dressées à la fois sur les distances, les hauteurs des pôles et les directions. Elles sont sillonnées par une grande quantité de roses des vents.

Pour la carte de 1546

Cette carte est souvent désignée sous le nom de *Carte Henri II*. Enrichie d'armoiries de France et du Dauphiné, elle trace bien les contours des océans. Les côtes sont bien indiquées et souvent plus exactes que la reproduction de l'intérieur des terres. Il est parfois dur d'évaluer les tracés exacts se rapportant à certaines côtes d'Amérique ou de Ceylan: ceci est dû aux méconnaissances de l'époque. L'intérieur du pays fait souvent preuve de beaucoup d'imagination. Mais on peut voir que Desceliers s'applique à reproduire scrupuleusement toutes les données de l'époque.

Pour la carte de 1550 (Figure 9 et détails Figure 19), on peut noter qu'elle se déploie sur quatre belles feuilles de parchemin blanc. Signée en lettres rouges capitales de "Faicte à Arques par Pierre Desceliers," elle mesure 2,15 m x 1,35 m. La partie du monde dans les cartes de 1546 et 1550 s'étend de 62° 30' à 84° 30' N pour la latitude et en longitude de 270° W à 175° E, omettant ainsi la représentation de la terre dans son entier. La bordure de la carte de 1550 est une frise ornementale dotée de chérubins (vents) situés en dehors de la carte. Destinée à la famille royale, on peut relever les armes de France dans le coin gauche. On y distingue les armes du Grand connétable et du Maréchal de France Anne de Montmorency dans l'autre coin droite. Les armes de l'Amiral de France Claude d'Annebaut sont localisables dans le haut droit de la carte. Cependant, l'espace du haut à gauche ne comporte aucune armoirie. On peut seulement souligner qu'un autre destinataire n'a pas été trouvé.

On trouve plus de 50 vignettes peintes de gens et d'animaux, ainsi que 25 textes importants sur la carte. Ils sont à la fois un mélange de l'histoire moderne de l'époque et de mythe médiéval. Les essais de colonisation du Canada y sont décrits, la conquête du Pérou prend une part importante dans la caractérisation des images et du texte en exergue, le commerce Portugais avec l'Inde de l'Est y est abondamment transcrit. Les roses centrales contiennent trente-deux branches, délimitant des aires spécifiques de vents de 11° 15' chacune. L'une d'entre elles à gauche, adornée d'une fleur de lys, indique la direction du Nord tandis que celle de droite se situe près de l'Inde et n'a pas de décoration particulière. Ces deux roses sont entourées de plus petites. Celles localisables dans la mer sont dessinées précisément. Les distances sont estimées sur des échelles de lieues précises. Les hauteurs des pôles peuvent être lues sur des échelles de latitude. Le lecteur peut voir que les degrés de longitude sont égaux aux degrés de latitude dans les tracés des cartes de 1546 et 1550 soulignant ainsi que ces cartes ont été conçues dans un système de cartes plates et carrées, ce qui explique certaines déformations et des erreurs.

La représentation de l'Europe contient peu de détails inconnus pour l'époque. N'y dépeignant pas de gens extraordinaires, le cartographe se borne à répéter ce que d'autres voyageurs (Marco Polo, Guillaume Postel) ont découvert et connaissent à l'époque. Pour lire la partie de l'Europe, il faut que le lecteur se tourne ou se place en direction du pôle Nord pour lire le mot

"Europe" en lettres d'or. Il peut alors voir les silhouettes féminines et masculines, et déchiffrer les notices qui consignent souvent les anecdotes de Marco Polo.

Pour la description de l'Afrique, Desceliers inclut de nombreux personnages décrits par Marco Polo comme le Grand Khan trônant devant une tente majestueuse. Il indique aussi une mention spéciale du grand voyageur appelée dans une notice "Marc Paul Vénitien." En Ethiopie figure le prêtre Jean dans une représentation usuelle pour l'époque: assis sur un trône chrétien, il montre qu'il est le sage héritier de l'antique royaume d'Axoum.

En même temps, Desceliers reconnaît l'existence de nombreux monstres en Afrique. Dans les vignettes le lecteur peut lire:

- Deux hommes n'ayant qu'une jambe et courant néanmoins avec une surprenante agilité; pendant la saison des chaleurs, ils se couchent à terre sur le dos e se préservent des injures du soleil par l'ombre de leur pie qui est de grandeur suffisante pour les couvrir;
- Des hommes sans tête ayant la bouche et les yeux dans la poitrine;
- Des individus à oreilles longues, si longues, qu'au besoin ils dorment dessus; par beau temps, ils se couchent en plein air; l'une de leurs oreilles sert de matelas et l'autre de couverture;
- Des hommes aux lèvres inférieures si développées qu'elles leur pendent jusqu'au ventre;
- Des hommes avec des têtes de chien ou de sanglier.

La création de sirènes sur la côte Sud de l'Afrique est à noter. L'une d'elles tient un miroir dans la main (Figure 20), elle se situe au 35 degré de longitude orientale et 49 degré de latitude Sud, et elle semble localiser les dangers imminents dans la mer (cap des Tempêtes). Cette glace renvoie peut-être une image en symétrie où il y aurait des dangers (côtes Sud de l'Amérique du Sud qui effectivement a de nombreux vents et courants). Emprunté à la mythologie grecque, elle annonce et identifie les périls encourus tout en faisant un état *constatif*; la silhouette invite pour ses comparses à pénétrer dans la carte.[36]

Comme le souligne à propos le livre *Les cartographes et les nouveaux mondes*:

> L'œil, le regard, le miroir sont trois éléments qui renvoient à la mort. Dans cet univers marin, la mort est celle des bas-fonds de l'océan, le monde souterrain de Poséidon, celui des Enfers, l'inconnu, dont la sirène est l'intermédiaire.[37]

La mer est agrémentée de plusieurs cétacés dont la tête émerge de l'eau ainsi que des poissons volants peints en bleu. Desceliers montre cependant une connaissance certaine des animaux de l'époque dans une belle caractérisation de la faune de la côte Ouest de l'Afrique. Ainsi, de nombreux pachydermes comme les éléphants, les rhinocéros parcourent cette partie de l'hémisphère. On trouve de nombreuses représentations de dromadaires. Dans la carte de Dieppe, les animaux en Afrique sont également bien détaillés. La différence est peut-être dans la stature des animaux qui est plus grande, leur emplacement plus sporadique et leur point de focalisation: en effet, dans cette dernière carte, le lecteur semble suivre une ligne de description plus autonome. Les animaux paraissent moins groupés et nombreux. Le particulier semble remplacer le général de la carte de 1550.

De nombreux navires sillonnent les différentes mers du golf dans la carte de 1550. Dessinés avec beaucoup de soin, on peut situer leur emplacement vers La Terre des Bretons. Les pavillons ne sont pas mentionnés, bien que leur emplacement puisse faire penser à des navires français. Une galère se trouve au dessus de la mer de Magellan. Deux navires semblent tirer le canon l'un vers l'autre aux environs à la hauteur du Chili. Près de Zanzibar, des matelots font la manœuvre des cordages dans un navire. On pourrait voir dans cette dernière représentation un rappel du voyage des frères Parmentier vers Sumatra en raison des habits, qui semblent européens et des actions directement reliées aux descriptions du texte de 1529 dans cette région.

La carte de 1553

Cette carte s'inscrit dans la tradition du portulan nautique. Sa grande taille pourrait suggérer l'emploi affiché sur un mur. Il n'en est rien. On peut remarquer tout de suite en effet son orientation double: tous les textes et les images au Nord de l'équateur son inversés. De cette façon, la carte pouvait être déroulée sur une large table et lue de plusieurs façons. Cette carte n'est pas construite à partir d'une vraie projection, mais à partir d'une grille opérationnelle qui sert à déterminer les espaces vus et répertoriés. Le ratio de la longitude par rapport à la latitude est égale à 1.1 degré à travers toute la carte. Ceci explique son caractère rectangulaire assez surprenant et rappelle l'aspect de la projection de Mercator. Cependant, grâce à ce principe de grille et de rectangle, on ne peut pas calculer clairement la longitude. De même, il existe une omission de 90 degrés de longitude pour toute la surface de l'océan pacifique. À la suite du voyage de Magellan de 1519–1522, il faudra attendre quarante ans pour une nouvelle traversée qui enregistrera de nouvelles données plus sûres. Desceliers nous dépeint un espace vaste car ce sont toutes les notions dont il dispose et auxquelles il se fie: il ne connaît ni l'ampleur du territoire, ni les îles, ni les continents qui s'y trouvent. C'est aussi pourquoi notre cartographe dieppois ne tient pas à donner plus de détails.

La carte est avant tout une représentation conceptuelle imagée du XVIe siècle exprimée visiblement avec un texte et des images importantes.

Les monstres

Dans cette carte, des phœnix aux grandes ailes et aux queues longues et fines sont situés en Amérique du Sud: l'un d'entre eux semble proche de l'envol tandis que l'autre semble manger (Figure 21). En mer, de véritables monstres marins déroulent de nombreux anneaux comme les serpents de mer. Ils ont une queue de poisson. La sirène de la carte de 1550 semble avoir disparue sur la côte de l'Afrique. On peut également noter que dans cette carte un monstre marin à tête de chien et à ailes et longues moustaches apparaît dans les environs du Canada. L'animal est blessé par des flèches tirées par des pêcheurs munis d'arcs, de flèches et de longs harpons. Leurs vêtements sont entièrement blancs: ils portent des pagnes et des bonnets pointus blancs. Cette illustration indique que les hommes sont capables de surmonter les monstres (Figure 22 et Figure 24).

Des amazones sont peintes en Russie, des pygmées en guerre (Figure 23) sont représentés au Canada et le roi légendaire Prester John en Ethiopie est figuré. Au fur et à mesure des découvertes bien sûr, ces mythes s'évaporeront. Une nouvelle réalité verra le jour. Cependant, dans l'achèvement de cette carte, on peut souligner la force de la réalité du monde connu, l'abondance des détails caractéristiques de l'époque et l'influence traditionnelle du Moyen Age. C'est une représentation importante imprimant une version de la Renaissance de la *mappa mundi*, qui figure une véritable encyclopédie des rois, de la faune et de la flore connue de l'époque. Bientôt, les changements et les remaniements dans la projection de Mercator et celle d'Ortellius occulteront ces faits.

Pour l'ensemble des deux cartes 1550–1553: leurs caractéristiques communes

La représentation de Madagascar montre la mise à jour et l'utilisation de données de l'époque. Le tracé témoigne d'une grande attention dans les deux cartes et les souvenirs de Marco Polo y sont inclus pour la dénomination de certains points.

La Terre australe

Rappelons au lecteur que cette Terre australe est bien différente de l'Australie. Elle unit la Terre de Feu à Java la Grande et mentionne qu'en 1546 celle-ci est "non du tout descouverte." Le lecteur n'y aperçoit à peu près aucune nomenclature. Sur le portulan de 1550, une ligne fine et ondulée démarque les côtes. La représentation végétale et animale fait défaut, et comme pour la carte de 1546 on trouve "Terre non du tout descouverte." Cependant la nomenclature devient abondante. Enfin, pour la copie de

Dieppe, la représentation se fait de nouveau parcimonieuse: aucune représentation de flore ou d'animaux et peu de noms de lieux sont affichés.

Java la Grande

Pour les cartographes dieppois, il s'agissait de la vaste terre située au Sud de l'Archipel de la Sonde. Cette dernière est située, semble-t-il, avec la position de l'Australie contemporaine. Sur la carte de 1546, Desceliers dessine des animaux, des personnages, deux lions et un personnage aux grandes oreilles (sans en expliquer la provenance). Dans le tracé de 1550, le nom *Java* apparaît et se substitue au nom de *Jave la Grande.* La côte occidentale va ainsi au delà du 50e degré et la côte orientale s'étend à la latitude de 32 degré environ. L'expédition de Magellan (1519–1522) semble encore inconnue de Desceliers car il représente le détroit de Timor comme obstrué avec deux hommes qui essayent de la déboucher avec des instruments. La carte de 1553 fait figurer des hommes cannibales, armés de flèche et fait apparaître un éléphant aux cornes majestueuses et recourbées. L'œil du lecteur parcourt toutes ses scénettes indépendantes les unes des autres. Elles communiquent entre elles par les couleurs et les relevés des différentes topographies. Ce dispositif assez illusionniste permet de donner une certaine véracité aux faits tout en faisant passer les connaissances et laissant plus une impression artistique et poétique.

Description de l'Asie

Sur l'une des nombreuses vignettes de 1550, on peut souligner: "C'est une terre fertile; le ciel y est tempéré, et pour ce motif elle est "habitée de toutes sortes d'animaulx." "Les genz" y sont de "diversers meurs et coustumes" et les "fruitz" y sont variés. Dans une autre vignette, l'auteur dit que la majeure partie des animaux qui peuplent l'Asie sont des bœufs, des moutons et des chèvres, des gazelles, des chameaux et beaucoup d'éléphants. Vers la Perse, Desceliers dessine des Amazones à cheval, la lance à la main. Typiques des histoires du Moyen Age, et de l'antiquité, il mentionne que c'est "une choz digne de memoire et estre desclarée, c'est a savoir femmes estranges et barbares moult expertes a la guerre nommées Amazones et sont en nombre plus de deux cent mille." Il indique leurs mœurs et leurs coutumes; séparées de leurs maris, elles ne reçoivent leur visite "qu'une foye lan tant seulement pour avoyr lignie." Les enfants mâles mis au monde sont nourris au sein pendant six mois et retournent ensuite chez le père.

L'île de Ceylan mérite également un descriptif particulier. L'île est riche de cannelle et d'épices. Le cartographe décrit les habitants se nourrissant de "laict de rys" et s'abreuvant de vin de palme. Il insiste qu'ils "soudoyent" quand besoin est les guerriers qui passent afin d'éviter les combats.

L'Asie du Sud et de l'Est

Desceliers semble reproduire dans ses cartes le tracé de l'Harleienne. Pour la carte de 1550, la vignette stipule que des sauvages ont l'habitude d'acheter les vieillards et qu'après ils "les mangent, disans estre une choze plus honneste les manger que les laisser menger aux vers." La description de la carte de 1550 ajoute qu'en Chine "Il y a quatre roys." Au bas d'une montagne, on trouve ruby." Dans la province de la chine méridionale de Mangy, l'auteur reprend les récits de Marco Polo qui mentionnait cette ville comme étant la plus grande du monde car elle renfermait "douze mille pontz de pierre si haults que les navires peuvent passer par dessoulz avec leurs mastz levés." Pour l'Asie septentrionale, le pôle arctique est mentionné comme une région faite de "tenebres. Ses habitans demeurent comme demy an sans veoir le soleil" semblant seulement profiter de "quelque petite clarté comme l'aube du jour." Dans les trois cartes étudiées, il semble difficile de bien préciser les délimitations précises entre l'archipel de la Sonde (ce qui comprendrait le groupe des îles de Sumatra, Java et l'archipel du Sumbawa-Timor), avec l'archipel des Molusques (Moluques et Célébes) et la Nouvelle-Guinée (Papouas) et enfin le dernier groupe d'îles de Bornéo et des Philippines. On peut cependant voir que l'île de *Taprobane* correspond bien à celle de Sumatra décrite par Parmentier et reprise ici. La forme est proche de l'actuelle dans les cartes de 1546 et celle de 1550.

Pour Java, Desceliers indique qu'il y règnerait huit rois avec des habitants idolâtres, et des divinités variées. Ils porteraient—toujours selon la notice—de longs cheveux et combattraient avec des arcs et des flèches empoisonnées.

Le sol contient "de l'or, de l'étain et les plus belles émeraudes du monde. On y récolte du poivre, de la noix de muscade, etc."

Les îles représentées dans l'archipel de Subawa-Timor restent nombreuses et souvent incorrectes. De même, pour les Moluques, les contours restent parfois vagues et ne correspondent pas à la réalité. Ce serait pour l'auteur, une île "massive" parmi d'autres et une forte échancrure sur la côte Sud-Ouest est mise en valeur. Enfin, le groupe d'îles de Bornéo frappe par l'irrégularité des tracés. Dans la vignette de la carte de 1550, on peut lire que "le peuple est idolâtre et de couleur blanc, et mauvais. On y prend le canfre et disent estre faict du jus d'ung arbre." Ce détail de la couleur des gens peints en blanc se retrouve dans la carte de Dieppe sur la côte du Canada (dont nous parlons au chapitre suivant) et dans certaines ethnies de l'Amérique et de l'Afrique. Cette remarque sur la blancheur des personnes se retrouve au Japon "les habitants sont gentz blancz, idollastres, tributaires. Il y a une grande abundance d'or, pierres précieuses en especial de couleur rouge qui excedent toutes aultres en valeur, mais les roys ne les permettent porter hors du pays, et est la cause que l'on ne y a traffic."

Cette dernière notice peut faire penser que dans toutes les îles de cette carte, les vignettes déclinent les mêmes remarques au sujet de la dévotion, du régime et de leur contenu précieux. Ne doutons pas que ces déclarations pourront contribuer à un développement particulier de littérature des îles. L'imaginaire collectif va se nourrir de ses clichés. Dans un espace topique, mesuré et facilement repérable, la carte pose une énonciation particulière de temps et de spatialisation où les futurs explorateurs ne manqueront pas de broder sur les détails. L'île est souvent le point de départ par antonomase pour des envols poétiques et pour des contemplations ou de fuites diverses, dont tout un type de littérature va se nourrir (île paradis, île caverne, île prison, etc.). Souvent dotée de phénomènes particuliers (beauté, richesses, emplacement, etc.), elle contribue à des arrêts presque obligatoires pour les marins ou le lecteur qui y trouvera un "havre" pour quelques instants.

Il existe aussi une méconnaissance de certains lieux comme Timor, ou les Moluques. Mais la démarcation précise sur les cartes et en particulier celles de Desceliers dont les légendes s'inscrivent un peu partout à côté des îles dans la carte de 1550, établit un lien direct avec la tradition littéraire insulaire qui va se connaître un succès de plus en plus important. Si la présence d'éléments topographiques, culturels et sociaux positionne et transforme radicalement le site insulaire, celui-ci perdra une abstraction et deviendra un lieu dont l'identité sera mise en valeur dans ses contradictions et dans sa dialectique. Le discours narratif de ces îles privilégie une concrétisation géométrique du tissu linguistique. L'approche et la nominalisation de ces endroits "en dehors" marque une temporalité certaine, où au moment de la construction de la carte, l'appréhension du dessin, la toponymie et la localisation de l'espace maritime et de la masse continentale permettent de créer petit à petit un imaginaire spécial. L'île des frères Parmentier ou Belle-Ile de Cartier donne des espaces où la circularité devient "miroir de la Terre par sa circularité; les problèmes y sont abordés comme autonomes et résolus sur eux-mêmes.[38]

L'Amérique

Dans sa construction de l'Amérique du Nord, Desceliers semble bien copier les cartographes de l'époque (Figure 22 et 24), bien que de nombreux bateaux dieppois aient certainement fréquenté cette partie de la terre comme de nombreux documents peuvent le faire soupçonner (voir à cet égard tous les travaux de Michel Mollat et les travaux d'Anthiaume). Mais la caractéristique fondamentale de ces trois cartes observées est une nette séparation entre l'Asie et l'Amérique, le tracé du Labrador, du fleuve St Laurent, le morcellement de Terre-Neuve et la Norembègue. Dans la séparation du continent de l'Asie, il semble que l'isolation de cette masse continentale soit un trait caractéristique des cartographes dieppois et en particulier de Desceliers considéré comme le "Père" de l'École cartographique de Dieppe. Une vignette de 1550 révèle en particulier que "Aulcuns cosmographes ont conjoinct l'Asie avec la Floride, neufve espaigne, terre ferme et Amérique, et disent icelle estre partie de l'Asie, mais l'oppinon d'iceulx n'est a ensuyir en tant quelle n'apert par certaine experience ne par raison." De même, le tracé du Labrador est similaire pour tous les cartographes dieppois. Remarquons qu'il s'agit en fait d'un amalgame avec le Groenland. La nomenclature du Labrador est établie en portugais et souligne l'influence Riccardienne. Pour ce qui concerne notre auteur, le tracé diffère entre les cartes de 1546 et 1550: il indique que les procédés de construction ne font pas référence à un modèle identique. La carte de 1553 reste conforme à celle de 1550. Mais ces deux représentations ne montrent pas qu'il y eu une influence d'explorateurs dieppois. Dans le morcellement de Terre-Neuve, on peut encore voir une importance de la disposition des îles concrétisant un espace physique et important pour l'époque. Si Cartier avait découvert le détroit de Belle Ile, Desceliers le détaille en archipel, transformant la réalité inconnue à ses yeux mais qui dans sa composition sera un trait commun aux cartographes dieppois. Dans son tracé de 1546, le cartographe est influencé par la carte Harleienne: il modifie la position du Nord et du sud-Ouest comme un triangle dont la base serait la côte méridionale. La nomenclature est française—"Les granges, Coullembier, Real"—et présente le côté occidental comme le plus juste par rapport à sa surface et détails. Pour la carte de 1550, Desceliers a abandonné la configuration triangulaire mais divise le tracé en trois sections. Le dessin, moins fantaisiste, se révèle plus proche de la réalité pour la presqu'île du Petit Nord.

Le tracé du Saint Laurent

C'est ici que notre cartographe détaille bien ce que Cartier dans son 3e voyage (1541–1542) a découvert ainsi que Roberval en (1542–1543). Il intègre ce que les explorateurs ont mentionné. On peut aussi y voir des influences de la carte Harleienne. Le golfe du Saint-Laurent est cependant bien tracé avec pour la composition de 1546 un lac. Il indique "Mer de France."

L'ensemble du centre de l'Amérique et la Floride

Peu connu, ces parties sont souvent assez mal représentées (Figure 25). La péninsule de la Floride est cependant bien nette. Si la côte occidentale de l'Amérique du Nord était encore peu explorée au XVIe siècle, il faut noter que son tracé à lignes générales est en forme d'arc de cercle. Dans la carte de 1550, on lit les termes de "Nouvelle-Ecosse" et "Nouvelle-Angleterre" traduits en français. Les découvertes des Français dans ces régions ont ici une influence ainsi que celles des Espagnols.

Pour ce qui concerne les Antilles et l'Amérique centrale

Les Antilles sont clairement dessinées dans les représentations des trois cartes. Pour le centre de l'Amérique centrale, bien que l'intérieur soit méconnu dans son ensemble, le tracé des côtes reste exact. Ces îles sont souvent le domaine de nombreux forbans et pirates qui écumaient ces lieux et connaissaient parfaitement les détails topographiques de ces lieux.

Le Brésil

La description et la précision du relevé de ce pays tiennent certainement aux connexions des Dieppois avec les Portugais dont ils firent de nombreuses cartes, mais aussi aux nombreuses expéditions des Normands vers ces territoires. L'expédition de Gonneville en 1505 (encore bien contestée de nos jours) est cependant une des plus célèbres. Les Dieppois (d'après Mollat, Anthiaume et Harrisse) y allaient pour trouver du bois précieux et aussi des épices (dont le poivre ou malaguette, mot utilisé par les Portugais). La côte prend forme cependant dans la carte de 1550 (plus précise que celle de 1546) de l'île de Maranaho au cap Saint Rocah. L'intérieur du pays est abondamment illustré d'Amérindiens (comme nous en parlons au chapitre suivant). La Patagonie, découverte par Magellan en 1520 est aussi bien décrite. L'intérieur du Brésil semble un peu trop grand dans les cartes, mais le détail des côtes et la nomenclature sont précis. Le Pérou, comme les cartes de l'époque, forme la plus grande partie de l'Amérique centrale avec les Amazones au Nord et des parties occupées par les Portugais. La représentation des côtes est légèrement bombée. L'abondance de la représentation humaine évoque sans aucun doute la conquête des Espagnols. Notre cartographe inscrit "La conqueste du Perou faicte par les espaignolz."

Pour ce qui est des terres australes, Desliens semble influencer notre cartographe dans ses tracés et la nomenclature absente. Aucun homme ou animal ne semble y vivre. Quelques arbres sont disséminés ici et là.

Guillaume Le Testu

Il naît entre 1509 et 1512 dans le hameau de la Grande Crique, là où le port du Havre sera fondé en 1517. Il devient pilote à Dieppe où il étudie la théorie de l'art et du dessin, en même temps que la science nautique sous la houlette de l'école cartographique de Dieppe. Il est courant de voir son nom attaché à la découverte du Nord de l'Australie vers 1531. Il faut y mettre cependant une grande réserve. Ce qu'on l'on sait pour sûr est qu'il accompagna l'expédition d'André Thevet, lorsqu'il sillonna les mers vers le Nouveau Monde en 1550. Selon Thevet également, c'est le 14 juin 1551 que les deux hommes appareillèrent de Dieppe. Longeant la côte du Brésil, Le Testu rejoignit le 20e degré de latitude australe "pénétra et virevolta cette mer et coste dangereuse, comprise depuis la rivière de Guanabra jusques à celle de Morpion."[39] Le Testu revint en France en juillet 1552. Le but de cette expédition était de faire du commerce. De 1552 à1556, il voyage et dessine un atlas. En 1555, il accompagne Villegagnon dans son expédition sur les côtes du Brésil.[40] Lorsque Villegagnon envoie un rapport circonstancié à son bienfaiteur Coligny sur l'éventuelle possibilité de fonder une colonie, trois mois se sont passés. Les dates entre Villegagnon et Le Testu pour les rapports ne semblent pas tout à fait coïncider (Anthiaume). il semblerait en effet que la dédicace du Portulan de Le Testu ait été faite le 5 avril 1555, ce qui fait douter de la date du retour qui n'aurait été alors que de deux mois.

C'est le 19 novembre 1556, que Le Testu reprend la route vers le nouveau continent, par ordre du roi avec trois navires embarqués de Honfleur. Approchant de la rivière Rio de Janeiro l'expédition s'y arrête. Le retour est là encore imprécis et soumis à controverse: revint-il seul ou en compagnie de Villegagnon?

Il entreprit une autre expédition dès son retour du Brésil en direction des côtes d'Afrique et de l'Amérique septentrionale. D'autres voyages lui valurent une belle renommée de pilote averti. C'est entre 1556 et 1566 que Le Testu est nommé pilote royal au port du Havre. Le roi lui a accordé cette distinction en raison de ses bonnes connaissances maritimes. Exerçant un droit de surveillance sur les autres pilotes, il pouvait également les former pour le seconder dans les manœuvres maritimes.

Il mourut dans des circonstances assez étonnantes en 1572, lors de l'expédition de Philippe Strozzi commanditée par Catherine de Médicis qui devait l'amener sur la côte Caraïbe et l'isthme de Panama. Il avait à son bord le célèbre navigateur anglais Francis Drake. Mouillant l'ancre dans une petite baie couverte de montagnes et de bois, il y découvrit des indigènes fuyant la domination espagnole. Ces derniers lui firent bon accueil et le mirent au courant d'un butin fort important qui allait arriver. Ce butin provenait des trésors confisqués au Pérou par les Espagnols. Le Testu fut déchiré entre l'appât du gain et le fait d'outrepasser ses droits. Finalement convaincu par les Indigènes, il envoya vingt-trois hommes à terre. Au bout de sept jours qui parurent interminables, une escorte de mulets chargée de pièces d'or fit son apparition; les Français les prirent de force. Cependant l'escorte espagnole de cinquante hommes attaqua et Le Testu se défendant vaillamment avec ses hommes fut mortellement blessé. Dans ces derniers mots, il ordonna à ses compagnons de remonter au plus vite sur le bateau avant de mourir sur place.

Le portulan de 1556

Ce portulan, qui est conservé à la Bibliothèque du Ministère de la Guerre mesure 53/67 cm. Les cinquante neuf feuillets comprennent cinquante six cartes dessinées par l'auteur; chaque carte est abondamment commentée. Le dessin est placé sur le verso d'une feuille, et le texte s'inscrit sur le recto du feuillet suivant. Les cartes sont des miniatures de 450 x 325 millimètres et sont abondamment coloriées. Ouvrage splendide dans sa composition artistique, géométrique et mathématique, il montre une connaissance profonde du monde contemporain qui l'entoure et des nouvelles découvertes de son temps. Selon Harrisse,[41] ce portulan dériverait de cartes portugaises qui auraient servi à la même époque. Le Testu a cependant changé bien des noms qu'il a francisés sauf pour quelques possessions vers le Nouveau Monde. La dédicace faite au roi est chaleureuse, humble: il ne croit pas être digne de ce travail et le soumet en demandant de 'l'indulgence et de la patience." L'amiral de Coligny est sollicité pour donner son accord à ce livre "me donnerez l'enhardissement qui faict à tous hommes entreprendre cela qui leur est possible soubz le ciel accomplir, pour vous donner plaisir."[42] (Figures 5, 6, 7, 27, 28, 29).

Ensuite, Le Testu passe au développement de son sujet. Les six premières cartes sont des projections particulières qui reflètent l'habileté de l'homme à synthétiser les cinq parties de la terre telles qu'elles étaient faites à l'époque: l'Europe qui s'étend de la septième à la treizième carte, L'Afrique qui s'étend de la quatorzième carte à la vingt-et-unième carte, L'Asie contenue des cartes vingt-deux à vingt-neuf, la Terre Australe dont le parcourt est de la trentième à la quarante-et-unième carte et enfin L'Amérique des cartes quarante deux à cinquante.

Représentées avec des projections connues et traditionnelles dans les six premières cartes, Le Testu se dégage aussi souvent des règles générales de la cartographie de l'époque. Ainsi la formation et le dessin du globe terrestre soulignent en une seule figure le monde entier, participant à la connaissance humaniste qui aime voir le monde "en un seul regard." Le tracé de cet univers souligne sa connaissance approfondie des deux hémisphères. Cependant à y regarder de plus près, on se rend compte que les calculs ne sont pas toujours exacts. Les connaissances géométriques de l'auteur lui permettent de faire des retouches sur les déformations qu'il a pu trouver (notamment aux feuillets 20 et 30).

Toutes les cartes portent des échelles doubles; celle des latitudes et celle des lieues pour les distances et leurs mesures. Les longitudes ne sont pas indiquées sur les cartes. Il nous est donc impossible de définir les limites de chacune d'elles uniquement par les longitudes et les latitudes extrêmes. La carte de la mappemonde de 1566 (Figure 26) souligne aussi les doubles échelles.

Deux particularités soulignent le travail de Le Testu; il modifie l'emplacement des vents et indique la position des diverses zones climatiques. La localisation des vents est ainsi généralement dessinée entre l'espace de représentation des bordures et la carte même. Le Testu place les vents en dehors de la carte, et non plus à cheval entre l'espace de représentation des bordures comme celle de Ptolémée refaite en 1492 et sa projection du monde. Les différentes figurines ont en commun leur souffle en dehors—pour insister sur leur importance, leur bienveillance ou leur pusillanimité—et mettent aussi en valeur leur capacité à pouvoir changer le monde du dessus pour le monde du dessous. Cette figuration spatiale se mêle aussi aux banderoles qui les entourent. Chaque vent est caractérisé (Nord ou Sud) et différencié (tête de mort, chérubin, homme âgé, etc.). Souvent nominalisés, leurs attributs physiques illustrent un aspect historique (Poséidon, Borée, etc.) et narratif sur la carte. Le tumulte du cosmos est souligné par la multitude de nuages et leur furie. Les souffles tempétueux et mortels des vents glacés du Nord et de l'Ouest s'opposent à ceux frais et charmants du Sud. Les mouvements du monde s'inscrivent et traduisent la difficulté à le comprendre. Ainsi, la première carte (Figure 5) porte une figurine de vent jeune, blonde et alanguie qui ne regarde pas son homologue d'en face, mais se tourne vers le lecteur l'invitant à aller à parcourir l'espace et le spectacle du texte et de la carte. Ceux de la partie Nord signalent des hommes d'âge mûr, aux yeux fatigués et lassés. En haut du pôle arctique figure le phœnix, animal symbolique et mythique teinté de marron et qui contraste par rapport à la qualification humaine de ces vents.

Dans la deuxième carte, les vents du Nord (Figure 6) sont des adolescents qui soufflent en dehors de la terre comme pour faire pivoter cette étrange forme qu'elle est. Des vents à tête de mort agitent l'air directement sur l'Antarctique vers la terre australe. Le lieu pictural de l'Australie est ainsi une topologie de déplacement où ce qui n'est pas encore connu sérieusement est mis en place dans un réseau spatial et temporel, à savoir les réseaux du présent virtuel, du passé commémoré et du futur préfiguré.

Pour la troisième et la quatrième carte (Figure 7), tous les vents sont encore bien distincts. Ils sont caractérisés par des visages d'hommes et de vieillards pour la quatrième carte. En voix "off," ils donnent une narration sur la situation sur la terre; comme pour présenter un monde difficile et peu stable, où la jeunesse, la maturité et la mort alterneraient en harmonie avec les continents et leurs emplacements. Comme au Moyen Age, leur représentation continue la tradition de l'embellissement de la carte, aidant à visualiser certains emplacements; le vent du sudest, appelé "liurnus ou sirocco" ou le vent d'Ouest appelé "zephirus, ou pavunius ou ponant," rappelle au lecteur de l'antiquité ou du Moyen Age qu'ils ont une fonction d'aide. Souvent aussi plantés comme décor, ils n'ont souvent qu'un ou deux types de représentation; celle d'homme ou de petit joufflu. Le Testu va plus loin en les caractérisant à part entière. Ainsi délimités en dehors de la carte, il accentue leur importance, leur utilité et leurs différences. Choisissant de centrer la vision du lecteur autour du dessin du monde toujours construit et délimité par un trait de couleur sombre, le cartographe offre une division entre le monde des humains et celui de l'aléatoire. Dans une configuration "pédagogique," les vents de Le Testu retracent la lecture courante des livres du Moyen Age, tout en apportant une autre possibilité de déchiffrement de la terre et de ses continents. Le monde de ce cartographe est un monde caractérisé par une finitude. La visualisation des vents contribue à le déterminer. En dehors de la place des vents, des blasons, des cartouches, des instruments, ou des phœnix, les cartes de cet atlas se caractérisent par des projections différentes du monde.[43]

La première carte (Figure 5) représente le quart de l'hémisphère Nord. Triangle sphérique avec trois angles droits et trois arcs de 90 degré, elle représente dans sa forme une ambition géométrique importante. Peu de cartes dessinent à cette époque le monde dans un triangle équilatéral avec des arcs de cercle de centre. Les parallèles y sont partagés régulièrement et les méridiens joignent alors les points des divisions correspondantes. Inspiré certainement par Léonard de Vinci et de sa projection de 1514, et Oronce Finé dans *la sphère du monde*, Le Testu y ajoute des couleurs et plus de cisèlement dans le tracé des détails de côte.

La deuxième carte (Figure 6) semble le complément de la première dans une représentation de 3/4 de l'hémisphère Nord. En projection cordiforme, c'est une continuation des cartes de Finé ou celles de Apian de 1520. La force de Le Testu se signale dans une représentation qui tourne autour de tout l'hémisphère et non pas uniquement du monde. De même, les parallèles possèdent une longueur proportionnelle à celle des parallèles terrestres. Les méridiens sont construits dans cette carte sur 45 degré et 135 degré; il semble alors que ces triangles soient équilatéraux. Les autres méridiens sont des courbes qui passent par les numérotations régulièrement gradués des parallèles.

La troisième carte (Figure 7) présente la moitié de la terre et s'étire d'un pôle à l'autre sur 180 degré de longitude. On peut souligner l'influence de Apian (1524) dans la simplicité de la construction géométrique. Les méridiens sont des arcs de cercle construits comme ceux de Roze avec une ligne pratiquement verticale du Nord au Sud et un point à l'équateur de longitude. Les parallèles deviennent des points équidistants parallèles à l'équateur et portent des graduations régulières par rapport au méridien d'origine. Les formes des côtes sont bien délimitées avec de bons emplacements pour l'Afrique et l'Amérique.

La quatrième carte se concentre sur la représentation totale de la terre. Comme la projection de Ptolémée ou celle de Münster de 1532, elle se trouve formulée dans une sorte de rectangle dont les deux bouts sont des arcs. Le Testu se caractérise dans la formulation des méridiens en demi-cercle et non pas en demi ellipses comme chez Ortelius (1595). Le méridien 90 degré est le support sur lequel tous les méridiens vont être calculés et représentés en arc. Les parallèles sont bien inscrits. Là encore, le tracé des côtes est le même que celui de la carte précédente. On pourrait dire que l'emplacement de cette carte vient continuer le thème du tracé du monde ancien. Le Testu semble s'amuser à montrer au lecteur qu'il est possible de cartographier le monde sous différents procédés géométriques sans pour cela altérer la forme générale ronde du monde.

Ainsi la cinquième carte (Figure 27) joue sur le mode de la transparence; les continents y sont peints. Son nom est "la fiolle de verre bien ronde." Ne doutons pas qu'ici, la représentation des deux hémisphères ait été pour Le Testu une source d'étonnement et de plaisir à dessiner et à peindre. La carte a pour centre l'Arctique et l'Antarctique et fait changer la perspective de l'auteur et du lecteur accoutumé déjà à un type de représentation se concentrant sur la Méditerranée dans l'Antiquité, Jérusalem au Moyen Age et dessinant l'Europe en face les Amériques. En déplaçant les centres connus vers de moins connus, Le Testu accroît l'importance des deux points d'extrême du Nord et du Sud en leur allouant un rapport de va-et-vient (grâce à la ligne droite qui les traverse) mais aussi un équilibre si cher aux humanistes.

De même la représentation de la sixième carte en fleurs ou en hélices (Figure 28) déroule les parties du monde à partir d'une sphère. Celle-ci a été découpée en quelque sorte en quatre parties. Le pôle est là encore au centre de cette fleur-hélice. Les armoiries et la couronne du Nord répondent à celles du Sud. Chaque hélice représente un quart de la terre. Les degrés de latitude et de longitude ont apparemment la même longueur sur l'équateur et le méridien d'origine. À noter l'affiche de Le Testu en bas de la carte "Ce livre fut achevé par Guillaume Le Testu." Cette carte que l'on pourrait croire être la dernière ne l'est pas, malgré la signature. Mais c'est en effet la dernière effectuée avec une projection particulière.

Les autres cartes sont plates. La carte non colorée qui suit est très proche de la représentation de Ptolémée et montre le détail des côtes de façon précise. L'écliptique est tracé ainsi que des signes de zodiaque. Six blasons ronds entourent la carte. Difficile de donner foi à la représentation fantaisiste des armoiries. La cartouche où trône un roi indique que Le Testu a dessiné les latitudes et les longitudes. Une sphère armillaire est située en dehors du canevas sur le côté gauche à l'intersection des deux hémisphères; point stratégique qui invite ainsi le lecteur à bien distinguer les deux zones tout en montrant la sphéricité de la terre par rapport aux formes allongées presque en anamorphose des deux hémisphères représentés. Le méridien d'origine se situe au Cap Vert. Les parallèles sont toujours des arcs de cerceau dont le centre est au Nord; ils ont des graduations régulières.

La carte 34

Nous aimerions nous arrêter quelques instants sur cette carte particulière; il s'agit d'un découpage de la grande Jave (Figure 29). Il faut y déceler une mer hostile, et des côtes échancrées, et semble-t-il fort peu accueillantes (le récifs, les fonds de sable y sont dessinés). Cette carte comporte trois aspects importants: l'utopie, la cohérence avec les matériaux soumis et la présence d'animaux mythiques. La présence de l'île reprend des thèmes utopiques des espaces à voir et déchiffrer. Dans l'imaginaire collectif, l'ile est perçue comme lieu à part, site d'une autre nature et d'une autre civilisation, terre d'innocence et règne de chaos; elle est aussi le point de départ par antonomase pour les envols poétiques et pour des fuites et contemplations diverses. Les îles dépeintes et innombrables de toutes les cartes n'échappent pas à ces enchevêtrement de thème chez l'auteur.

Le monde de Le Testu a perdu une certaine cohérence symbolique. Ses créatures fabuleuses mettent en relief tout un pittoresque ornemental et paradoxal. Mais elles rendent aussi un tribut "au sacro-saint principe de la *varietas*."[44] Dans les espaces inconnus, tout semble encore possible et la conquête des griffons et autres monstres marins est encore possible. Les trésors des îles encore non trouvées et des monstres marins importent avant tout à l'imagination. "Toutefoys ce que je en ay marqué et depainct n'est que par imagination." Cette carte met en œuvre un modèle non achevé. L'atlas de Le Testu est avant tout un montage des différentes voies d'accès au monde. La fiction cosmographique semble rejoindre la cartographie "réelle" sans que l'une ou l'autre ne soit favorisée. Le travail oscille entre le réel et l'imagination sans pour autant imposer un point de vue plus normatif. C'est pour cela que dans ses instabilités, l'œuvre représente une belle mobilité de création. D'où également un fort dynamisme des cartes. En même temps, et grâce aux progrès des explorateurs, et d'une meilleure connaissance sur le terrain, elles ne pourront plus être utilisées. Dans ses ouvertures/fermetures des mondes, les fictions sont bien enregistrées. Des archipels flottants comme le cap De More aux détails de côtes européennes et africaines bien délimitées, Le Testu invite le lecteur et l'usagé à naviguer et trouver sa propre trajectoire. Dans des méandres et des contours judicieusement placés, dans ses différentes postulations de la terre en mouvement, la variété du parcours se disperse dans chaque dessin.

La flore, la faune et la représentation humaine de l'atlas

Pour la description de la flore et de la faune, la luxuriance est au rendez-vous. Le Testu peint en perspective et les hameaux et les arbres sont toujours méticuleusement arrangés afin de donner le sens du relief. Il en est de même pour la représentation humaine. Beaucoup plus élaborés que chez Vallard ou Desceliers, les personnages évoluent avec de nombreuses couleurs dans les parties de L'Europe et de l'Asie avec des réminiscences des autres voyages et découvertes à l'époque. Nous en étudierons les détails au chapitre suivant. Pour la représentation des Indigènes, Le Testu se contente souvent de les mettre nus et de couleur blanche. En Ethiopie, sur la troisième carte le lecteur peut apercevoir un homme assis, les bras écartés avec un œil sur le front. Les monstres marins ne sont pas les seuls à être abondamment dépeints. Répertoriés dans la célèbre Chronique de Nuremberg de la fin du XVe siècle—ils sont toujours une belle illustration de l'imaginaire de la Renaissance et de la permanence de ce concept.

Guillaume Postel

Sa naissance se situe entre 1505 et 1510 dans le diocèse d'Avranches en Basse-Normandie. C'est à Paris qu'il mourut le 6 septembre 1581. Assez peu connu comme géographe, il eut cependant des contacts avec l'école cartographique de Dieppe. Il rapporta de ces nombreux voyages en Orient de précieux manuscrits dont les œuvres d'Aboulféda, de Saint Jean Damascène et un manuscrit de langue syriaque de l'édition du Nouveau Testament. Il fut nommé par François Ier comme professeur royal de Mathématiques et de Langues orientales au Collège de France encore appelé à cette époque Collège royal. Il a beaucoup écrit sur de nombreux sujets dont la *Description des Gaules*, autrement dit la carte gallicane. Cette carte changea de nom lors d'une réédition de 1570 et *devint La vraye et entière description du royaulme de France et ses confins avec l'adresse des chemins et distances aux villes inscriptes et provinces d'iceluy.*[45]

La mappemonde publiée en 1581 est de 120 cm x 52 cm. Elle peut intéresser le lecteur sur plusieurs points. Si les nombreux voyages ont en effet aidé à visualiser et à localiser les lieux mentionnés, et si les connaissances des langues lui ont facilité l'accès à des documents, la carte de France et le traité *Description de la charte de la Terre Sainte* lui ont permis de participer à l'élaboration d'un grand plan panoramique du Caire et de lui fournir des traductions de tableaux ou de cartes. Cette carte de 1572 fut considérée comme une référence par ses contemporains: copiée par Mercator (1585,) elle est mentionnée chez Ortellius dans son traité du *Théâtre du Monde* (1584).

La projection de la carte de 1581

Formée de quatre feuillets collés, elle situe l'hémisphère Nord et celui du Sud. Tout d'abord, la projection employée est faite sous l'aspect polaire. Elle fut étudiée plus tard par Antonio Cagnoli en 1709. Cette projection souligne l'influence de Reich et d'Apian, mais aussi Le Testu quand il concentre sa carte sur les pôles. Par contre, Postel est le premier à avoir établi une carte de cette grandeur: la projection zénithale est équidistante (Figure 30), ce qui met l'hémisphère Nord par rapport à un plan tangent à la terre au pôle Nord. Les parallèles deviennent des cercles qui se trouvent ainsi régulièrement espacés; leur rayon est égal à l'arc du grand cercle qui mesure alors une distance du pôle à ce parallèle. La carte est savamment entourée de fresques sur différentes bordures, de banderoles inscrites et d'écussons. La représentation des armoiries profile le monde de l'époque; les drapeaux renforcent la notion des territoires acquis. La profusion des horloges, des polyèdres ou engrenages dans ses frontispices évoque l'engouement de l'époque pour les machines et les sciences tout en y mêlant un certain parfum d'ésotérisme. Pas de trace de rhumb et de roses des vents si chers aux cartographes dieppois. La carte contient une alidade, sorte de règle mobile avec des mesures pour faciliter la localisation et le calcul des lieux de latitude. Paris se trouve ainsi placé au centre de la carte sur le méridien central. La carte comprend les climats établis d'un quart d'heure de 1 à 9 correspondant à la durée du jour de 12h45 à 17h15. Toujours pour Paris, Postel explique que sa latitude est de 48 degré. Une autre alidade est située sur le côté gauche pour l'hémisphère Sud. Plus petite, certes, elle indique aussi les lieux. En bas de cette carte rayonnent deux cartes célestes où apparaissent toutes les constellations. Les cercles extérieurs de ces deux cartes représentent l'écliptique. Comme pour la description de la terre, l'auteur s'attache à diviser les deux hémisphères célestes; celui du Nord et celui du Sud.

L'hémisphère Nord a la priorité dans l'étude de la carte. On peut voir un beau ciselé de côtes et des infrastructures à l'intérieur du pays. Les légendes, les cartouches et la nomenclature sont abondantes (Figure 30). Pour la représentation de l'hémisphère Sud, Postel choisit de couper en deux et de présenter deux petits hémisphères. La nomenclature sur le Sud est plus restreinte. Des légendes en latin et en vieux français parcourent l'hémisphère. Les bateaux sillonnent les mers, les animaux tels que des éléphants sont dessinés en Nubie, des singes y sont tracés. Les monstres et les images mythiques de sirènes apparaissent un peu partout. La baleine semble être la plus menaçante. Hantant les mers, elle fonce sur les bateaux, peux capables d'y faire face. Ces aspects effrayants se retrouvent aussi dans les dessins de Desceliers. Le goût de l'époque pour la mise en scène et la théâtralité de "l'étrange" est ainsi souvent soulignée et renouvelée. Un trait intéressant dans la description de l'hémisphère Nord ou Sud est que la région antarctique est vue de l'intérieur du globe; ainsi les terres et les continents se trouvent représentés à l'envers, en miroir. Si Léonard de Vinci aimait écrire à l'envers, Postel montre sa connaissance des miroirs qui reflètent sa pensée humaniste; celle de donner en un clin d'œil toutes les donnés, et de les intégrer à un visionnement spécifique du Monde. Pour déchiffrer la carte, il faut l'usage d'un miroir afin de retrouver le bon ordre des lieux. Cependant avec l'usage de cet outil, la nomenclature, les illustrations et les cartouches sont souvent illisibles. En proposant ce jeu, et en exposant des déformations constantes sur les noms établis par les expéditions de Cartier et Roberval, Postel joue avec les savoirs; les décalant, les changeant, il contribue à l'atmosphère du secret. En anamorphose, la carte va au delà d'une représentation réelle. Cet "art de perspective secrète" dont parle Dürer projette une abstraction concrète d'un monde qui semblé échapper et se tordre dans des méandres infinis.

Jean Roze (ou Jean Rotz)

On ne connaît pas exactement la date de naissance de Jean Roze. C'est certainement vers 1505 qu'il naquit d'un père écossais David Ross à Dieppe. Son père avait émigré à Dieppe car la ville entretenait depuis le XIe siècle des relations étroites avec l'Ecosse; une colonie écossaise s'était installée et, depuis 1520, on y trouvait une "rue d'Ecosse." David s'adonna au commerce et se maria sans doute en ville. Son fils Jean acquit une certaine connaissance de la langue natale (qu'on retrouve dans le texte britannique de son atlas) et le goût de l'aventure.

La date de sa première aventure maritime nous est inconnue. En 1534 son navire est attaqué par les Hollandais dans la Manche, alors qu'il était en route pour l'Angleterre avec à son bord un marchand rouennais. Dans son traité sur le compas aimanté, il signale un voyage au Brésil et en Guinée. Il aurait parcouru les côtes du Brésil en 1539. L'auteur prouve dans ses livres qu'il est un marin expérimenté, tant dans les traversées proches des côtes européennes que dans les voyages aux pays lointains. C'est aussi un cartographe qui s'est posé le problème de l'adaptation des cartes qu'il réalisait à la courbure de la terre. Dans le préambule de son œuvre, il semble s'excuser de ne pas offrir un document parfait.

En 1540, dans un portfolio adressé à la cour du roi François Ier, l'auteur essaye de le convaincre de l'importance du projet. François Ier le refuse cependant; il ne veut pas lancer une autre expédition maritime sans doute pour des soucis d'argent liés en partie aux difficultés soulevées par la colonisation au Canada, et surtout à cause du conflit avec Charles Quint. De plus, François Ier avait accepté les plans de Joao Paccheo, portugais expert en la marine.

Roze quitte la France en 1542, avec sa femme et ses enfants et s'installe en Angleterre. Les causes du départ restent encore à ce jour hypothétiques. Serait-ce par dépit, ou par manque d'argent de ne pas avoir été accepté par François Ier car l'auteur nous annonce que l'atlas des côtes avait été dédié au roi français? Ou serait-ce aussi pour "cause d'espionnage"?[46] La raison la plus probable serait le désir du roi d'Angleterre d'augmenter sa flotte. L'ambassadeur de France rappelle que la majorité des vaisseaux étrangers sont pilotés par des Français. Henri VIII a en effet des sujets français à son service tels Sécalart, Nicolas de Nicolays, le dieppois Jean Ribault. À Londres, Jean Roze s'empresse autour du roi Henri VIII et tente de lui prouver son talent. En 1542, il présente au roi *Le Traicte de differences du compas aymante* qui propose la construction d'un appareil destiné à compenser les déclinaisons, variables selon les lieux, entre le pôle géographique et le Nord. Il dédie au roi ce traité. Son atlas de 1542 *The Boke of Idrography* est un livre magnifique composé de 32 folios de 60 sur 38,6 cm avec onze cartes de couleur. L'atlas est conservé dans les collections de la British Library à Londres (cote Royal MS 20 E.ix).

Des autres cartes que Roze réalisa, aucune n'a, semble-t-il survécu. Il en avait dessiné d'autres, puisqu'il rentrera en France avec des documents représentant des ports anglais et écossais. En fait, la situation du dieppois se détériore peu avant la mort du roi Henri VIII. Roze contacte l'ambassadeur de France Odet de Selve, qui le recommande à la cour du roi français. À la mort du roi anglais, Roze semble réaliser ses vœux en entrant au service de Henri II.

Ce dernier, désireux de renforcer sa flotte souhaitait le retour de ses sujets et marins de qualité. Sous le prétexte de rendre visite à son père, Roze rentre en France. Il se fait arrêter par le vicomte royal de Dieppe et doit prétendre de devoir rester en France. Ce scénario est imaginé par l'ambassadeur français lui-même. Cependant, la femme de Roze qui tente de le rejoindre se voit arrêtée à Londres. Ses biens sont confisqués. Les conditions de retour sont similaires à celles de Ribault qui se fera arrêter à Rye dans son projet de 1547. Tous ces cartographes connaissent bien les cartes anglaises locales et pourront apporter aux capitaines français une aide dans les opérations navales. C'est ainsi que l'on peut parler d'espionnage. Roze reprend ses activités et en 1549, devient "marchant demeurant à Dieppe" et s'engage à construire "deux galères en forme de roberges" pour la flotte de guerre. Il conduira le navire *La Mulle* en Guinée en 1554. En 1557, il s'empare de la cargaison de bateaux en provenance du Pérou et des *isles Thomé*; en 1559, il est à la tête d'une flotille destinée à un débarquement en Ecosse. Il a obtenu entre temps en 1551, des lettres de réhabilitation d'Henri II et voit grâce à son père sa noblesse reconnue. La date et les circonstances de sa mort sont inconnues. La dernière mention officielle retrouvée est celle de 1560.

Il est fort probable que Roze ait été associé à Ango. Son fils Jean a certainement voyagé avec ce dernier (noté par le vicomte Eccles dans la préface du *Boke of Hydrography*). Les déclarations du cartographe ont en effet à combler les lacunes laissées par la destruction des archives par un feu en 1692. Dans le traité de navigation de 1542, Jean Roze insiste sur "l'importance de voyager":

> La terre est si petite envers le ciel que par nulle maniere dangetz la grandeur du ciel ne peult estre selon quil est dict mesuree ainsi que par experience il est eu par le navigations loingtaines . . .[47]
> Les experiences faictes par les navigateurs et voyages loingtains nous afferment et certifient ce que nous avons cy devant declaré de la rondeur, magnitude et situation de la terre.[48]

Et enfin sur difficulté d'établir la variation du compas:

> Car ils n'ont pas tant congneu les profunditez desdictes choses en ne bougeant dung lieu comme nous les pouvons congnoistre par les experiences des loingtaines navigations que nous faisons.[49]

Ses voyages restent donc une part importante de son savoir. La date la plus récente qu'il donne est celle du 1529 où il calcule théoriquement les coordonnées d'Ulm. Si comme le montre le Vicomte D'Eccles, ses calculs pour le voyage de Sumatra de Parmentier ne reflètent pas les bons chiffres, on peut tout de même relever que les détails montrent l'accès au livre des navigateurs dieppois.

Dans son traité *La Perle de Cosmographie* dédié à l'Amiral Philippe de Chabot, Sieur de Brion, maintenu disparu mais encore lu en 1712 par Guillaume de l'Isle, ce dernier rapporte que ce livre comportait le dessin d'un compas magnétique avec lequel il aurait trouvé le système de longitude. Dans ce rapport, Crignon aurait mentionné "la ligne de direction" entendons, la ligne où il n'y a pas de déclinaison de boussole. On peut seulement déduire, vu tous les documents perdus, que Crignon et Roze étaient en contact. Les autres relations de voyages se passent après 1539, certainement au Brésil, et certainement avec Nicolas Guincestre, marinier de Rouen sur La Madeleine.[50] Mais entre les années 1530–1539, Roze s'intéresse surtout aux activités commerciales. Il aurait voyagé et serait resté à Paris pendant deux ans pour étudier des problèmes nautiques:

> Et moy mesme ayant de ce faire le voulloir merveilleusement affecte y ay consomme plus de deux ans de mon temps qui na este sans auvoir grandes aprehensions aprochantes de raison et verite comme il me sembloit.[51]

Le *Boke of Hydrography* de 1542 a une épitre qui s'excuse de ne pas avoir inclu la carte marine. L'ensemble des cartes mondiales devait certainement être attribuée à l'origine au roi de France (Figure 31). Mais Roze y a ajouté des cartes détaillées de l'Angleterre et des noms anglais. Le texte préliminaire comporte une épitre dédiée à Henri VIII, des instructions pour les navigateurs en anglais. En plus des décorations et inscriptions et conseils, l'atlas affiche une carte de l'hémisphère du monde (Figure 32) portant l'inscription du roi Henri. Il semblerait que la provenance des cartes régionales ait été constituée ultérieurement et proviendrait de sources différentes. Les raisons pour lesquelles Roze expliquent la constitution de son atlas sont qu'il a pensé à une meilleure maniabilité:

> Apres avoyr considere le monde estre assez remply de cartes marines selon la maniere vulgraire, je maduisay pour le mieux deluy faire et drece ung livre contenant toute lidrographie ou science marine Pource quil nen auoyt par avanture encore veu de semblable. Et aussy pource quil seroyt plus utile et prouffitable et de plus grand esprit et plus ayse et facile a manyer et regarder que ne seroyt ugne longue carte marine de quatre ou cinq verges de long (Introduction).

Le livre est conçu comme tous les traités et les manuscrits de l'époque qui seront dédicacés au roi. Hautes en couleurs, comprenant les armoiries du roi, les bordures sont particulièrement soignées. Ce sont en général des rouleaux d'acanthe en or et bleu dont les fleurs naturelles viennent interrompre ces bandes cylindriques. Des oiseaux ou des vases s'ajoutent souvent à la décoration. La majorité des bordures est souvent à l'envers. Il se pourrait que Roze n'ait pas été sûr de la direction sur laquelle il allait s'appuyer définitivement. L'auteur a travaillé sur un modèle de grande carte qui devait pouvoir être étalé sur une table entière. De telles projections sont arrangées pour que leurs illustrations fassent face aux marges de façon à ce que les figurines de chaque hémisphère aient le dos tourné vers l'équateur. Selon la coutume de l'époque, les bordures ont été peintes bien avant la mise en place du dessin cartographique.

Ces bordures ont certainement une influence flamande (Figures 31 et 32) et sont plus démodées à l'époque que d'autres (Vallard). Il se peut aussi que Roze n'ait pas été aussi assuré dans le geste pour des liserés d'une telle envergure. Cependant, la décoration flamande révèle aussi le goût des manuscrits anglais de l'époque (illusionniste Ghent Bruges) ou le scribe Braban Peter Megne. Les cadres dorés qui entourent les armes royales et le badge sont du modèle de la Renaissance.[52] Le dernier folio de la carte illustre une sorte de tablette ornementée où dominent les couleurs or, brune et noire: une inscription en anglais souligne le paraphe de l'auteur. À noter la couronne royale du folio 31 du roi d'Angleterre et les cinq armoiries des cinq Tudors qui régnèrent sur l'Angleterre de 1485 à 1603.

En règle générale, les cartes occupent le verso d'un feuillet et le recto du feuillet suivant. La hauteur complète est de 590 millimètres et d'environ 575 millimètres sans compter les marges. Chaque carte régionale est la continuation de la suivante: ensemble, elles constitueront la carte du monde de l'époque. L'orientation de toutes ces cartes est sans exception Sud-Nord avec le Sud en haut alors que la mappemonde se trouve orientée Nord-Sud. Dans ses hésitations à orienter les cartes, Roze traduit l'instabilité des règles et des normes de dessin alors peu standardisées de l'époque. Sa démarche illustre aussi un souci très commun aux cartographes dieppois: celui d'être uniques par rapport aux autres géographes de l'époque dans leurs projections de calculs et de mises en scènes des roses des vents.

La carte I s'étend du 38° lat. N à 7° lat. S; elle comprend la côte occidentale du Pérou, l'Isthme du Panama, Cuba, les Indes d'Occident occupées par les Espagnols. La Floride, la Mer des Indes d'occident, Les Indes d'Orient et les Isles Moluques. Le tracé de la Floride ressemble à celui de Ribeiro (1529). Il semblerait qu'une carte portugaise ait été employée pour dessiner le cap breton (Harrisse). *Le Cabo Bretos* est une grande île qu'un long détroit semble séparer du continent. La nomenclature est difficilement lisible. Les Grandes Antilles sont placées à une latitude trop élevée de 3 degrés ou à peu près et les îles méridionales sont à environ 2 degrés au-dessous de leur vraie position.

La carte II figure les Indes orientales et s'étend de 25° lat. N à 19° lat. S. La mer des Indes orientales y est indiquée clairement, ainsi que la petite Jave, les Indes occidentales l'île de Trapoban (Sumatra). Les côtes bien découpées reflètent les voyages de l'époque. La faune et la flore y sont abondantes et souvent même luxuriantes. Les roses des vents sont mouchetées d'or et de différentes couleurs bleues et rouges; mieux représentées que dans la carte I, elles déploient avec force et conviction les directions des vents. Egalement ornementales, elles conduisent l'œil du lecteur vers d'autres horizons pour le faire rêver. Peut-être aussi est-ce un moyen pour Roze de convaincre les personnes qui vont voyager que les vents sont connus et ne présentent plus ou très peu de dangers. Au Sud de la petite Jave commence le continent austral: la grande Jave que nous mentionnions auparavant chez Desceliers.

La carte IV représentant le Sud et le Sud-Est de l'Afrique et Madagascar découpe un modelé bien précis dans les côtes et la représentation de l'Afrique telle qu'elle était connue à l'époque par les marins d'après leurs témoignages. Le réseau des rhumbs est indiqué par les nombreuses roses des vents assez petites et constituées de bleu et de rouge. Les précisions des fonds sableux ou dangereux sont marquées par de petits pointillés, et les plus grands dangers d'écueil par des pointillés plus longs. Certaines localisations sont en anglais et d'autres en portugais. Si Madagascar figure à la bonne latitude pour l'île, l'Ethiopie actuelle n'est pas située à la bonne place. D'ailleurs, cette notion de "l'Ethiope" recouvre encore au XVIe siècle une réalité mouvante. Beaucoup de cartographes l'amalgament encore avec le Sud de l'Afrique tandis que d'autres la proposent comme un territoire immense.

Un évènement important des voyages de Parmentier est aussi illustré dans cette carte. Il s'agit d'une rixe qu'ont vécu trois hommes du voyage de Parmentier de 1529 (Bréant, Jacques l'Ecossais et Vané) et qui est tracé sur la carte de façon très proche de l'incident raconté par l'explorateur (Figure 11). Ces trois hommes débarquèrent le 24 juillet 1529 pour ravitailler le navire mais furent massacrés avant d'avoir pu rejoindre leurs canoës. Cette péripétie est dûment classifiée sur la carte et montre les connaissances de Roze sur cette expédition. Pourquoi avoir choisi cet incident en particulier? Pour inciter sans aucun doute les nombreux voyageurs à faire attention, mais aussi pour représenter les détails quotidiens qui ont été perçus ou recueillis lors de nombreux voyages de Parmentier. L'auteur aime engager les personnages dans l'illustration de nombreuses vignettes relatant des évènements marquants ou sans précédent. En ce sens, il représente avec les autres cartographes dieppois un moment particulier dans l'installation de la forme d'anecdotes récentes, parfois "croustillantes" afin de titiller la curiosité du lecteur et futur explorateur. La normalisation des difficultés n'est pas une caractéristique des cartographes dieppois. En ce sens, ils démontrent une recherche particulière dans la représentation des figurines quelles soient celles des autochtones ou celles des explorateurs au cœur de la vie quotidienne. Cet instantané et ce "vécu" sont assez peu le souci des géographes de l'époque. En ce sens, ce phénomène éphémère aide à tracer des dates précises entre les journaux des expéditions et leurs relations avec les géographes de Dieppe et met en valeur les explorations dieppoises.

La carte VI trace la continuation de la côte occidentale d'Afrique depuis 9 degrés Sud jusqu'au 36ème degré de latitude un peu au Nord des Canaries. Modelés accidentés et régions côtières s'attèlent à montrer les détails des explorateurs normands et portugais de l'époque.

L'Europe et le Nord de l'Afrique sont les sujets de la carte VII. Une immense rose est située au sud du milieu de la carte. c'est sur cette carte qu'apparaissent clairement les noms de Norvège, les Iles Britanniques, Gibraltar, la Russie, la Mer Noire, La Méditerranée, la Judée, le Levant. Les latitudes courent du 66° lat. N. à 20° lat. S.

La carte suivante VII illustre les pays qui s'étendent de la Méditerranée occidentale aux iles britanniques et de l'Irlande. Carte plate et carrée, orientée avec le Nord en bas, elle n'a pas d'échelle de longitude; au centre s'inscrit une rose centrale dont la grandeur focalise l'attention. D'autres roses plus petites semblent tourner autour de la grande et indiquent les rhumbs. Elles sont au nombre de 16, mais deux restent invisibles dans le tracé. Possédant deux échelles différentes, l'une graduée de 29 degré à 74 degré et l'autre à l'est de 33 degré à 78 degré, la carte favorise à droite les latitudes en Europe. Les latitudes au Canada ne correspondent quant à elles à rien. Cette explication soulève le problème de la déclinaison magnétique. Quand un navigateur part de Dieppe vers l'Ouest, il devrait arriver à la même latitude s'il continue toujours sur le cap Ouest. Mais la déclinaison de la terre fausse ce calcul; le décalage de 4–5 degrés est ignoré dans ce dessin entre les deux échelles. Est-ce que les cartographes dieppois connaissaient cette déclinaison magnétique? Jean Roze dans l'étude de ces cadrans en parle. Il semblerait ici qu'il n'en ait rien fait. Soit par habitude, soit que le système de "secret" si cher à tous les explorateurs lui avait servi comme un atout pour éviter d'autres explorations (anglaises ou portugaises). La partie la plus étonnante de cette carte est le tracé du Labrador pointé vers l'Est, environ à 140 lieues de l'Islande. Il est difficile de comprendre si le territoire est celui de l'Amérique, ou si cette représentation est celle du Groenland. Il n'empêche que le résultat est assez frappant dans la distribution d'équilibre. Ce qui est aussi un enjeu caractéristique des humanistes.

La carte IX est celle du Golfe du Mexique et des régions adjacentes. Les noms de *La grande mer océane*, *Terre-Neuve où l'on va à la pèche*, *Terre de Floride*, *Cuba*, *Espagnolla*, *Yucatan*, *les Indes d'Occident occupées par les Espagnols*, *la côte du*

Pérou, les îles des Antilles figurent en français. Les latitudes reflètent les connaissances des expéditions de Cortez, Pizarro de l'époque.

La carte X comprend le Brésil et une partie de l'Afrique. Les latitudes vont de 36° N à 11° S. A signaler *la Côte de Jaloffe* en Afrique, les *Canaries*, les *îles du Cap Vert*, les îles des Antilles et la *côte des Cannibales*.

Enfin, après toutes les cartes régionales s'étale la mappemonde de Roze (Figure 32). Elle représente la première carte dessinée au monde sur deux hémisphères. Elle témoigne d'une bonne connaissance géométrique de l'auteur dans l'appréhension des calculs et dans la représentation spatiale "à plat" des contours sphériques de la terre. Chaque partie de la mappemonde est limitée par un cercle méridien de longitude 90 degré à gauche et 270 degré à droite. Deux diamètres consécutifs figurent l'équateur. Des arcs en cercle passant par les deux pôles figurent les méridiens et les parallèles. Huit échelles la traversent; une échelle de longitude pour l'équateur, six de latitude (quatre au pourtour et une sur chaque méridien central), et une échelle de longueur en haut. Cette projection appelée "de Nicolisi" ou encore "globulaire" correspond plus à une composition géométrique qu'une projection mathématique. Cependant, la précision de la représentation de ces deux hémisphères sera souvent utilisée par les cartographes car elle est assez facile à construire. Les vents sont représentés de façon traditionnelle en dehors de la carte par des chérubins dont la chevelure est souvent entourée d'un tourbillon de bleu soit aux alentours du visage, soit comme collerette pour montrer leur variété et leur importance. Les arabesques teintées de bleu, de rouge et d'or alternent avec des dessins de fleurs bleues, orangées et vertes. Cette décoration particulière typique de l'époque se démarque d'autres illustrations dans l'enchevêtrement de ces deux thèmes et concoure à un effet d'optique particulier qui accentue la sphéricité de la terre et par contraste son environnement.

L'intérieur des deux hémisphères reprend toutes les données que Roze a employées dans ces cartes régionales. Divers bateaux (caravelles et galères) sont plus nombreux dans la représentation du nouveau monde et sillonnent allégrement les mers.

La partie orientale de l'Amérique du Sud ainsi qu'une petite partie de la côte occidentale au-dessus du détroit de Magellan est indiquée à la carte XI. Les latitudes australes s'étendent de 6 degré à 52 degré et tracent un modelé particulier proche des connaissances qu'a laissées Magellan.

Voici la liste des cartes:

Nombre	Carte
7v-8v	L'Amérique et l'océan pacifique
9v-10r	L'Asie du Sud-Est et l'est de l'océan Indien et du cape Comorin
11v-12r	L'Océan indien de l'Inde à l'Afrique
13v-14r	L'Afrique du Sud est et Madagascar
15v-16r	L'Afrique du Sud
17v-18r	L'Afrique de l'Ouest
19v-20r	La mer noire, la Méditerranée et l'Europe
21v-22r	L'océan Nord atlantique
23v-24r	L'Amérique du Nord et du centre
25v-28r	L'Amérique du Sud
29v-30r	Le monde et ses deux hémisphères

Jacques Vau de Claye

On ne connaît pratiquement rien sur la naissance, la vie et la mort de ce cartographe. On sait cependant qu'il fut un cartographe de l'école dieppoise et selon Anthiaume[53] certainement protestant. L'une de ses cartes est dédiée à Philippe Strozzi, seigneur d'Epernay, cousin de Catherine de Médicis.

Depuis 1560, la France voulait en effet reprendre le littoral du Brésil dont elle avait été chassée. Elle s'allia avec Dom Antoine, prieur du Crato qui voulait évincer Philippe II d'Espagne de ces territoires. Dominique de Gourgues fut alors choisi en premier lieu comme amiral de la flotte franco-portugaise pour reconquérir ces territoires. Ce dernier s'était en effet illustré contre l'Espagne en vengeant, à titre privé, le massacre des Français de Floride par Mendenez de Aviles en 1563. Il fut néanmoins vite remplacé par Strozzi. La flotte française fut malheureusement coulée en grande partie aux Açores. Strozzi fut capturé et exécuté. Philippe II conquit ces territoires l'année suivante. La France, quant à elle, abandonnait bientôt tout velléité de retour au Brésil après l'échafaudée des frères Razilli et de la Ravardière de 1612-1615.

La carte du Brésil élaborée en 1579 se trouve à la BnF. Une belle copie manuscrite réside au Château-Musée de Dieppe (Figure 33). Elle est très influencée par les informations recueillies par Jean De Léry dans son *Histoire d'un voyage faict en la terre du Brésil* de 1578 et celui de Nicolas Durand de Villegagnon de 1524. Ces territoires français du Brésil étaient situés autour de la baie de Guanabara et du fort Coligny. La carte mesure 59 cm de large et 45 cm de haut en présentant une orientation Sud-Nord. Comme bien des cartes des cartographes normands (Vallard, Desliens, Desceliers,) le Nord est orienté en bas. Elle s'étend de 0° à 13° 1/3 lat. S, et en longitude de 4° à 13°. Chaque degré sur l'échelle des lieues vaut 17 lieues 1/2. La carte ne pose ni méridiens, ni parallèles. Elle se base sur une grande rose des vents et trois roses au Sud, deux au Nord et plusieurs centres de roses à trente-deux rhumbs. Elle est cependant bien utilisable pour les marins en raison de ses dimensions, du relevé précis des sables, des hauts-fonds, des écueils et des baies où il est possible d'accoster.

Les tracés des côtes soulignent particulièrement bien les influences portugaises des portulans de l'époque et offrent une bonne visualisation du modelé des côtes.

De nomenclature française, la carte est dessinée pour être utilisée par des marins français, elle revendique les aspirations territoriales en fournissant dans les lieux commentés par des légendes des précisions sur le pays; ainsi l'or, l'ambre gris, le coton, le sucre et le bois sont nettement indiqués. Des zones encerclées (des sortes de bulles) définissent les nombreuses activités commerciales: le bois *brasil* est transporté de la forêt vers la côte, des indications de "trafic d'oiseau" sont indiqués avec des dessins précis. Différentes espèces de singes et de perroquets soulignent les multiples activités commerciales et les rendements lucratifs.

Il s'agit aussi d'une carte humaine où est présentée l'anthropophagie des Tupinambas: autour d'un boucan (le grill), des Indiennes s'affairent. Sur le grill trônent des parties de chair humaine. Le cartographe raconte par l'image le sort des prisonniers de guerre arrêtés par les Tupinambas qui étaient souvent engraissés (Figure 49). Après un séjour de quelques mois ou de quelques années ils se voyaient tués (même s'ils avaient été mariés) et dépecés. Les Normands connaissent ces rites. Ils sont aussi expliqués par Hans Staden dans ces voyages de 1557. A noter également plus loin sur la carte une vignette sur les Amazones qui sont représentées l'arc à la main près de l'embouchure du fleuve à côté d'un village. Le mythe du Moyen Age rejoint alors les fantaisies de l'auteur. D'autres amazones sont décrites à Maranon. Sur la foi de renseignements obtenus auprès des indigènes, ou surpris par la vaillance des Indiennes qui combattaient virilement, les Européens firent appel aux souvenirs de la mythologie grecque et n'hésitèrent pas à les mentionner souvent dans les récits (tels Pedro de Ciezo de León au Pérou, Christophe Colomb ou Nuno Guzmán pour ne citer qu'eux). Vau de Clayes se joint à eux dans l'élaboration de ces figurines.

Le passage suivant issu de Pedro de Heredia, gouverneur en 1532 de Cartagena fait les remarques suivantes sur les indiennes de *Tierra Firme*:

> Dans ce pays, les femmes qui ne souhaitent pas se marier ont l'habitude de porter l'arc et les flèches comme les Indiens. Elles vont à la guerre avec eux et préservent leur chasteté. Elles sont capables de massacrer sans pitié tout Indien qui oserait leur demander le don de leur corps ou de leur virginité.[54]

À cette description des amazones, se joint la présentation de la flore et la faune: les oiseaux et leurs plumages sont localisés et examinés. Cette carte semble aussi suivre l'itinéraire de Colomb et de Jacques Parmentier puisque la terre de Saint Domingue y est nettement représentée. La rivière à Saint Domingue est bien tracée et délimite de façon catégorique les territoires portugais. Le but de cette figuration serait-il belliqueux? Ou simplement celui de montrer l'influence des pays voisins et l'importance des territoires à connaître? Rien n'est moins sûr.

La carte de la baie de Rio

Egalement située à la BnF, cette carte recouvre les dimensions de 31 cm de large et s'étend sur 67 cm de haut. Comprenant la région méridionale du littoral, elle a pour but de renseigner les futures expéditions et les explorateurs. Graduée de 0 à 4, elle comporte une fleur de lys indiquant que le Nord se trouve à droite. Elle ne contient qu'une rose des vents. Une banderole alambiquée porte l'inscription suivante "le vrai pourtraict de Geneuvre et du cap de Fire."' Ceci atteste d'une francisation des mots portugais *Janeiro* (découvert un premier janvier par les Portugais) et *Cabo Frio* (Cap Froid). On peut y relever des repères pour la navigation, des indications militaires et économiques. Ainsi, certaines îles proches seront décrites comme "île fort haute et se montre en forme de selle de cheval" ou encore "se montre en forme de maison." On relève la possibilité d'accoster et on souligne les éventuels dangers dans l'inscription "il est fort étroit." Un fort est installé à l'entrée de la rivière. Il s'agit du fort de Villegagnon: ceci fait référence à son entreprise éphémère en 1555 pour y installer une colonie (Figure 34). Villegagnon était en effet parti pour établir une colonie protestante. Le Testu était pilote, Thevet y participa (en ne restant cependant que quelques semaines au Brésil car il était tombé malade). Ce fort baptisé Coligny en hommage à leur protecteur protestant, fut lui aussi abondamment décrit. Jean de Léry faisait lui aussi partie du voyage. Les dissensions théologiques qui se produiront et la "tyrannie" (Léry) infligée aux personnes ainsi qu'une mauvaise gestion finirent par affaiblir ce fort et la colonie disparut en 1560 lorsqu'elle fut massacrée par les Portugais.

Jacques de Vaulx

Issu du mariage de Jacques de Vaulx capitaine de navire à Jeanne Vymont, il est le cinquième enfant de la famille et apparenté aux familles importantes de la région du Havre. Il serait né entre 1555 et 1560 (aucun acte d'acte civil n'est disponible). Il mourut certainement en 1597. Comme Guillaume Le Testu, il exerce les fonctions de pilote royal "cosmographe et pilote entretenu par le Roy en sa Marine" quand il épouse Françoise Plaimpel le 30 avril 1584.

Cette même année, l'amiral de France, le duc de Joyeuse, lui confie la mission sur le navire du capitaine Guillaume Le Hericy, seigneur de Pontpierre pour explorer le fleuve des amazones. Si comme le souligne bien l'Abbé Anthiaume les archives de la famille fluctuent sur l'existence de ce voyage et semblent contenir certains documents montrant la véracité de ses dires, il semble que les années 1586 et 1587 marquent un moment important dans sa carrière. Le titre de "pilote et maistres de navyres" figure bien dans les trésoreries.[55] Mort en 1597, il avait acquis avec son frère plusieurs immeubles qu'il tenait de ses parents ainsi que deux maisons au Havre et une partie du navire nommé à son nom.

En 1583 il écrit ses *Première œuvres* et dessine en 1584 une carte du Nouveau Monde. Ces travaux placèrent très vite Jacques de Vaulx au premier rang des cartographes, et hydrographes du XVIe siècle. L'abondance de ses miniatures en fait un homme important dans la configuration de l'École cartographique de Dieppe. Son ouvrage signale "plusieurs démonstrances, reigles praticques, secrez et enseignementz très necessaires pour bien et seurement naviguer par le monde, tant que en longitude que latitude."[56] Ce livre connut un réel succès. L'auteur y explique comment construire des cartes à partir du système des roses des vents. Il encourage l'utilisation des canevas en deux hémisphères montrant ainsi ses bonnes connaissances mathématiques et le savoir d'Alberti. Ce canevas permet ainsi de mieux mesurer les distances. Une inscription en latin montre l'importance de Dieu sur la couverture: "Qui descendant mare in navibus . . . ipsi viderunt opera Domini." ("Ceux qui s'en vont sur la mer dans les navire, sont les seuls à voir les œuvres du Seigneur.") On y voit les armoiries du duc de Joyeuse, ainsi que quatre miniatures qui représentent des navigateurs en train de faire des observations, soit avec le bâton de Jacob soit avec la sphère armillaire, soit avec une carte marine qu'ils focalisent sur une espèce de sablier et une sphère stéréographique sur l'horizon de Paris ou même du Havre. Au centre de tout cela trônent deux galions et un troisième bâtiment. La date est figurée de manière assez solennelle. Un ange est placé au-dessous de l'inscription: il tient une banderole où on peut lire "Par l'ouvraige l'on peut congnoistre quel est l'ouvrier" qui pourrait se traduire par "C'est à l'œuvre qu'on reconnaît l'artisan."

Dans ce livre, Jacques de Vaux commence par s'excuser auprès de l'amiral pour lui présenter une telle œuvre. Il lui demande de garder un œil bienveillant sur le travail. On peut tout suite lire que J. De Vaux essaye d'être honnête. S'excusant de sa hardiesse sur "ce petit traicté et sur "ce petit labeur," il manifeste sa soumission, "reverence et obeissance," et soumet cet ouvrage pour de "futurs pilotes et navigateurs."

Au folio numéro I, Jacques de Vaulx présente la théorie connue des anciens sur la figure du monde. La terre, placée au centre, se trouve entourée par l'eau, le feu dans des cercles respectifs. Puis, onze cercles viennent s'inscrire (la lune, Mercure, Venus, etc.).

Le folio m V°. s'intitule "Figure de la pomme ou globe de la terre" et se concentre sur un cercle qui représente le globe terrestre (Figure 35). Sur la partie droite, on y aperçoit le Nouveau Monde. L'Europe, l'Afrique et la Mer Rouge y sont représentées comme il se doit à l'époque: on y discerne également une *Terre Australle* vers le 60 degré de latitude. Le pôle est également placé, et a une certaine distorsion. Ce folio est particulièrement intrigant car il fait figurer plusieurs voyageurs. Ainsi au pôle Nord, on y trouve *Pericii*, au pôle Sud *Anthipode*, au 45° lat. N *Hetheroscy*, au 45° lat. S *Anthocsy*. Sur l'équateur figure *Anthipode de son contraire*. À gauche, au 45e degré de latitude boréale *Periosii* est noté et au 45e degré de latitude australe *Nostre anthipode*. Le point de vue est représenté à l'infini dans le plan de l'équateur. La place et l'énumération de ces voyageurs soulignent l'interaction entre ce qui est dessiné et les actions faites par les découvreurs qui exploraient les quatre coins du monde pour faire découvrir de nouveaux territoires et de nouvelles possibilités économiques. Les folios qui suivent illustrent aussi des éléments techniques comme celui du folio VI V°, "où les éclipses du soleil, et les théories des vents sont clairement indiquées."

Arrêtons nous en particulier sur deux folios. Le folio VIII: tout d'abord la carte comporte une rose centrale (Fiugre 14). Ensuite y figurent à égale distance huit autres roses d'où partent trente deux rhumbs. L'auteur indique la manière dont on doit les tracer afin de pouvoir connaître la location des terres les unes par rapport aux autres. La beauté de ces roses est un élément non négligeable: elles reflètent le goût du détail de l'artiste et montrent aussi un élément déterminant dans les plans des cartes dieppoises. Que ce soit Desceliers, Desliens, ou Guillaume Le Testu, ces éléments accentuent la qualité du travail des cartographes dieppois. Elles constituent une base commune facilement repérable et reconnaissable de cette école.

De la même façon, les folios VII V°, le folio VIII r° et le folio VI V° sont un moment important dans l'élaboration de la carte marine, la navigation et les utilisations de quadrant, de l'astrolabe et l'arbalète (Figures 14,15,16). Comme Roze, ou Desceliers, De Vaulx révèle dans la "composition des cartes marines" du folio VI V' un ensemble de données pour établir la latitude et la longitude: cette dernière se voit déterminée par le croisement de deux lignes perpendiculaires qui représentent le méridien et le parallèle du lieu donné. En ce qui concerne le folio VII V°, le cartographe explique des données sur les observations de navigation et fait état des navires, qui détournés et entraînés à la dérive par des tempêtes ou courants ont des "dechets" ou "tumbe." Les folios X I' et XV I' soulignent bien des astuces pour construire un cadran qui permettra de trouver l'heure dans n'importe quel endroit dans la mer. Le folio représentant l'astrolabe est clair, bien qu'il ait été réduit à un seul cercle de hauteur suspendu par une boucle et deux petites pinnules pour la visée.

La description et l'usage de l'arbaleste (ou bâton de Jacob) (Figure 16) illustrent de façon pratique l'utilisation de cet instrument au folio XVI r° et XVI V°: on peut voir un homme habillé à la mode de l'époque qui tient l'arbaleste et mesure une étoile.

Dans la suite des folios, on peut noter en particulier le souci de dépeindre des navires (folio XX r°, folio XXI r° et folio XXIII r°). Ils sont à la fois très précis et montrent une véritable fascination de l'artiste pour ces modes de transport. Ils représentent également un élément nouveau dans cette école de Dieppe: si presque tous les cartographes ainsi que les Dieppois insèrent les différents vaisseaux sur les mers et dans leurs cartes, Jacques de Vaulx consacre plusieurs croquis et miniatures aux dessins et plans de ces navires, soulignant leur importance.

D'autres folios méritent également toute notre attention sur le découpage terrestre. Ainsi le folio XXV r° représente les côtes de l'Europe. Le lecteur est surpris de ne voir ni échelles, ni latitudes, ni rhumbs. Bien que le cartographe nous ait savamment expliqué auparavant comment les faire et les calculer, l'omission de ces éléments importants n'est pas le seul: l'absence de fleuves ou de montagnes soulève trois hypothèses: soit la carte n'était pas finie (ce qui est assez peu vraisemblable,) soit l'insertion des détails ne devait pas être connue, soit l'intérêt de l'auteur se portait plus sur la marque de nouvelles villes telles que Havre-de-Grace et se focalisait sur les villes du nord-est moins connues (Tréport, Dieppe, Saint-Valleri, Fescamp).

Les folios XXVI et XXVII sont construits en suivant une projection stéréographique méridienne. Il s'agit d'une projection orthogonale sur le plan d'un méridien: le centre de la carte devient le point de longitude 90 degré, le point de vue V est le point de l'équateur de longitude 270 degré et une demi-sphère se voit mise en place à l'opposé. La carte XXVII complique les données en posant la projection stéréographique en oblique.

Le folio représentant le Nouveau-Monde et les mers environnantes comprend la côte occidentale de l'Amérique Est. Comparativement à celle de Desceliers ou celle de Roze, elle est esquissée avec moins de détails côtiers. Entre le tropique du Capricorne et le détroit de Magellan, l'arrondi est surfait. Le mot "Mer rouge" inséré dans le golfe de Californie surprend: la mer s'étend environ du tropique du Cancer au 30e latitude boréale. Plus au Sud, la dénomination "Terre Australe" apparaît ainsi que une "Terre incogneue." Comme Desceliers, de Vaulx imprime "Terre de labeur" pour les régions septentrionales du Canada, et une "mer glaciale" est également figurée avec encore plus au Nord la dénomination de "Habitation des Anciens."

Le folio XXXVII r° représente un moment privilégié dans la révélation des terres du Brésil. Ce dernier a le nom de France Antarticque (Thevet n'est pas loin et Gonneville semble avoir été oublié) et entre l'Amérique et l'Asie un détroit nommé "de Anian" prend bonne place dans la nomenclature. Les folios XXVIII V° et XXIX r° montrent une carte avec des galions qui courent les mers du Nord au Sud. Jaques de Vaulx indique "Par ceste carte marine ensuyvante est demonstré plusieurs contreez, regions et ports maritymes d'une partie des terres de l'Europe, Africque et Americque." Cette carte diffère un peu de celle des autres puisqu'elle insiste surtout sur le Nord-Sud donnant un axe connu et reflété dans beaucoup d'atlas pour la navigation. Elle inclut de nombreux ports de mer, les latitudes et les longitudes et prouve être ici plus un instrument à utiliser à court et moyen terme en fonction des connaissances de l'époque.

Cette œuvre particulière de Jacques de Vaulx ne saurait être toute entière si l'auteur, en bon humaniste, ne terminait son propos par quelques vers. Il suit ainsi Parmentier dans ses élans et ses réflexions sur la mer.

> Le Monde, par poidz et mesure,
> Tout son comprins se mesure;
> Par mesure, par membre et poidz
> Tout est mouvé par contrepoidz.
> Par poidz, par mesuire et par nombre
> Le tour de l'univers se nombre,
> et n'y arien en nulle part
> Qui ne retourne dont il part.
> Les Cieulz tournants desur leurs deux poles fermes,
> Lune, Soleil et Astres differentz,
> Nous font sçavoir les temps, les ans et termes,
> Heures du jour et les mots differentz;
> Et tous ses cors sont assis dans leurs rens
> Pour donner fruictz, challeur, vye et lumyère,

Le tout fin de louer en tout temps
L'Autheur de tout et la cause premyère.[57]

Il existe par ailleurs une autre carte qui se trouve à la bibliothèque nationale de Jacques de Vaulx de 1584. Dans cette dernière, l'auteur y inscrit la note suivante: "Ceste carte a esté faicte par Jacques de Vaulx pilote entretenu pour le Roy en la Maryne, au Havre, 1584." Ceci souligne de nouveau l'étroite collaboration entre le cartographe et le roi. De plus, un blason aux armoiries de l'Espagne surmonte une couronne, elle-même soutenue par deux lions: elle indique l'importance du roi de l'Espagne et leurs découvertes. On trouve le même écu dans la région des *Neufves Espaignes.* Nous avons pu constater que l'ensemble de l'Amérique est gradué à partir d'une rose de trente-deux vents. Sur la carte elle-même, sept roses aux couleurs vives sont dispersées sur la carte. Les côtes y sont mieux reproduites que dans l'ouvrage de 1579. On peut y noter une meilleure orientation de l'Amérique du Sud qui se termine par le Brésil et la rivière du Panama. Comme pour son traité, l'auteur insère également des rubriques sous forme de ruban sur la carte pour l'utilisation des outils (un compas). Le lecteur peut ainsi lire: "Ici sont les mesures des lieues marines de quoi l'on peut mesure le contenu de ceste carte."

Il existe aussi une autre carte (également à la Bibliothèque nationale) de 1584 avec de légers changements. La carte du monde de l'Amérique met en valeur la moitié d'un planisphère. Elle se trouve complète à l'Ouest où la "mer rouge" de Californie tient lieu de frontière et va jusqu'à la côte des "Patagons" tronquée au Brésil et au Labrador. Le drapeau fleurdelisé occupe une place dominante sur toutes les nouvelles contrées: il flotte sur la "Nouvelle France" entendons par là les Etats-Unis. L'écu de la Castille et les "neufves timbres d'Espagne" dominent sur les contrées du Pérou et de certains pays d'Amérique du Sud. Le Brésil ne comporte aucun logo ou drapeau: ceci souligne la bonne connaissance de l'histoire de notre auteur qui savait qu'il n'y avait aucun Portugais à l'époque sur le territoire. Pourquoi une telle carte politique?

On peut y saisir immédiatement les rixes des deux vice-rois qui voyageaient en Amérique du Sud et en Amérique du Nord pour satisfaire les appétits grandissants de Catherine de Médicis qui avaient des visions expansionnistes sur les domaines portugais.[58] Une bannière aux armes des Strozzi semble surplomber l'ensemble. Ce cousin de la reine devait conduire une expédition en terre conquise par les Portugais. Une des inscriptions de la carte ne met d'ailleurs pas en doute le caractère guerrier de l'aventure; "Voilà les sauvages qui font la guerre aux Portugais." Une deuxième carte faîte également en 1579 montre les contours très nets et bien répertoriés de Rio de Janeiro. Là encore, de nombreuses inscriptions à caractère militaire y sont posées. "Voici par où il faut prendre Janeiro." Ainsi on peut voir que la reine Catherine participa à l'élaboration et la constitution d'une collection de cartes dans sa bibliothèque. Elle en commanda plusieurs.[59] Cependant, si cette carte fut un des éléments de préparation pour la conquête de ces territoires tant désirés par la reine, elle ne connut pas de suite. En effet les Strozzi furent vaincus aux Açores et le projet fut tout simplement enterré.

Nicholas Vallard

On ne connaît pas la date exacte de sa naissance. Né au Havre, il collabore très vite à l'école de cartographie de Dieppe et publie un atlas de cartes des continents de 1547. L'atlas a pour titre "Nicholas Vallard de Dieppe dans l'année 1547," et comporte au-dessus de cette inscription une devise "Dieu pour espoir."

Il comporte notamment 15 cartes nautiques, des cartes de déclinaison bien cataloguées. L'auteur expose, en quatre feuilles avec des dessins "Le Regime et Gouvernement du Soleil." Deux feuillets de table complètent son explication. Ces pages sont saturées de détails et de calculs comme beaucoup de cartographes aiment le faire. Il faut comme nous le souligne Tom Conley[60] lire et obtenir les informations d'un seul coup d'œil, mais aussi être précis. À noter que dans cet atlas, les bords de certaines cartes ne comportent pas de "frise" ou de décoration donnant une explication. Quand elles le font comme aux folios 5 et 11, ces dernières représentent des images et historiettes sur l'Europe comme un souper sur le côté gauche du folio 5 ou pour le folio 11, une femme au drapé grec. Les couleurs y sont chatoyantes et rehaussent encore les dessins des cartes. Les éléments du monde connu sont représentés avec une singulière vivacité nerveuse et découpée comme un grillage. L'espace de ces miniatures résiste à la fiction du creux, et les formes se nourrissent de reliefs légers. Un artifice de l'espace est déployé, et les êtres se meuvent à l'intérieur de cet espace. Ils conservent leur ligne ornementale sinueuse, à la façon ondulatoire de danseurs dans un équilibre des corps qui montre une influence de la perspective.

Comme les autres cartographes dieppois, Vallard trace la partie septentrionale de l'Europe (Figure 36). Si les Normands n'ont pas voyagé dans ces régions, ils empruntent beaucoup à certains récits comme ceux d'Adam de Brême au XIe siècle, ou Albert le Grand au douzième, à certaines cartes comme la carte catalane de 1375, ou celle de André Bianco de 1436. Nos cartographes vont ici se diviser en deux camps pour la représentation septentrionale de l'Europe; soit comme Desceliers ou Roze, qui emprunteront les derniers contours connus de Dom Nicolas de Martin Behaim de 1492 et auront tendance à représenter une mer dirigée de l'Ouest à l'Est, soit comme celles de Vallard de 1546 qui seront un peu plus précises et porteront les dernières connaissances enregistrées.

La nomenclature de la carte est en latin pour la partie septentrionale. La mer Baltique est nommée en latin *maree germanicum*, mais la nomenclature pour le Gothland est écossaise; *Got Landa*. La Scandinavie est une formation d'îles. Elle est étirée dans le sens des parallèles terrestres et aplatie du Nord au Sud indiquant ainsi une réminiscence ptoléméenne. Au Nord de la Scandinavie existe un continent nommé *Groullande*. On voit L'ile d'Islande de façon très nette; elle comprend de multiples échancrures sur les cartes. Le Groenland est représenté en partie comme une espèce de grande presqu'ile comme Desliens. Elle est située environ à la hauteur du 71e degré environ et dirigée vers l'Ouest et semble rattachée au continent de la Russie. Cette carte reflète les nombreuses avancées des Normands dans la région quand ils parcouraient au XVe siècle ces régions par la Baltique pour des raisons de sécurité.[61] Mais elle ne comporte pas beaucoup de détails pour l'intérieur du pays et son tracé reste très imparfait. La figure des rois et des empereurs est souvent soulignée ça et là sans pour cela être trop spécifique sur les lieux. Cependant la richesse des détails des habits démontre l'écoute des histoires racontées par les explorateurs sur ces royaumes et le *livre des Merveilles* de Marco Polo.

Pour la partie septentrionale de l'Amérique, Nicolas Vallard—comme les autres cartographes dieppois—sépare bien l'Asie et l'Amérique. Le Labrador est en fait le Groenland pour nous. La région et l'entrée des détroits de Davis et Hudson environ à 60 degrés de latitude sont caractéristiques de l'époque. Le mot *Terra nova* s'applique à la fois à Terre-Neuve et au Labrador. Les noms sont mi-français, mi-portugais. Le tracé de cette carte rappelle celle de Desceliers, mais les nombreuses îles sur la côte du Labrador (St. Croix, Facial, Lopez, etc.) ressemblent aussi certainement à la carte de Cabot de 1544. Cette carte est riche en représentations humaines, florales et animales dont nous discuterons au chapitre suivant (Figure 37).

Les cartes de La Nouvelle France représentent de façon très précise les côtes du Canada. La venue de l'explorateur Jacques Cartier en 1534 puis de son deuxième voyage en 1538 et enfin avec Roberval en 1541 sous de François Ier a permis le développement et la réussite de tous les renseignements soigneusement enregistrés par Vallard. Ce sont en effet non seulement les informations notées de Cartier, mais aussi les commerçants et les missionnaires qui vont donner beaucoup de détails aux matelots et maîtres des navires. La représentation du territoire canadien est alors précise (Hochelaga, Québec).

Comme Desceliers, la rose des vents et les lignes de rhumb circulent dans les cartes attestant de l'importance des découvertes et d'une utilisation raisonnable et demandée des marins et des explorateurs. Ces cartes renvoient également aux voyages de Marco Polo et de ses récits dans une abondante exploitation des détails et des caractères quelquefois fictifs africains et européens. Le manque de longitudes est bien réel comme chez Desceliers (1550). Il est à noter que dans la carte particulière du neuvième folio, la représentation des roses est placée en arc, contribuant ainsi à donner les lieux. Cette dissémination des roses donne aussi un effet esthétique important pour l'ensemble de la carte. Le regard circule sans jamais se fixer. Les arcs ou les objets souvent émancipés des lois de la perspective sont des traits d'union plastique entre les personnages voulus archétypiques de l'univers connu.

La région du centre de l'Amérique est nommée *Le Cap aux Bretons* et devient une longue péninsule irrégulière. La région qui se situe entre la Floride et le Cap aux Bretons se nomme la *Nouvelle France.*

L'Amérique centrale est bien détaillée grâce aux découvertes de Colomb. Mais on pourrait y voir aussi l'influence de Parmentier et de son premier voyage. Les îles sont bien répertoriées et sont peintes en rouge et en bleu pour bien montrer les rivages et les problèmes pour y accoster.[62]

À noter que la représentation du Brésil est succincte dans le folio 6, car la place dévolue aux roses des vents et les calculs semblent être plus importants pour l'utilisation pratique. La nomenclature de la côte est de nature portugaise avec quelques noms français.

La représentation de l'Afrique est bien délimitée pour les contours de l'époque dans le feuillet 4 et le feuillet 5 (Figure 38). L'accumulation des voyages des Portugais, des Espagnols et des Français donne un tracé costal précis. On peut dire que le tracé de Vallard illustre bien toutes les influences que ce soit celles de Ptolémée, de Ribeiro ou celles de l'Antiquité. À noter que Madagascar est représentée au 6e feuillet de façon très caractéristique, soulignant aussi les expéditions normandes de l'époque et le continent de l'Afrique qui va bien jusqu'au Cap de Bonne Espérance.

Le continent austral comme dans beaucoup de cartes marines de l'école de Dieppe est mis en valeur. La carte (Figure 39) souligne bien la grande quantité de terre, représente Java la Grande, située au sud de Java: elle est bien séparée par un détroit (ce qu'on nomme maintenant L'Indonésie). La ressemblance avec la carte de l'Australie soulève bien sûr la controverse sur les exploits des Portugais qui ont dessiné la côte Est de l'Australie deux cent ans avant le premier voyage de Cook. En effet, les Portugais furent actifs dans cette zone depuis les années 1511, et débarquèrent à Timor en 1516.[63] Il est aussi probable que les informations relatives à la Grande Jave rapportées par Pierre

Crignon après son voyage à Sumatra de 1529–1530 aient contribué à ces questions d'authenticité. En effet, Pierre Crignon ne donne aucune indication sur la provenance de la carte utilisée. Etait-elle portugaise? Et qui l'avait faite? Le mystère demeure. C'est en 1786 qu'Alexandre Dalrymple fit connaître ces cartes comme preuve de découverte des territoires australiens par les Portugais dans une courte note de ses mémoires, *Memoir Concerning the Chagos and Adjacent Islands.*[64] On considère encore de nos jours que "Java la Grande" pourrait être une erreur de calcul des cartographes dieppois qui avaient assemblé les informations des Portugais. D'autres chercheurs (comme Helen Wallis) considèrent que les informations collectées par Jean Parmentier durant son voyage de 1529 et de son journal que nous commentons et expliquons au chapitre deux serait une base décente pour établir des cartes de Java.

Quelques soient les convictions du lecteur, il est bon de rappeler non seulement les auteurs controversés sur les découvertes portugaises de l'Australie et de leurs interprétations alternatives de "Java la Grande,"[65] mais de souligner aussi que l'état de ces cartes témoigne de connaissances techniques pointues pour l'époque. Même si ce n'est pas une représentation de l'Australie, certains détails de côtes restent très proches de la configuration du continent aujourd'hui. Ces cartes sont dans la veine des tracés de Ortellius, Oronce Finé et Johannes Schoenerl de l'époque. La liste des cartes se déroule ainsi:

Nombre	Carte
1	Java (2)
2	La Péninsule malaise et l'Inde
3	Java
4	L'océan Indien, lArabi, la Mer Rouge et l'Afrique
5	Madagascar et l'Afrique jusqu'au Cap de Bonne-Espérance
6	Le Sud de l'Atlantique avec l'Afrique occidentale et le Brésil
7	Le Nord-Ouest de l'Afrique, le Maroc, une partie de l'Espagne avec les îles du Cap Vert, les Canaries et les Açores
8	L'Europe depuis l'Afrique occidentale jusqu'au Groenland (en partie) et l'Islande, la mer Noire et la Russie
9	Le Canada, Terre-Neuve et le littoral oriental de l'Amérique du Nord (3)
10	La Neufve Espagne, la Floride, Mexico, l'Amérique centrale et une fraction du Nord de l'Amérique du Sud
11	Le Brésil et l'Amérique du Sud jusqu'au Cap de Frio
12	Le vrai Brésil, l'Amérique du Sud depuis le détroit de Magellan jusqu'au Rio de Plata

13	L'Angleterre, l'Irlande, l'Ecosse et le Sud de l'Europe jusqu'à la Germanie
14	L'Adriatique sillonnée de galères
15	La Mer Egée et les Dardanelles

Cette description indique une bonne organisation des continents et les met en valeur. Cette organisation, assez traditionnelle est un écho à la liste de Desceliers ou Roze. C'est aussi un hommage à la description de Ptolémée et une indication que les cartographes dieppois se rangent aux avis les uns des autres dans la constitution de leur géographie, sans pour autant afficher une "copie" dans leurs représentations de la flore, la faune ou celle des individus. Ils sont uniques et en tant que tels auront tous des choix de "passage" des connaissances comme nous l'avons vu dans ce chapitre.

Cette étude ne serait pas complète si nous ne mentionnions pas les cartographes dont les œuvres sont perdues. Leur importance n'est pas négligeable à l'époque. L'influence des armateurs, et des explorateurs normands du XVIe siècle sont aussi à examiner: tous participent à mettre en valeur cette école cartographique. La spécificité de ces cartes normandes et de ces personnages reste à découvrir.

NOTES

1 C. Scheffer, éd., *Le Voyage d'Outremer de Bertrandon de la Broquière premier écuyer tranchant et conseiller de Philippe le Bon, duc de Bourgogne (1432–1433),* dans *Recueil de voyages et de documents pour servir à l'histoire de la géographie depuis le xiiie siècle jusqu'à la fin du xvie siècle* (Paris: 1892), t. 12.

2 Jean de Mandeville, *Voyage autour de la terre* (Paris: Les Belles Lettres, 2004).

3 Abbé Anthiaume, *La science astronomique et nautique au Moyen Age chez les Normands* (Le Havre: 1919).

4 Charles Bréard, *Le vieux Honfleur et ses marins, biographies et récits maritimes* (Rouen: Imprimerie de L. Gy, 1897).

5 Abbé Anthiaume, *La science astronomique et nautique au Moyen Age chez les Normands* (Le Havre: 1919).

6 *Fabrica di galere,* Biblioteca Nazionale Centrale di Firenze, codex Magliabecchiano, XIX:7.

7 Jean de Béthencourt, *Le Canarien: Histoire de la première descouverte et conqueste des Canaries, faite dès l'an 1402 escrite du temps mesme par Jean de Béthencourt, plus un Traicté de la navigation et des voyages de descouverte et conquestes modernes et principales des François (1402–1422),* introduction et notes par Gabriel Gravier, Société de l'histoire de Normandie (Rouen: C. Métérie, 1874).

8 *Voyage d'Eustache Delafosse sur la côte de Guinée, au Portugal et en Espagne (1479–1481)* Transcrit, traduit et présenté par Denis Escudier (Paris: Chandeigne, 1992).

9 Charles Bréard, *Documents relatifs à la marine normande et à ses armement aux XVIe et XVIIe siècles* (Rouen: 1889), 2–4.

10 Charles de la Roncière, *Histoire de la Marine française* (Paris: Plon, Nourrit et Cie, 1900), II:471.

11 Abbé Anthiaume, *Cartes marines. Constructions navales–Voyage de Découverte chez les Normands. 1500–1650* (Paris: Dumont, 1916), II:303. *Le navire. Sa construction.* (Paris: 1922).

12 Paris, Dépôt des cartes et plans, 87 A. certificat daté du Havre de Grâce, 1er novembre 1517.

13 Bréard et Barrey, *Mélanges* (Rouen: Société de L'Histoire de Normandie, 1889), VI:211-224.

14 Bréard, Ibid.

15 Bréard, Ibid.

16 Jacques Paviot, "La diffusion de la caravelle en Europe. XVe-début XVIe siècle" dans Jean Pierre Sanchez, *Dans le sillage de Colomb. L'Europe du Ponant et la découverte du Nouveau Monde (1450–1650)* (Paris: Presses Universitaires de Rennes, 1995), 145–150.

17 Abbé Anthiaume, *Le navire. Sa construction* (Paris: 1922), chapitre 2.

18 Pierre Chaunu, *L'expansion européenne du XIIIe au XVe siècle* (Paris: PUF, 1969), 275–277.

19 Michel Mollat, "Constructions navales au XVe siècle," dans *Bulletin philologique et historique (jusqu'à 1610)* (1966): 140.

20 Ibid.

21 *Colloque d'histoire maritime*, sous la direction de Michel Mollat, Cdt Louis Denoix, *Ve colloque Lisbonne (1962)* (Paris: École Pratique des Hautes Études, 1964), 142.

22 Michel Mollat, *La vie quotidienne des gens de mer en Atlantique: 9e–16e siècles* (Paris: Hachette, 1983) et *Explorateurs du XIIIème au XVIe siècle. Premiers regards sur des mondes nouveaux* (Paris: Comité des Travaux Historiques et Scientifiques, 2005).

23 Anthiaume mentionne notamment une copie à Varsovie dans *Cartes marines. Constructions navales. Voyages de Découverte chez ls Normands 1500–1650* (Paris: Dumont, 1916), 24.

24 Voir cet effet le bel ouvrage de Pierre Cheaunu. *L'expansion européenne du XIIIe au XVe siècle.* (Paris: PUF, Nouvelle Clio, 1969), chapitre 2.

25 Ch-André Julien, *Les voyages de découverte et les premiers établissements* (Paris: Gérard Montfort, 1979.)

26 Ibid., 307.

27 Ibid.

28 Edouard le Corbeiller, *La question Jean Cousin, Bulletin de la Société de géographie* 7e série, t. XIX (1898); Charles Desmarquets, *Mémoires chronologiques pour servir à l'histoire de Dieppe, et à celle de la navigation françoise; avec un recueil abreegé des privilèges de cette ville* (Paris: 1785), 91–98; Capitaine Gambier, *Juan Cousin, verdadero descubridor de America, segun el capitan inglès Gambier, R. N., Boletín de la Real Academia de la Historia* 24 (Février 1894): 149–158; Edouard Hypolyte Gosselin, *Documents authentiques et inédits pour servir à l'histoire de la marine normande* (Rouen: 1876), 146.

29 *Trésorerie et recette généralle de la Marine du Ponent* (1587), fol. XIII et fol. LIV).

30 Edouard Le Corbeiller, *Bulletin de la Société de géographie* 7e série, t. XIX (1898).

31 Bibliothèque Nationale, manuscrit français, 1489, *Trésorerie et recette généralle de la Marine du Ponent* (1587), fol. XIII et fol. LIV V°.

32 Parmi les nombreux et excellents ouvrages, nous insisterons ici sur Christian Jacob, *L'empire des cartes* (Paris: Albin Michel, 1987); Mireille Pasoureau, *Voies océanes. De l'ancien aux nouveaux mondes* (Paris: Hervas, 1990).

33 Martine Sauret, *Les voies cartographiques. À propos des influences des cartographes sur les écrivains des XVe et XVeme siècles* (New York: The Edwin Mellen Press, 2004).

34 Abbé Anthiaume, *Cartes marines. Voyages de découverte chez les Normands, 1500–1650* (Paris: Dumont, 1916), II:53.

35 Voir à ce sujet une très belle analyse d'Anthiaume au Livre II à ce sujet sur les pages 114-115 et A *Chronological History of the Discoveries in the South Sea*, five volumes in quarto (London: 1802-1817), 1:163.

36 Claude Gandelman, *Le regard dans le texte. Image et écriture du Quattrocento au XXe siècle* (Paris: Méridens Klincksiek, 1986), 44.

37 Daniel Baverest, Pascale Goutagny, et Josette Méasson, *Les Cartographes et les nouveaux mondes* (Bonsecourt: Ponts de vues, 2011), 109.

38 Frank Lestringant, *Le livre des îles. Atlas et récit insulaires de la Genèse à Jules Verne* (Genève: Droz, 2002).

39 André Thevet, *Voyages aux Indes Australes*, 136.

40 André Thevet, manuscrit francais, *Le grand insulaire et pilotage d'André Thevet angoumoisin, cosmographe du Roy. Dans lequel sont contenus plusieurs plants d'iles habitées, et deshabitées, et descriptions d'icelles.* (Paris: Bibliothèque Nationale, 1542–1545) et *La Cosmographie du Levant* (Paris: 1556). Édition critique et introduction de Frank Lestringant. Travaux d'Humanisme et Renaissance 203 (Genève: Droz, 1985).

41 Harrisse, *Découverte et évolution cartographique de Terre-Neuve et des pays circonvoisins 1497-1501–1769* (Londres: 1900).

42 Ibid.

43 Abbé Anthiaume. *Cartes marines. Voyages de la Découverte chez les Normands. 1500–1650* (Paris: Dumont, 1916).

44 Frank Lestringant, *L'atelier du cosmographe ou l'image du monde à la Renaissance* (Paris: Albin Michel, 1991), 162.

45 Guillaume Postel, *Cosmographie*, 1559.

46 Voir introduction de Jean de Roze, page 25.

47 fol. 13v

48 fol. 18r

49 fol. 37v

50 Edouard Hypolyte Gosselin, *Documents athentiques et inédits pour servir à l'histoire de la marine normande et du commerce rouennais pendant les XVIE et XVIIe siècles* (Rouen: 1876), 142.

51 fol. 43r

52 fol. 1, 31v

53 Anthiaume, *La Science Astronomique et Nautique au Moyen Age chez les Normands* (Le Havre: Micaux, 1919).

54 Gonzalo Fernandez de Oviedo, *Histoire Générale*, vol. 3, livre 27, chapitre 6, 151.

55 *Trésorerie et Recepte generalle de la Marine du Ponant*, année 1587, fol. 13 et fol. 54v (Bibliothèque Nationale, Paris: France).

56 Bibliothèque Nationale, manuscrit français, 150 et 9175.

57 fol. 30

58 Voir à ce sujet Hermann Taffin, Sr de Torsay, *La vie, mort et tombeau de haut et puissant seigneur de Strozzi.* Pris, 1608, in-8e; réimprimé par Climber et Danjour, *Archives curieuses de l'histoire de France,* 1ere série, IX:444.

59 Pour l'importance des monarches en France et leur aide aux cartographes voir en particulier: David Buisseret, *Monarchs, Ministers and Maps: The Emergence of Cartography as a Tool of Government in Early Modern Europe* (Chicago: The University of Chicago Press, 1992), 99–121.

60 Tom Conley, *The Self-Made Map, Cartographic Writing in Early Modern France* (Minneapolis: University of Minnesota Press, 1995), chapters 1 and 2.

61 Ahlenius, *La Géographie et la Cartographie de la Scandinavie pendant la deuxième moitié du XVIe siècle* (Upsal: 1900).

62 fol. 11

63 Kenneth Gordon McIntryre, *Secret Discovery of Australia: Portuguese Ventures 200 Years Before Captain Cook* (Medindie, South Australia: Souvenir Books Australia, 1977), 52.

64 William A. R. Richardson, *Was Australia Charted Before 1606? The Jave La Grande Inscriptions* (Canberra: National Library of Australia, 2006), 33.

65 Pour un excellent résumé de la controverse toujours actuelle, consulter la liste http://www.wikipedia.org sur "Dieppe Maps."

CHAPITRE 4

Voyageurs et Cartographes Normands: Caractéristiques de l'École de Dieppe

Ainsi nous avons pu voir au chapitre précédent l'importance des découvertes mathématiques et l'influence de la science nautique qui ont aidé les navigateurs et L'École cartographique de Dieppe. Chaque cartographe a dans cette école une place importante, chacun a ses particularités et ses obsessions dans le souci de représenter le monde. Tous ont voyagé (à l'exception de Desceliers) et tous forment un ensemble distinct dans l'histoire de la cartographie. Existe-il d'autres cartographes normands et d'autres cartes qui ont pu influencer tous ceux dont nous venons de parler? Comment les armateurs et les explorateurs normands ont-ils su se lier à cette école et donner à ce courant cartographique une telle dynamique? Ce chapitre tentera de mettre en valeur et de faire redécouvrir des cartographes de l'école dont les oeuvres ont disparu, de préciser l'importance des armateurs et des explorateurs normands du seizième siècle et d'examiner les spécificités des cartes normandes de cette école à l'époque des XVe et XVIe siècle.

Le globe d'Ecouy

Ce globe exécuté à Rouen fut acheté le 26 mars 1861 pour la Bibliothèque nationale (Anthiaume).[1] On ne connaît pas exactement sa date de fabrication (il y eut un grand débat entre Harrisse, M. D'Avezac et Gabriel Marcel). Sphère de cuivre mesurant précisément 127 millimètres de rayon ou 800 millimètres de circonférence, il indique les degrés de longitude et de latitude. On y voit le Nouveau Monde figuré dans un grand espace. Le premier méridien passe par les Canaries.

La figuration de l'Amérique du Nord offre un bel aperçu de ce qui est découvert au Nord et au Sud. Les côtes de Californie sont formées. Le fleuve du Saint-Laurent est omis et la Terre Neuve est assez déformée. Sur les cartes de l'Amérique du Sud, les tracés des côtes Nord, Est et Ouest semblent vraiment similaires dans les contours. Les fleuves de l'Amazone et du Rio de la

Plata sont indiqués: les estuaires des fleuves peuvent être véritablement pris pour des bras de mer. De nombreux navires tels que les galères et les caravelles sillonnent les différents océans. Cette mappemonde fut certainement copiée comme l'indique Anthiaume à partir de la célèbre carte de Tramezini de 1554. La projection dite à l'époque globulaire avec des méridiens circulaires contient aussi des parallèles équidistants. Le partage en deux parties du monde serait dû (toujours selon Anthiaume) au père François. C'est en fait la première projection dénommée Roger Bacon puisqu'elle révèle aussi une belle application à large échelle.
Le continent austral est indiqué comme une espèce d'anneau circulaire.
L'Asie, la Mer Rouge, les Indes, et l'Arabie figurent dans des tracés parfois erronés.

Le tracé de l'Afrique et de l'île de Madagascar apparaît plus nettement. Les côtes de l'Europe occidentale montrent bien l'influence des portulans de l'époque. À l'Est de Madagascar, les îles de Nazareth et l'île Joano de Lisboa (*Lahoa*) sont indiquées ainsi que les îles de Mascareignes dénommées *Zanzibar*. Au Sud on peut voir l'île de *St. Clare*. À l'Ouest de la région, les influences de Ptolémée sont nombreuses dans les noms tels que *Raptum prom*, près de *Quilloa*, et *Prassum promô*. Au Nord, pas d'indication des Comores.

C'est un globe surprenant par certains aspects comme nous le soulignions dans les quelques lignes ci-dessous. Cependant il est moins précis que d'autres de la même époque. Ne serait-il qu'une une copie de graveur faite à Rouen et pas celle d'un géographe comme l'assure Anthiaume? Ce n'est pas exclu.

Cartographes dont les œuvres sont perdues

Beaucoup de cartes normandes ont disparu. Le nom de quelques uns est cependant arrivé jusqu'à nous. Dans la seconde moitié du XVe siècle, on peut citer deux Normands Jehan Robert et Jean Morel qui ont été chargés par Mgr le général de Savoie de "pourtraire la coste de Caux, jusques à Tancarville et mesmes celle de Honnefleu.» Le cours de la Seine fut donc tracé depuis Rouen.

Il existe cependant quelques cartographes dieppois dont on a conservé plus de détails.

Jean de Clamorgan

Ce normand naquit en 1480 probablement à Saâne-Saint-Just. Il fut très connu à la fois comme navigateur, cartographe et dessinateur. Il serait entré dans la marine vers 1515. Lui-même nous résume sa vie de marin dans une dédicace adressée au roi Charles IX: "Les affaires de la marine, esquelles j'ay employé mes jeunes ans pour le service des feux Rois, le grand Roy Françoys, Henry vostre père et François vostre frère, sous lesquels j'ay soustenu d'honnorables charges par mer, et d'icelles j'ay eu (avec l'aide de Dieu) bonne issue, pour leur service, l'espace de 45 ans qu'ay exercé l'estat et charge de la marine."[2] Il fut passionné par la chasse au loup et à ses moments libres composa un excellent ouvrage de référence sur ces animaux. On le considère comme le véritable fondateur de la louverie française.

La descendance des Clamorgan se perpétue (De Clamargan était d'origine saxonne). Thomas de Clamorgan embrassa le parti des anglais[3] au XVe siècle. Fils de Guillaume, l'un des héritiers de Saâne et de celle de Saint-Pierre-L'église qui mourut en 1505, Jean était un corsaire intrépide, capitaine d'un des galions du roi sous François Ier. Il devint premier capitaine de la marine du Ponant. En 1548, il épousa sa cousine, Antoinette Masquerel, fille d'un noble normand.

François Ier chargea le vice-Amiral Charles de Moy, seigneur de Mailleraye, capitaine de Honfleur d'armer 3 navires pour transporter en Ecosse la Duchesse de Longueville. Il confia 3 bateaux *la Réale*, *le Saint-Jean* et *le Saint-Pierre* au capitaine Clamorgan. Il semble qu'au retour d'Ecosse, le navire *la Réale* ait disparu dans un accident non expliqué.

En 1548, Clamorgan est au Havre comme commissaire du roi pour équiper trois vaisseaux et une galère, construits près de Brest. Le fort tonnage de ces bâtiments ne leur permit pas de remonter la Seine. Ces trois navires se nommaient *le Henry-Le-Grand*, *L'Hermine* et le *Normand.*[4]

À quelle expédition devaient-ils prendre part? Vers l'Angleterre? Aucun document n'a été trouvé jusqu'à ce jour pour confirmer les détails de l'aventure. Clamorgan devint Seigneur de Braquemont en 1552 et fut chargé des constructions du fort de Pollet.

C'était un habile cartographe. Son atlas renfermait le plan figuratif de toutes les parties du monde, où "estoyent les merres et les terres assises en longitude et latitude" et il ajouta François Ier "commanda mondit livre estre mis en sa librairie de Fontainebleau, là où il est pour le voir par vous, quand il plaira à Vostre Majesté."[5] Cet atlas a cependant disparu de la Bnf au moment de la révolution. J. de Clamoran annonçait son intention de composer un ouvrage dans l'épitre dédicatoire de la *Chasse aux loups* sur "la maniere de construire les grands navires, les armer et victuailler. Dresser le combat par mer, faire les navigations lointaines par le soleil, Lune et Estoiles fixes." Ce livre n'a certainement pas été écrit. Mais le titre montre tout l'intérêt de ce mathématicien aux problèmes que les navires et les marins pouvaient rencontrer. En outre, on trouve dans cette même épitre un passage important sur le Canada et l'Amérique du Nord qui montre l'importance des expéditions, notamment celles de Cartier et d'une bonne connaissance des sols "Descouvrir la Nouvelle Terre Françoise, Canada, Ochelaga, et la Sagneve, sera baillé moyen plus aisé de faire ladite navigation. . . . Toutes commodités, comme bois, plus qu'en autres pais, et toutes choses à ce fort nécessaires."

Jean de Séville

Nous ignorons le lieu et la date de sa naissance. Savant d'origine normande, souvent nommé *Le Soucy*, il était à la fois médecin, mathématicien, géographe et "hydrographe du Roy." Il est connu comme professeur des *bonnes lettres et sciences mathématiques* à Rouen.[6] Il mourut vers 1600 à Séville.

Jean Denys

On ne connaît pas exactement la date de naissance de ce Normand. Selon Ramusio, il partit en 1506 accompagné d'un rouennais Gamard. Il était un capitaine chevronné aux dires de Crignon et d'autres. Le terme de Jean Denys pose problème car il y en a eu plusieurs. Malgré ces quelques difficultés à tracer clairement ces différentes péripéties en mer, il est tout à fait admis qu'il atteignit Terre-Neuve vers 1506.[7] Selon ce précieux document, Jean Denys aurait eu son nom comme lieu d'arrêt sur les côtes de Terre-Neuve. Des morutiers y auraient laissé parfois des barques pour avoir moins de fardeau à transporter. Des bateaux basques et rouennais auraient partagé cette escale comme le souligne bien Anthiaume.[8]

On lui attribue une carte datée de 1508 de "L'embouchure du fleuve de Saint-Laurent faite et copiée sur une écorce de bois de bouleau, envoyée du Canada par Jehan Denys: une feuille, 1508." Elle est signalée par Ramusio et Schea d'après Anthiaume. Dans cette carte, la Gaspésie et tous ses alentours sont bien représentés. Certaines parties comportent cependant des noms plus proches du XVIIe et XVIIIe siècle: "Partie du Fleuve du Canada dict de Sainct-Laurent, Monts, Notre-Dame . . ." Comme le souligne bien Charlevoix en 1744,[9] une partie du fleuve semble avoir été rajoutée ultérieurement. En effet, le tracé est plus précis et la nomenclature fait apparaître des noms qui ne pouvaient guère exister à l'époque de Jean Denys.

Cette carte est également signalée dans la Bibliothèque du Parlement d'Ottawa.

Elle est cependant rangée comme apocryphe. Une copie serait conservée aux Archives du Ministère de la guerre à Paris. Nous ne l'avons pas trouvée.

Si nous avons pu voir la biographie de quelques cartographes normands, il ne faut pas oublier quelques explorateurs et armateurs dieppois qui furent essentiels dans les relations avec l'École cartographique de Dieppe.

Jean Ango

Jean Ango naquit en 1480 à Rouen. Sa famille bien établie dans cette ville exerçait la profession de banquier. Il reçut une éducation solide et humaniste (Figure 40). L'étude des langues anciennes lui fit apprécier les chefs-d'œuvre de l'antiquité et éveilla son goût du beau. Au contact de Desceliers, Ango acquit de bonnes connaissances pour diriger les expéditions qu'il voulait projeter. Séduit par les chances de gain que présentaient les expéditions lointaines, il se fit armateur et affréta de nombreux navires. Ainsi, en 1508, il arma pour la côte d'Amérique un navire nommé *la Pensée*, dont il confia la direction à Thomas Aubert. Ce dernier se dirigea sur l'île de Terre-neuve. En s'associant avec des compagnies de marchands dont les flottes sillonnaient toutes les mers, Ango connut le succès et la richesse. Il obtint des payements sur terre grâce à différents baux de sa famille assez fréquemment renouvelés. Sa richesse considérable fut aussi acquise de façon plus frauduleuse. Avec l'appui de la sœur de François Ier, Marguerite de Navarre, il fit souvent la course aux Espagnols et exerça de temps en temps la piraterie contre les Portugais. Ces derniers voulaient en effet que la bulle papale *Inter Coetera* qui régentait les mers et interdisait à tous les navires autres qu'espagnols ou portugais de ne pas naviguer à plus de cent lieues des Açores fût respectée.

Son capitaine Jean Fleury attaqua et s'empara de trois navires envoyés par Cortez en provenance du Mexique en 1552. Ce somptueux butin, constitué d'émeraudes, d'or et d'argent sous formes de toutes sortes de bijoux était destiné à Charles Quint et provoqua son courroux. De plus, le trésor contenait des cartes de pilotes espagnols qui lui permettraient de futures expéditions dans la mer des Antilles.

Il parraina plusieurs expéditions:

- celle de Aubert vers la Terre-Neuve en 1508,
- celle de Verrazano sur la côte de l'Amérique du Nord en 1523 et 1526,
- celle des frères Parmentier en 1520 et 1529 et
- celle de Philippe Chabot pour encourager la colonisation de L'Amérique en 1534.

Il fut nommé gouverneur de Dieppe par François Ier et bien vite la ville de Dieppe devint le premier port du royaume. De 1530 à 1544 il fit construire un manoir élégant par des artistes italiens, le manoir d'Ango à Varengeville-sur-mer. Ce dernier peut être encore visité. Jean Ango y résida jusqu'à sa mort en 1551.

Jacques Cartier

Il naquit en 1491 à St Malo d'une famille modeste (Figure 41). Les historiens considèrent qu'il est le fils de Jamet et de Geffline Jansart, bien qu'aucun document ne puisse le prouver. En vertu de cela, il n'était pas disposé, à priori, de pouvoir prétendre à la main de la fille d'un grand bourgeois et du plus éminent qui soit à St Malo. C'est pourtant la fille de Jacques des Granges qu'il épousera, en 1520, lorsqu'il sera âgé de 29 ans. Possédant un titre très envié, celui de "pilote du port," il sera alors appelé par le roi "Maître-Pilote du Pays." Il obtiendra même le titre de "pilote du Roi en la Marine du Ponant" après divers mandements des années 1537–1538. Pour mériter ce titre, il fallait que Cartier fût un excellent marin. Il avait sans doute effectué de nombreux voyages: on pense qu'il est allé généralement au Brésil et à Terre-Neuve. Son mariage prouve qu'il était un homme en vue et assuré d'un bel avenir. Ayant de bonnes connaissances maritimes et en droit, il tissa des liens parmi les bourgeois et les officiers municipaux de Saint-Malo, et consolida son réseau social dans les confréries de Saint-Jean Baptiste (Frères Blancs).

On aimerait savoir, qui eut, le tout premier, l'idée du voyage que réalisera Jacques Cartier en 1534. Certains historiens (dont Marc Lescarbot) en attribuent la paternité au pilote malouin lui-même. D'autres avancent qu'il aurait pu accompagner une campagne de pêche, pour se rendre vers Terre-Neuve.[10] Mais c'est en 1532 qu'il est présenté au roi François Ier par Jean Veneur, abbé du Mont-Saint-Michel. Recevant cette commission du roi de France, et devenant en ce sens le successeur de Verrazano, Cartier dirigea trois expéditions vers l'Amérique du Nord.

Le premier voyage de 1534

Avec deux navires avitaillés et deux équipages (environ une soixantaine d'hommes), il met le cap vers l'Ouest: seulement vingt jours de traversée (du 20 avril au 10 mai) seront nécessaires pour atteindre Terre-Neuve. Cartier explore tout le golfe du Saint-Laurent à partir du 10 juin. Il part en reconnaissance le 12 à l'intérieur, nomme les rivières et les lieux trouvés. Il atteint la rivière *Saint-Jacques* (rivière Checatica).[11] L'équipage aperçoit un navire originaire de la Rochelle, perdu parmi les îles. Le lundi 6 juillet, il entrevoit pour la première fois des Amérindiens de la Nation Micmac, au large de la *Baie des Chaleurs.* La confiance s'installe petit à petit entre les parties concernées. Le 24 juillet, Cartier met le pied à Gaspé, y plante une croix, revendiquant la région pour le roi de France. Les Français rencontrent aussi des Iroquoiens du Saint-Laurent: leur chef Donnacona finira même par bien vouloir que Cartier emmène deux de ses fils en France. Le retour s'effectue aussi rapidement que l'aller en vingt-et-un jours. Dès son retour, le navigateur s'empresse d'adresser au roi le compte-rendu de sa mission par l'intermédiaire de l'amiral Philippe de Chabot.

Le deuxième voyage (1535–1536)

Cartier eut vite la réponse qu'il espérait; reprendre la mer pour une nouvelle expédition. L'amiral Chabot luit transmet le 30 ou 31 octobre 1534 une commission royale. Ce voyage comptera trois navires, La *Petite Hermine* de soixante tonneaux, *l'Emerillon* de quarante tonneaux et enfin *la Grande Hermine* de cent vingt tonneaux. À son bord les deux fils de Donnacona. La durée de la mission est estimée à quinze mois, d'après les informations des deux Amérindiens. Si le vent demeure "bon et convenable" du 19 au 26 mai, il tourne soudain "en colère et en tourment." Le navire général aborde finalement le 7 juillet, soit cinquante jours après le départ. L'itinéraire consiste d'abord à contourner Terre-Neuve. Cartier arrivera à Blanc-Sablon le 15 juillet. Navigant vers l'Ouest, les navires vont atteindre plusieurs îles nommés îles *Saint-Guillaume.* Le journal comporte de nombreux détails qui seront utilisés pour les marins dans les futures expéditions. Ils resteront au havre *Saint-Nicholas* jusqu'au 8 août. Jacques Cartier passe ensuite du sud au nord-est où il découvre "une forte et grande baie." Le 13 août, il reprend la navigation vers l'Ouest, puis le sud-ouest. Le 17 et le 18, il longe la côte Nord, rencontre des îles très hautes qu'il baptisera *les Iles Rondes.* Laissant les navires arrimés près de ces îles, il explorera en barque toute cette partie de la côte et celle de la grande île de L'Assomption. Le mauvais temps surgit empêchant toute navigation jusqu'au 24 août. Il nomme les îlots *Saint-Jean* le dimanche 29 août "parce que nous y entrâmes le jour de la décollation dudit saint." Le 1er septembre, il veut "aller vers le Canada" pays d'origine des deux Amérindiens venus en France. C'est de nouveau le 7 septembre que l'expédition recommencera plus à l'Ouest. Il jettera l'ancre sur l'île d'Orléans et emmènera les deux Amérindiens avec lui. Ces deux hommes seront essentiels dans l'accueil avec les autochtones. De menus colifichets seront échangés. Cartier rencontrera Donnacona les jours suivants. Il semble que durant plusieurs rencontres Cartier ait insisté auprès des deux fils Taignoagny et dom Agaya pour que ces derniers demandent d'envisager une exploration plus avant vers *Hochelaga*. Cartier fut vite mécontent de ces deux interprètes, qui, selon lui, ne donnaient que de mauvaises excuses pour avancer plus à l'intérieur des terres. La tension monte et après une mascarade (que nos examinerons au chapitre suivant), les Amérindiens refusent d'aller delà de Hochelaga comme le capitaine le souhaitait. Le 19 septembre, Cartier se met alors en route sans la compagnie des autochtones. Le 2 octobre 1535, l'équipage arrive dans la région de Hochelaga avec des barques comme on n'avait pas trouvé de passage navigable pour les navires. Le lendemain, Cartier et ses hommes entreprennent à pied le chemin vers ce village. Ils reçoivent un accueil chaleureux sur le rivage et dans le village. Cartier sera même convié à soigner le chef. Soucieux de ne pas le contrarier, Cartier lui frottera les bras et les jambes pour le soigner incarnant alors une sorte de transfert de Dieu: "Il semblait que Dieu fût descendu là pour les guérir." Involontairement investi d'un pouvoir dévolu aux rois de France, le journal essaye de minimiser l'acte. Avant de partir, des hachettes, des couteaux et de menus objets seront distribués. Informés grâce aux autochtones qui leur parlent par signe, l'expédition s'en retourne vers les barques laissées en aval du premier saut d'eau. Le 4 octobre, c'est le retour vers le Canada. Le 6 octobre, les bateaux mouillent sur la *rivière de Fouez*. Le 11 octobre, l'équipage atteint la rivière Sainte-Croix. Les hommes souffriront du scorbut pendant le long hiver. Aidés par les Iroquoiens qui en sont aussi frappés, ils guériront vite. C'est en avril que Cartier emmènera Donnacona pour le présenter à François Ier, avec ses deux "fils" et sept autres Iroquoiens. Profitant du dégel, le malouin mettra le cap sur la France, abandonnant *La petite Hermine* en raison du décès de 25 des 110 hommes morts du scorbut. Après avoir passé par Saint-Pierre-et-Miquelon, l'équipage arrivera à St Malo en juillet 1536, croyant avoir exploré une partie de la côte orientale de l'Asie.

Le troisième voyage

L'influence de Donnacona qui a compris que les Français cherchaient des épices et de l'or est nette: il s'appliquera à donner de son pays (et pour qui veut l'entendre) une belle représentation d'un pays riche. François Ier se laissera convaincre, malgré les menaces de guerre de Charles Quint. Une troisième expédition fut lancée, avec cette fois, des instructions pour implanter une colonie.

Jean-François de la Rocque de Roberval, homme de la cour aura l'honneur d'organiser l'expédition. Deux objectifs importants doivent être atteints: celui de christianiser et d'établir une colonie. Cinq navires sont armés. On embarque du bétail, et on libère des prisonniers pour en faire des colons Cependant, Donnacona meurt en 1539 ainsi que d'autres Iroquoiens. Devant les retards du départ, Cartier trépigne: il s'engage finalement vers l'océan sans plus attendre. La traversé est difficile. Débarquant après trois ans d'absence (en août 1541), les retrouvailles sont chaleureuses malgré le décès de Donnacona. Cependant les rapports se dégradent vite. Cartier décide de s'installer ailleurs. Il fait construire le fort de Charlesbourg-Royal, au confluent du Saint-Laurent et la rivière du cap Rouge pour préparer la colonisation. L'hiver arrive (peu de détails sont enregistrés sur son déroulement). Roberval est toujours absent. Cartier continue d'accumuler "or et diamants" qu'il négocie avec les tribus du Saint-Laurent. Il lèvera le camp en 1542 et rencontrera Roberval à Terre-Neuve. Ce dernier lui ordonne de rester avec l'équipage, mais Cartier refuse et met le cap sur la France. À son retour, l'expertise des minerais se révèle mauvaise: ce n'est que de la pyrite et du quartz, sans valeur. Le marin se verra couvert de ridicule pendant un certain temps. Cette déconfiture corrobore ce que les Portugais ont toujours clamé: l'existence impossible d'or sous les latitudes septentrionales fréquentées par les Français.

L'implantation française semble donc bien compromise. Entre les rapports difficiles à établir avec les Indiens soucieux de sauvegarder leurs terres, la perte de beaucoup de matelots dans les expéditions, le coût des expéditions, et les guerres menées par le roi contre les Anglais bientôt alliés avec Charles Quint, la situation semble peu favorable pour d'autres expéditions. Comble d'ironie: Cartier sera chargé de rapatrier le reste de la flotte à laquelle il avait refusé de se joindre en 1542. Roberval demandera des comptes à son retour et le roi sera obligé d'intervenir pour régler le différend entre les deux hommes. Le 20 juin 1544, un acte devant notaire fut dressé. Cartier justifiera sans difficulté ses dépenses et réclamera même les débours personnels soit plus de 8.000 livres. Le malouin se retirera dans son manoir à Rothéneuf, près de Saint-Malo. Au cours de décembre 1544, il aidera même à dresser la liste de tous les vaisseaux bretons de 300 tonnes qui avaient été mobilisés par François Ier. Il meurt en 1557, probablement de la peste qui frappait la ville cette année-la.

Jacques Le Moyne de Morgues

Né à Dieppe vers 1553, on ne connaît presque rien de sa vie. Il semble raisonnable cependant de supposer qu'il a été formé dans sa ville natale et qu'il a connu les cartographes de l'École de Dieppe. Il a travaillé à la cour de

Charles IX, bien qu'aucun document ne puisse le montrer. Il est mort à Londres en 1588. Il participa aux expéditions de Laudonnière en Floride et de Jean Ribault (1562–1564). Il peint dans le style calviniste. Ses dessins sur la flore et la faune sont particulièrement précis et agrémentés de nombreuses couleurs. Cependant quelques unes de ces cartes et dessins ont été controversés pour leur authenticité (notamment les images de Timucua et de ses diverses cartes qui les accompagnent).[12]

L'édition latine de ses dessins et de ses discours transatlantiques furent publiés à Francfort en 1591 par Théodore de Bry sous le nom de *Brevis narratio eorum quae in Florida Americal provincia Gallis acciderunt.* De Bry avait en effet acheté ces documents à sa femme en 1588. Ce document indique clairement que le roi a commandité l'artiste pour accompagner les expéditions de Jean Ribault et René Goulaine de Laudonniere, comme cartographe et artiste. De Bry a traduit le texte *Brève narration* publiée en français en 1565 et l'a utilisé pour commenter 42 gravures inspirées des aquarelles du peintre. L'original dessiné par Le Moyne d'un sujet Amérindien du dessin de "Athore montrant Laudonniere près d'une colonne" souligne bien son souci des détails. Ce document se trouve à la new York Public Library.

L'une des cartes les plus connues est la carte de la Floride placée avant les quarante-deux planches du document (Figure 42). Semi illustrée, elle comporte un compas surmontant une échelle établie en lieues marines et en lieues terrestres, une rose des vents d'où émergent des lignes de rhumbs. Sur le côté droit apparaît une échelle de latitudes. Sept autres cartes figurent ensuite. Elles n'ont ni échelle de longueurs, ni échelle de latitude sur les côtés. On pourrait dire que ces cartes régionales montrent le détail de la Floride. Les planches IX et IX indiquent surtout la vie dans ces régions. L'auteur peut ainsi voir la construction du fort, le plan d'un quartier. Le restant des planches décrit surtout l'aspect, les us et coutumes des autochtones.

Jean et Raoul Parmentier

Jean Parmentier naquit en 1494. Son frère était plus jeune de cinq ans. Nous ne connaissons que peu de détails sur leur jeunesse, sinon qu'ils furent vite de bons marins. Jean fut lauréat des Palinods de Rouen en 1517, 1518 et 1527.[13] Il gagna le chapeau au Puys de l'Assomption Notre Dame à Dieppe en 1520 pour un chant royal, et, en 1527, il reçut la couronne pour une autre. La même année, il composait une moralité à dix personnages, *Les Biens* furent imprimés par les soins de son ami Crignon et pour célébrer la paix conclue entre François Ier et Henri III, une "momerie," qui attira une grande foule à Rouen. L'organisateur de cette fête était Ango et elle connut un franc succès.

Jean Parmentier, auteur favori des Dieppois et des Rouennais était placé au rang des meilleurs poètes avec Alain Chartier et Jean de Meung, Bouchet et Marot. En même temps Jean était un marin intrépide. Crignon dira de lui: "C'estoit un homme digne d'estre estimé de toutes gens sçavantz, . . . estoit pour faire honneur au païs par ses haltes entreprises et navigations." "Il éstoit bon cosmographe et géographe, et par luy ont esté composez des mappes mondes en globe et en plat." Tout comme Crignon le souligne, Jean et son frère conduisirent, pour le compte d'Ango et de ses associés, des navires de Dieppe au Brésil de 1520 à 1526. Si on peut douter que Parmentier fût le premier navigateur (comme le réitère Crignon) à avoir atteint le Brésil, on a cependant la confirmation qu'il alla à Terre-Neuve, aux Antilles et certainement en Guinée.[14] Il proposa à Jean Ango une expédition à Sumatra et aux Moluques. Deux navires partirent de Dieppe le jour de Pâques le 28 avril 1529 et firent la traversée. Ils atteignirent Sumatra. Pendant le trajet, Jean Parmentier continua de faire de la poésie et entreprit même la traduction de Jugurtha. Il n'eut pas le temps de l'achever. Il fut détourné de ce travail qu'il se proposait de dédier au roi, et dut redonner du courage à l'équipage. Il écrivit ainsi un "Traité en forme d'exhortation contenant les merveilles de ce monde et la dignité de l'Homme."

Lors de la traversée, Jean mourut le 3 Décembre 1529 et Raoul quelques jours après son frère. Crignon en rapporta les faits et composa un poème à la gloire du pilote perdu.

Crignon

Il naquit à Dieppe vers 1464 et y mourut en 1540. Il fit partie du voyage des frères Parmentier de 1529 vers Sumatra et fut l'astronome sur *La Pensée*. Il rédigea le journal de bord de l'expédition. Il publia les poésies de Parmentier dès son retour de l'expédition de Sumatra où les deux frères avaient connu la mort. Il ajouta à ce recueil "La Plaincte de Pierre Crignon sur le trespas de Jan et Raoul Parmentier."

Bien qu'il n'y ait aucune trace de carte ou de globe laissé par ce poète, on sait qu'il fut un habile cosmographe. Un ouvrage dédié à Philippe de Chabot et intitulé la *Perle de la Cosmographie* a été perdu. Dans cet ouvrage, Crignon aurait démontré l'usage des longitudes. Il fit également des recherches sur l'aiguille aimantée. C'est lui, qui selon Anthiaume indiqua pour la première fois la ligne de direction; il s'agit d'une ligne d'après laquelle l'aiguille ne décline pas. Grâce à cette ligne de direction, il put tracer le premier méridien. Cette méthode encore peu fiable montre cependant qu'elle fut au cœur de bien des recherches de l'École cartographique et des voyageurs normands. Ils essayèrent de donner une solution réelle qui leur donnerait le point non par l'estime, comme on le faisait encore à l'époque mais directement par un calcul.

Ribault

Jean Ribault ou Ribaut est né à Dieppe en 1520. Proche de l'école cartographique de Dieppe, il devient capitaine de navire et bientôt explorateur (Figure 43). Gaspard de Coligny, chef des Protestants français le choisit en 1562 pour aller établir en Floride une colonie avec 150 autres protestants. Accompagné de René de Goulaine de Laudonnière et l'illustrateur dieppois le Moyne de Morgues, il aborde les côtes de la Floride en avril et établit un contact pacifique avec les indigènes "de Chicora." Il fait construire aux environs de l'actuelle Jacksonville, un fort qu'il baptise *Charlesfort* en l'honneur de Charles IX. De retour à Dieppe pour chercher des renforts et des vivres, il voit de la guerre civile première main. Obligé de s'exiler en Angleterre il y est arrêté. Pendant ce temps là, la colonie de Floride tombe à court de vivres. Des dissensions éclatent, les renforts tardent et le commandant de Charlesfort est tué au cours d'une mutinerie. Les colons quitteront la Floride à bord d'une embarcation de fortune et seront réduits à manger un de leurs compagnons Lachère. Les survivants seront recueillis par un vaisseau anglais.

Une deuxième expédition part en 1564. Ribaut constate les dégâts faits par le capitaine espagnol de Roja sur Charlesfort. Un deuxième fort plus important sera construit et baptisé *La Caroline*. Ribaut renvoie deux navires sur quatre en France et décide de rester sur place. Sa gestion de la colonie est cependant désastreuse car il s'immisce trop dans les querelles des tribus rivales qui sont alors divisées entre les partisans du roi Saturiwa et de Utina le rival. De plus, il a du mal à faire travailler manuellement les Gentilshommes plus prêts à chercher des trésors qu'à cultiver.

Lorsqu'un bateau venu de France pour ravitailler la colonie accoste, Ribaut renvoie les éléments perturbateurs. Les nouveaux arrivants se composent de charpentiers et d'hommes durs à la tâche qui se mettent à renforcer le nouveau fort. Cependant, ces derniers arrivants arrivent à débaucher des matelots et parviennent à les convaincre de s'emparer des deux embarcations. Ils veulent aussi rançonner les galions espagnols. Pour faire face à ces difficultés, Ribaut fait construire deux autres grosses barques. Cependant elles tombent aux mains d'hommes désireux d'exercer la piraterie. Profitant de toutes ces querelles, les Espagnols se saisissent de tout et tuent la plupart des Français. Ils ne laissent la vie sauve qu'à quelques hommes qui se réfugient en

Caroline. Après leur jugement, Laudonnière fait exécuter la plupart des rescapés.

Les Français de la Caroline continuent de vivre de troc, de rapine et de meurtre. En réaction, les indigènes attaquent la colonie. La colonie française ne sera sauvée qu'in extremis par le négrier anglais John Hawkins. Laudonnière refuse d'être rapatrié mais devant les agressions répétées des autochtones décide de quitter la colonie.

C'est le 28 août 1565, à la tête de sept navires et de 600 colons que Ribaut revient en Floride une seconde fois pour remplacer Laudonnière, lui aussi en Floride. Explorant les côtes, il se présente au large de la colonie originale et se trouve tête à tête avec l'envoyé spécial de Philippe II d'Espagne Pedro Menéndez de Avilès qui a pour mission de chasser les Huguenots français. Les vaisseaux espagnols arrivent à s'infiltrer parmi les Français et ceux-ci doivent s'éclipser. Ribaut cependant ne s'avoue pas vaincu et tente de prendre le fort espagnol. Mais pris dans une mauvaise tempête, les vaisseaux français coulent le 10 septembre avant d'avoir pu se battre avec les Espagnols. Ces derniers massacreront les survivants non comme Français, mais comme Luthériens, Ribaut le premier. C'est la capitulation sans condition de toute la garnison et la fin de la colonisation huguenote de l'Amérique.

De retour en France aux alentours de décembre 1565, Laudonnière s'installe comme négociant à la Rochelle. Echappant à la Saint-Barthélemy, il meurt en 1574. Ses mémoires publiés en 1586 s'intitulent *L'histoire notable de la Floride, contenant les trois voyages faits en icelles par des capitaines et pilotes français.*

Verrazano

Il naquit en 1481 et fit ses études à Florence. Il semble avoir vécu une grande partie de sa vie en France (Figure 44). À défaut de pouvoir prédire exactement le lieu de sa naissance, on peut dire qu'il fit de la France sa patrie d'adoption.[15] Il se fit nommer "noble homme Jehan de Verrazane" d'après un acte de tabellionnage de Rouen et plus tard conserva le nom francisé. Son frère Girolamo Verrazano était cartographe. Très vite, Verrazano s'associe avec des négociants rouennais qui faisaient alors fortune et à Jean Ango, riche armateur. C'est à Rouen et plus précisément le 23 mars 1523 qu'il conclut dans cette ville un contrat d'association avec cinq marchands florentins et trois négociants lyonnais en soie pour une expédition par mer vers la Chine. Le port d'embarquement a été longtemps controversé. Il semblerait que le départ des navires ait été effectué à Bray-Sur-Seine. D'autres témoignages font partir l'expédition par le Havre. Quatre navires, dont seuls les noms de *la Dauphine* et la *Normande* sont répertoriés, sont affrétés. Sur la Dauphine, le capitaine est Antoine de Conflans et Verrazano est le chef de l'expédition.

L'idée originale de Verrazano était de trouver le passage vers la Chine en prenant la route de l'Est au Nord de la Moscovie. Il prit son chemin en direction de la route de Norvège. La flottille semble avoir fait escale à Dieppe. Le rapport fait à François Ier n'indique rien sur les premiers six mois du voyage. L'équipage entre dans l'océan arctique en août 1523. La tempête semble faire rage, les navires se perdent de vue si bien que deux des navires font naufrage. *La Dauphine* reste vraiment le seul navire vaillant, mais les deux bateaux font demi-tour. Entraînés sur les côtes écossaises puis irlandaises, les deux équipages arrivent sur les côtes françaises (certainement Saint-Malo).

C'est alors que Verrazano semble avoir rencontré Jaques Cartier et l'avoir convaincu de venir sur *la Dauphine* comme second. *La Dauphine* se voit appelée au combat pendant l'automne 1523 car la guerre fait rage sur deux fronts: entre les Français et les Espagnols débarqués à Bayonne et les Anglais à Calais bien décidés à aller vers Paris. *La Dauphine* s'engage vers le golfe de Gascogne et, victorieuse, ramène un gros butin vers la Rochelle. Quand le calme revient, Jean Verrazano décide de reprendre le chemin de la mer dans une seconde expédition afin d'atteindre cette fois-ci la Chine par la route de l'Ouest.

Parti de la Rochelle vers le 1er janvier 1524, à bord de *la Dauphine*, et certainement avec Jacques Cartier, le navire se dirige vers l'Ouest pendant vingt cinq jours à travers l'Atlantique. Il prend ensuite la direction nord-ouest pendant les vingt cinq jours suivants. Une terre nouvelle située au 34 degré Nord est découverte. Aucun navigateur européen n'avait encore cartographié la région et donné autant de détails sur cette partie du continent américain. Ensuite, Verrazano longe la côte vers le Sud. Trouvant une végétation importante, il la décrit longuement. Il est le premier à décrire la forêt américaine. Puis il aborde la région qui correspond à l'actuelle Savannah. Il donne une longue description des premiers autochtones rencontrés. Le 25 mars 1524, il débarque un peu plus au Nord près du Cape de la Peur et nomme la terre *Terre de l'Annonciation* (la Caroline du Nord).

Poursuivant ensuite plus au Nord, il nommera l'embouchure du détroit de son nom, car il pensait avoir atteint l'isthme entre la Chine et le Pacifique. C'est en fait le Cap Hatteras (au Sud de la baie de Chesapeake). Aucun passage ne semble franchissable après le Cap Hatteras. Verrazano baptise ces nouvelles terres du nom de *Francesca*, en hommage à François Ier. *La Dauphine* continue vers le Nord sur la côte de Lorraine rebaptisée par les soins du capitaine. Le 2 avril, une troisième escale fait débarquer la moitié de l'équipage. Et du 8 au 13 avril 1524 l'équipage poursuit sa route vers les actuels Delaware et New jersey. Des promontoires aux noms de *Cap d'Alençon, Cap Bonniver et de Vendôme pour* la rivière seront répertoriés. Verrazano nomme également la colline de *Saint-Pol* (Navesink Highlands) en hommage au général anglais repoussé à Paris en décembre 1523. S'engageant vers la mi-avril sur la passe étroite des Narrows, le navire atteint l'embouchure de la rivière que l'on appelle le Hudson River. Répertorié comme port possible en raison de sa profondeur et de sa largeur, il semble avancer sur le rivage de l'actuel Brooklyn. Il baptise *Terre d'Angoulême* le port de New York toujours en hommage au roi François Ier et surtout à la sœur du roi, Marguerite d'Angoulême. Puis il décrit et nomme la rivière rencontrée de *Rivière Grande.* Toute cette nomenclature française disparaîtra bientôt sous le passage des Anglais. Verrazano trouve l'actuelle île de Rhodes et la baptise *Flora* en hommage à la mère de François Ier. Débarquant dans un port vite nommé *Le Refuge* le 22 avril, il y passe 2 semaines (actuel Newport) et d'après de bons calculs situe cet endroit à la même latitude que Rome. Quittant *le Refuge* le 6 mai, Verrazano poursuit l'exploration vers le nord-est et nomme le promontoire qui s'y trouve du capitaine de François Ier mort à Pavie de *Pallavacino.* Passant par de nombreuses îles, il les dénomme par *Trois filles de Navarre, île Ste Croix,* puis atteint la baie de Fundy. Rencontrant des tribus plus hostiles et ne trouvant pas le passage tant convoité pour atteindre la Chine, il se ravitaille une dernière fois à la Terre des Bretons. Après avoir parcouru plus de quatre mille kilomètres sur les côtes américaines, il embarque le 28 mai 1524 pour retourner en France le 8 juillet et envoie un rapport mitigé au roi de France puisqu'il n'avait pas trouvé de passage vers l'Ouest. Il confirmait cependant que l'Amérique était bien un continent.

Après avoir obtenu une audience auprès de François Ier pour lui faire part de ses découvertes, il ne réussit pas à le convaincre d'entamer une nouvelle expédition. Le roi est encore bien affairé avec les guerres. Le désastre de Pavie du 26 février 1525 et sa captivité ont fini de réduire les finances. De ce fait, Verrazano se tourne vers l'armateur Jean Ango et le négociant Rucellai.

Une nouvelle expédition appareillera le 15 juin 1526. Son frère Jérôme, le cartographe, sera du voyage. Voulant trouver les Indes Orientales par la route de l'Ouest, le bateau s'engage sur les côtes du Brésil, puis le Rio de la Plata en octobre. Il atteint le détroit de Magellan encore appelé à l'époque *le détroit du Dragon* en décembre. Le temps n'étant pas clément, Verrazano doit emprunter le Cap de Bonne Espérance et l'océan Indien. Navigant trop au Sud, Madagascar est raté, et après des jours de mousson, l'équipage arrive 2 ans avant les frères Parmentier à Sumatra au cours de l'été 1527. Mal reçu à Achem (Atjeh) où des marins français seront tués par des indigènes, il finit par abandonner le projet de trouver la Chine par l'Ouest et décide de rentrer en

France en passant par les Maldives et Madagascar. Deux navires feront naufrage vers la fin de l'année 1527 et c'est sur une chaloupe que les rescapés regagneront le Mozambique où ils seront capturés par les Portugais. Sauvant le navire du désastre, les navigateurs font alors voile sur le Brésil, espérant pouvoir trouver de bonnes denrées et du bois qui pourraient couvrir toutes les dépenses du voyage de retour.

Le bilan de l'expédition semblait assez insignifiant. L'explorateur avait cependant réussi un exploit maritime important de plus de 700 lieues marines sur une terre inconnue. Il avait également établi une jonction entre les terres découvertes par les Espagnols au Sud et les Portugais au Nord et ramenait aussi de beaux espoirs de trouver des richesses, dont l'or et des épices. Sa réputation de bon pilote était définitivement assise. Il apportait aussi la démonstration que ces terres neuves étaient bien un nouveau continent ignoré des Anciens. "Un autre monde, plus grand que notre Europe, que l'Afrique et presque l'Asie. Cette terre ou Nouveau Monde forme un tout."[16]

Ce sera lors d'une troisième expédition prévue au départ de Fécamp que Jean Verrazano s'embarquera sur la *Flamengue.* Ces sera également son dernier voyage: parti à terre, il sera arrêté par les indigènes et dévoré devant les yeux de son frère Jérôme.

Les caractéristiques des cartes normandes

La cartographie normande se caractérise par certains traits particuliers. Nous voudrions dans ces quelques pages étudier en quoi elles reflètent un moment important dans l'histoire de la cartographie.

En général, nos cartographes dieppois reproduisent et s'inspirent des portulans. La partie des pays du Nord est parfois mal indiquée. La Baltique, Le Groenland, la Russie et les pays de Scandinavie reflètent les tracés de l'époque. Les sources consultées pour les contours dépendent surtout de ce que les cartographes respectifs ont consulté. La géographie de Ptolémée révisée par Claudius Clavus Niger en 1423–1424 a établi un prototype dans lequel le Groenland joignait de façon incorrecte le continent européen mais montra que la partie qui s'étendait au delà de L'Islande était adéquate. Une version plus ancienne établie par Donnus Nicolaus Germanus publiée à Ulm en 1482 montre l'Islande avec une sorte de poignée pointant vers le nord-ouest. Cette forme, suivie par Ribeiro dans sa carte de 1527 à Weimar et puis reprise par Verrazano dans sa carte de 1529 est également illustrée dans celle de Roze. Le Testu et Desliens, cependant ne nomment pas la région "Gronlandia," laissant le nom de "Groullande" dans les cartes dieppoises comme une modification linguistique. L'omission du nom des cartes chez Roze est cependant à noter.

Pour le cas des régions polaires, on peut distinguer plusieurs partis; ceux, qui comme Cousin, Desliens et Desceliers ne figurent pas vraiment ces régions à proprement parler. D'autres, comme Jean Roze dans sa mappemonde de 1542 montrent bien un blanc dans le dessin. Au XVIIe siècle, sous l'influence de Jean Vrolicq, les cartographes présenteront le Spitsberg comme une colonie française.

En ce qui concerne la Baltique et les pays de la Scandinavie, il est souvent difficile de bien distinguer les contours nets de chacun des pays. Parfois en véritable tas agglomérés (Desliens ou Desceliers par exemple), ils ne prouvent pas que ces pays soient connus. Hors, des relations de voyage dans ces contrées ont existé. Il semble que nos cartographes dieppois n'en n'aient pas tenu compte. Les littoraux de la Russie et de la mer Blanche, peu connus au XVIe siècle, feront un énorme bond en avant dans la représentation graphique de Jean Sauvage en 1586, lui aussi dieppois et donc postérieur aux cartographes étudiés. Jean Guérard, cartographe dieppois prendra compte de son étude pour dessiner ses cartes XVIIe siècle.

La terre australe

Dans l'antiquité et au Moyen Age, l'existence de la terre australe est présente et se dénommera *Antichtone*. On situait cette partie au Sud de l'équateur, et bien vite elle se vit confirmée par les lois d'Aristote sur la pesanteur, reprises par d'autres écrivains comme Pline ou Strabon ou Maniljus. En effet, bien que les deux hémisphères aient le même poids, il devrait y avoir un autre continent qui contrebalancerait le tout. Cette théorie, n'en doutons pas, fera germer l'imagination ou des explications d'Hipparque, Erasthotène ou Crates de Mallos. De même, cette élaboration du continent austral trouvera de nombreux partisans chez Cicéron et ses *Tusculanes* (Livre I, chapitre 28) ou *le rêve de Scipion*. Macrobe reprendra la théorie de la division des continents au nombre de quatre, en inscrivant un courant océanique tout autour du globe.

Une autre particularité de ces géographes dieppois est qu'ils peuplent tous ces territoires isolés. La description de Vallard des autochtones (Figure 37, 38, 39) dans ses cartes souligne l'influence des écrits qui ont été faits par le passé. Les dessins montrent à la fois des connaissances sur les huttes et pourraient aussi indiquer dans certaines précisions sur les huttes à piloti des voyages plus récents. La caractéristique constante parmi tous les cartographes dieppois est qu'ils ont unanimement représenté une sorte de socle allongée aux bords inégalement distants du pôle pour le continent austral. À partir de cette bordure, plus ou moins échancrée selon les cartographes, on peut voir trois grandes péninsules projetées au Sud du détroit de Magellan, de l'Afrique et de l'île de Taprobane (Sumatra). Cette dernière sera toujours bien déployée au point que certains y verront dessiner l'Australie.

Si Desceliers et Desliens par exemple représentent le continent austral attaché à l'antarctique, Vallard l'amalgame presque avec Java la Grande; ce qui suscite encore de nombreux débats puisque la carte montre nettement le continent australien, de façon élaborée. La carte cependant n'indique pas le Pôle Sud. Les Normands proclament sans détour dans leurs écrits (Jean Roze en particulier) qu'ils ne connaissent pas cette région. D'où proviennent alors ces détails? Certainement de marins portugais et français. Nulle trace de document ne peut étayer l'une ou l'autre cause. Que ce soit à cause de la piraterie, du règne des secrets, ou au feu à Dieppe par les anglais au XVIIe siècle, il ne reste que des supputations.

Java la Grande est placée sur toutes les cartes normandes comme une vaste région située au Sud de l'Archipel de la Sonde. Si des reliefs vagues se joignent vers le Sud avec les côtes occidentales et orientales, elles sont dominantes pour cette région. Aux yeux des explorateurs, à la suite de Magellan et de son passage dans l'océan Indien, les marins virent des analogies entre les cartes. La largeur de détroit variait de une à quatre lieues, et sur les rives opposées, ils pouvaient voir se dresser des montagnes, et des pics élevés recouverts de neige. C'est pourquoi le navigateur explorant ces régions avait certainement l'impression de se trouver entre deux continents, et cette affirmation corroborait les théories de l'équilibre des continents et de l'Antichtone. Cette croyance subsistera encore pendant quelque temps. Il faudra en effet attendre Cook et ses voyages au milieu du dix-septième siècle dans ces régions pour prouver qu'aucune terre ne gisait au Sud de l'Afrique et de l'Amérique.

C'est cependant les Normands, qui plus que d'autres, vont croire à cette terre australe et la représenter admirablement dans leurs cartes. La forme et la représentation des autochtones montrent une démarche toute particulière empreinte de mythologie et de réalité. La réalité qu'ils ont voulu représenter de ces terres australes est caractéristique de leur école dans leur examen constant des particularités des côtes, et leur engouement pour cette partie du globe. Léonard de Vinci[17] fut certainement l'un des premiers à représenter le continent au XVIe siècle. Pour lui, la forme de la terre australe est celle d'un triangle. Le côté le plus petit renferme le pôle en son milieu. L'angle opposé se tourne vers l'Amérique et l'Afrique à hauteur du Cap de Bonne Espérance et du Sud de l'Amérique. Ici encore, Vinci semble s'attacher à deviner plus qu'à décrire exactement. Il n'est pas le seul à cette époque. Martin Fernandez de Encisco fut lui aussi à même de porter ce continent austral en mentionnant cependant qu'aucun navire n'y a encore abordé. Plus tard Jean Schoener, célèbre cartographe de Nüremberg le figurera dès 1515 sur ses globes. Il imposera même le nom de *Brasilie regio*.[18] C'est dans ce recueil qu'il parlera des montagnes de la neige perpétuelle, mais aussi d'animaux jusqu'ici inconnus et d'habitants vêtus de peaux de bêtes. Le texte affirme également que ce sont les Portugais qui l'ont exploré. D'où viennent ses affirmations? D'après Harrisse,[19] le recueil de Ruchamer inséra les quatre voyages de Vespuce. Une autre source intéressante à considérer est également celle de François qui construisit un globe entre 1526 et 1530 où le continent austral est bien décrit avec le pôle comme calotte sphérique, deux hémisphères partagés entre Espagnols et Portugais, et la terre australe avec une longitude de 43 degrés et une latitude de 54 à 55 degrés.

Le Français Oronce Finé, empruntera aux travaux de Schoener le nom de *Brasilie regio* et fera figurer notamment dans sa carte cordiforme une belle calotte des pôles. L'intitulé "*Terra Australis recenter inventa, sed nondum plene cognita*" montre l'intérêt particulier porté à cette région, comme le souligne Anthiaume.[20]

Si nos cartographes normands n'ont pas vraiment utilisé toutes ces références, ils ont cependant continué à démarquer toute la région. Etait-ce pour contribuer également à la théorie de l'équilibre des continents? Certes, mais leur ténacité leur offre également un moyen de se démarquer des autres cartographes, tout en incluant le ou les récits des voyages entendus et les rapports—sous le manteau—des Portugais.

Java la Grande

Pour les cartographes normands, Java la Grande est une terre située dans l'Archipel de la Sonde et plus exactement au Sud de celui-ci. Pour eux, les lignes assez incertaines s'alignent vers le Sud et s'accrochent au continent austral. La partie Nord comprend de nombreuses échancrures et de nombreux détails y sont agglomérés. C'est assurément la partie découverte. L'ile de Timor est située au nord-est et ainsi, la terre semble correspondre à la terre d'Australie. Si la discussion perdure encore de nos jours sur la découverte des Normands sur les terres australes, nous ne pouvons que réaffirmer comme pour le continent austral que ces terres semblent avoir surtout chez les Normands provoqué un élan figuratif important et un amalgame. Cependant, à part le fait d'être uniques dans leur représentation de Java, il faut noter également une précision nette sur la nomenclature d'origine française. Si certains découvreurs ont pensé comme Major que ce sont les Français qui ont découvert ces territoires, il y a aussi assez d'indices et de preuves portugaises pour contrecarrer ces points (Harisse).

À toutes fins utiles, nous pouvons cependant noter, puisqu'il s'agit dans ce livre de discuter des cartographes et explorateurs dieppois, que Gonneville et ses voyages de 1503 ont laissé des traces que nos cartographes n'ignoraient pas.[21] Si Gonneville fut jeté sur une île encore inconnue à l'époque par une tempête, il se gardât d'en indiquer le lieu soit par méconnaissance, soit pour éviter des conflits. D'aucuns y ont vu dans la description les côtes de l'Australie. D'autres y ont vu la description de l'île des Perroquets au sud-ouest du Cap de Bonne Espérance.[22] Tout ce qu'on pourrait simplement faire remarquer et que dans le contexte de son expédition, et en raison de sa location, il était connu de nos cartographes tels que Roze ou Desceliers. Que ces derniers et d'autres, comme Vallard ou De Vaux en aient profité pour faire des mélanges, il n'y aurait peut-être qu'un pas. Cela dit, la description que les cartographes font des autochtones est surprenante. Elle pourrait provenir des voyages des explorateurs portugais qui atteignirent les rivages sur ces côtes septentrionales vers 1511. Le silence, les complots et le secret contribuèrent fortement à l'effacement et à l'oubli des vrais navigateurs dans ces régions. La sauvegarde du secret fut essentielle dans la diplomatie avec les contrées autres qu'espagnoles et portugaises. Toutes les nations furent à la merci des intérêts commerciaux et partageaient en commun le goût du "caché." Les Portugais désiraient obtenir les marchés des épices. Ils n'étaient pas les seuls. Leur programme d'extension d'outre-mer les poussaient à donner des indications souvent erronées pour que personne ne les volât. Cependant, la description, la nomenclature et la place des îles constituaient cependant–bien que fallacieuses–un modèle pour de nouvelles cartes.

Les cartographes normands profitèrent de leurs voyages et de leurs descriptions pour donner à ces contrées une nouvelle stature. Nous verrons, que malgré le dénominateur commun de territoire long et échancré, que les cartographes dieppois ont su garder chacun une vision et une imagination particulière en représentant ces parties du monde.

L'Asie et l'archipel asiatique

L'Asie et l'archipel asiatique est en général bien configuré et reflète toutes les découvertes faites à l'époque. La figuration et les distances sont mieux représentées que certains cartographes de l'époque. Par contre, l'exposition du Japon est très mal tracée.

L'Afrique

C'est en Afrique que les détails sont le plus probants. Ayant voyagé très tôt vers ce continent, les éléments reflètent également l'influence de Ptolémée. Reproduisant ceux qui ont fait les voyages antérieurement, nos cartographes dieppois se cantonnent à reproduire ce qui a été fait auparavant. Cependant les côtes du Ghana actuel et de l'Afrique de l'Ouest soulignent aussi dans leur précision les influences des marins dieppois (Béthencourt, Gonneville, Parmentier). La distribution des distances est en générale bien faite sur cette partie de la côte.

Madagascar est bien dessiné chez tous les cartographes dieppois et montre les influences de Cantino (1502) et de Reinel (1517) et Ribeiro (1529).

L'Amérique du Nord

L'Amérique du Nord est une partie généralement abondamment représentée. Les détails de la côte de l'actuel Canada s'affinent au cours des années dans la représentation grâce aux voyages successifs des expéditions de Cartier, Verrazano, Ribault pour la Floride et bien sûr les Espagnols pour le tracé de ces côtes. Les associations de l'archevêque de Rouen, Charles Ier de Bourbon, et l'Amiral de Joyeuse tentent de développer la colonisation dans cette zone américaine. Le Nouveau Monde est tracé comme distinctif. La séparation avec l'Asie est nette au contraire de certains diagrammes de l'époque.[23] Le tracé précis du Labrador et le morcellement extraordinaire de Terre-Neuve soulignent l'influence des pêcheurs de baleines français et des explorateurs comme Verrazano. Les cartes de Cartier vont également embellir leur croquis. Le tracé du Saint-Laurent, la Norembègue, et la nomenclature du Labrador s'enrichissent au fur et à mesure de noms français.

Pierre Desceliers mentionnera à cet effet sur le planisphère de 1556 dans un de ces multiples vignettes que "Aulcuns cosmographes on conjoinct l'Asie avec la floride, neufve espaigne, terre ferme et amérique, et disent icelle estre partie de l'Asie, mais l'oppinion d'iceulix n'est a ensuyir en tant quelle n'appert par certaine experience ne par raison."

L'École de Dieppe ne se contente pas de placer le détroit entre les deux continents. Il est fort bien défini. L'atlas de Laffreri, publié par Zallerieu de 1566 de Venise indique ce détroit et mentionne la participation française. Ce détroit nommé de nos jours détroit de Behring sera vraiment établi lors des expéditions de Davis, Hudson, Bafflin pour ouvrir le passage. Cependant, nos cartographes font figure de défi à l'époque.

Quant à la nomenclature du Labrador, elle est certes empruntée aux Portugais et à la Ricardienne de Florence. Le Groenland se voit amalgamé et représenté de façon bien imaginative. Les contours de Terre-Neuve, bien situés et souvent dénommés *Insulae Corterealis*, par de nombreux cartographes, restent cependant un archipel dans les figurations successives. Les Normands vont plus loin en traçant les contours de Belle-Ile et du Saint Laurent grâce aux explorations de Cartier. Le Norembègue; si le nom est d'origine dieppoise, c'est certainement en raison des voyages de Verrazano de 1524. Crignon les appellera *Francese* ou *Franciscane*.

Enfin, l'absence de synchronisation entre les nomenclatures chez les Dieppois dénote le peu de correspondance entre eux pour ces endroits particuliers. En effet, si la concordance est nette pour tous les détails des continents et toutes les parties dont nous venons de parler, la présence des dénominations des lieux chez Desliens dans sa carte de 1541 est mal recopiée chez Desceliers (1546). Sur d'autres cartes, Desceliers restera fidèle aux récits de Cartier. Il se pourrait aussi que ces cartes aient été copiées et dériveraient des originaux selon Anthiaume. Il faut aussi peut-être y voir également une nouvelle entrée dans le monde du secret et du mensonge pour qui verra les cartes.

L'Amérique du Sud

Empruntant aux Portugais, les cartographes reproduisent les côtes du Brésil. Ils mettent cependant beaucoup plus de détails que leurs contemporains. Certainement influencés par les voyages de Gonneville et de ceux du XVe siècle, les marins français avaient laissé quelques traces. Les Normands semblent les connaître.

Si le Chili et le Pérou sont encore mal représentés vers l'Est, c'est que personne à l'époque n'avait une idée bien précise du pays. La Patagonie, quant à elle, est conforme aux représentations de l'époque.

L'Amérique centrale et les Antilles

L'influence des corsaires est sans doute un élément caractéristique dans la connaissance des cartographes dieppois. Ils sont nombreux (Denys, Ango). Car les explorateurs français ont eu forte affaire avec les explorateurs espagnols de cette époque et pour la région concernée: il faudrait ici mentionner l'expédition de Guillaume le Testu avec le pilote anglais Francis Drake pour une attaque forcenée en 1572 près de Nombre-de-Dios.

Quelques îles ne sont cependant pas colonisées par les Espagnols. Notamment les Petites Antilles. Proclamant la liberté des mers, les corsaires combattront souvent et saisiront les galions espagnols venant de Saint Domingue, Cuba et du Pérou. Profitant du traité de Vervins signé le 12 mai 1508 entre le roi Philippe II d'Espagne et Henri II où ce dernier ne pût obtenir les franchises qu'il convoitait, les Normands poursuivirent leurs expéditions et fondèrent des colonies. De grandes Compagnies protégées par l'Etat réussirent à exploiter les terres des Petites Antilles.

Les cartographes normands avaient donc de nombreux documents laissés par les uns et les autres pour dessiner au plus près et au plus juste toute l'Amérique centrale. Toutes leurs cartes contiennent des éléments sur les tracés précis des terres, baies et écueils à éviter. Cette partie est cependant négligée au point de vue de la représentation humaine. Serait-ce parce que ces dessinateurs voulaient à tout prix être exacts au point de vue des littoraux? Ou serait-ce parce que étant représentées à bonne échelle, elles ne pouvaient pas contenir beaucoup d'indications? Ou serait-ce tout simplement par omission? Est-ce que le journal de Parmentier à Saint Domingue n'a pas joué non plus un rôle catalysateur dans la présentation côtière et dans les mesures qu'il en avait faites? Son journal que nous explorons au chapitre deux est en effet en mesure d'intéresser nos cartographes puisque les détails sur la topographie, les distances et les lieux donnés par Parmentier peuvent faire contrepoids aux expéditions de Colomb. Son récit donne un ton de véracité aux descriptions. Si nous ne pouvons avoir de confirmations précises, nous pensons que ce journal a été pris en compte par les cartographes dans la représentation de cette partie du continent.

Ainsi nous avons pu rappeler le souvenir des cartographes dont les travaux furent importants. Nous avons pu relever également dans ce chapitre les particularités des cartes normandes, leur importance et leur grand nombre au XVIe siècle. Voyons maintenant comment ils se distinguent dans l'élaboration et la représentation des autochtones.

NOTES

1 Abbé Anthiaume, *Cartes marines. Constructions navales–Voyage de Découverte chez les Normands. 1500–1650*. Paris: Dumont, 1916.

2 *Bulletin de la Société de l'Histoire de Normandie*, IX (1900): 5.

3 Abbé Anthiaume, *Cartes marines. Constructions navales–Voyage de Découverte chez les Normands. 1500–1650* (Paris: Dumont, 1916),148–150.

4 Edouard Hypolyte Gosselin, *Documents authentiques et inédits pour servir à l'histoire de la marine normande et du commerce et de l'Industrie de la Seine Inférieure* (Rouen: Charles de Beaurepaire, 1876).

5 *La chasse du Loup*, 1881, dédicace au roi Charles IX, 5.

6 Ch. de Beaurepaire, *Recherches sur l'Instruction publique dans le diocèse de Rouen*, III:216.

7 Charles Bréard, *Le vieux Honfleur et ses marins* (Rouen, 1897) 8, 77–82.

8 Abbé Anthiaume, *Cartes marines. constructions navales–Voyage de Découverte chez les Normands. 1500–1650* (Paris: Dumont, 1916).

9 Charlevoix, *History of New France*, 1:146.

10 Dans son livre *Jacques Cartier de Saint-Malo de l'Ile aux Rapides de la Chine* (Paris: Armine-Ediculture, 1997) Bernard Hue relate bien les différents témoignages.

11 Jacques Cartier, *Relations. Edition critique par Michel Bideaux*, collection Bibliothèque du Nouveau Monde (Montréal: Presses Universitaires de Montréal, 1986).

12 Jerald Milanich, "The Devil in the Details," *Archaelogy* (May/June 2005): 27–31.

13 Balin, *Palinods*, précis analytique des travaux de l'Académie de Rouen (1843), 48.

14 *Le parfait négociant* par le sieur, Jacques Savary, 8e éd. (Paris: 1721).

15 Michel Mollat du Jourdin, *Giovanni et Girolamo Verrazano navigateurs de Francois Ier* (Paris: l'imprimerie nationale, 1982); Jacques Habert, *Verrazane: Quand New York s'appelait Angoulême* (Paris: Perrin, 1993); Claude Briot, *Jean Verrazano et la découverte de la Côte Est des (actuels) États-Unis* dans *Dieppe-Canada cinq cents ans d'Histoire commune* (Paris: Editions Magellan & Cie, 2004).

16 Giovanni da Verrazano, "Le voyage de Giovanni da Verrazzano à la Francesca (1524)" dans *Jacques Cartier: Voyages au Canada avec les relations des voyages en Amérique de Gonneville, Verrazzano et Roberval* (Paris: La Découverte, 1992).

17 R. H. Major, *Archeologia* XI (1806): 15.

18 Franz Wieser, *Magallhaees-Strasse und Austral-Continent*, fol. 50 et suiv.

19 H. Harrisse, *Découverte et évolution cartographique de Terre-Neuve et des pays circonvoisins 1497–1501–1769* (London 1900).

20 Abbé Anthiaume, *Cartes marines 1500–1650* (Paris: Dumont, 1916), 502–504.

21 Eugène Guénin, *Ango et ses pilotes* (Paris: 1901).

22 Bouvet-Lozier, *Mémoires de Trevoux* (février 1740): 251–276.

23 Abbé Anthiaume, *Cartes marines. Constructions navales–Voyage de Découverte chez les Normands. 1500–1650* (Paris: Dumont, 1916).

CHAPITRE 5

Les Images et la Représentation des Autochtones dans les Premières Cartes de l'École de Dieppe: Exemples de Desceliers, Desliens et Roze

Le concept de représentation du Nouveau Monde est nouveau à l'époque des explorateurs pour Parmentier, Cartier, Verrazano, Gonneville puisqu'ils vont chercher des terres vers l'ailleurs ainsi qu'un nouveau passage vers les Indes: les illustrations des paysages et des peuples sont encore imaginées. En même temps, la présentation de l'ancien monde est abondamment illustrée grâce aux multiples voyages qui ont été faits en méditerranée. La représentation de l'Autre va changer grâce aux découvreurs. Si bon nombre de voyages ont constitué tout un ensemble de récits particuliers traitant de Jérusalem, ou de l'Asie (comme avec Marco Polo), il n'est pas certain que le modèle de la représentation trouvé en Amérique tienne encore.

Si peindre une image est aussi la situer dans un lieu concret, nos explorateurs auront fort à faire dans leurs récits et nos cartographes aussi. L'étude de ces figures et de ces dessins constitue un espace particulier. Il n'existe pas la en soi, mais dans les formes qui s'y déploieront. D'où une multiplicité des modalités et des possibilités.

La première question que l'on pourrait poser dans ce chapitre tourne autour des rapports entre les images et le temps historique. Devant cette question complexe, qui fut au cœur de l'histoire de l'art et de l'anthropologie une certitude apparaît: l'image n'est pas le reflet des mutations qui affectent la société. L'espace et le temps des mouvements historiques ne sont pas extérieurs à l'image qui porte en elle son propre rythme de changement et sa manière de changer.

Didi-Huberman parle à cet effet d' "anachronisme" de l'art comme étant un "symptôme" et non pas ou plus comme un "signe": si, en effet, le signe exige une analyse particulière et peut s'inscrire dans un contexte d'énonciation, la manifestation de ces changements apparaît souvent dans l'univers des images en tenant un rythme qui lui est propre.[1]

Cette situation peut se modifier quand le changement historique porte de nouvelles images. Celles-ci empruntent aux anciennes et tracent de nouvelles modalités que l'on pourra répertorier.

La représentation dans la carte de l'Atlas catalan de 1375 par exemple indique (Figure 45) bon nombre de tentes et de mosquées. Le monde y est dépeint avec des chameaux, parfois des éléphants. Il existe également des bâtiments avec les coupoles arrondies. Les couleurs sont souvent chatoyantes, et les habitants revêtus. Leurs têtes sont parfois ceintes de turbans et de couronnes. Mais la figure s'ouvre sur une dimension qui demeure "plus connue." L'image et l'art de la représenter entretiennent un rapport de connivence, de déjà vu et de "c'est tout à fait cela et ne peut être autrement." On pourrait—comme le dit Didi-Huberman[2]—confirmer le primat de *l'idea* dans l'histoire humaniste de l'art. C'est à dire que la représentation permet comme une "métaphore de l'intériorité spirituelle." Faisant en effet partie d'un savoir réitéré et attendu du public sur les voyages, la figuration renvoie à cette métaphore de l'extériorité: elle fait directement allusion au monde visible, connu et libellé d'une certaine façon. Cette perspective reprend l'histoire des idées et de ses concepts.

Ce phénomène est également sous la coupelle de l'anthropologie et du regard porté "à notre image," qui renvoie aux actes faits par les pèlerins et par les voyageurs: ceux-ci veulent comparer ce qui est leur est familier et montrer que le monde méditerranéen est proche de chez eux. Dans l'analyse de ces motifs, le mot "incarnation" commenté dans *l'œuvre ouverte*[3] prend alors une dimension non négligeable pour ce dont nous voulons parler dans ce chapitre.

En effet, la représentation artistique refait et illustre sur les cartes ce qui a été dit auparavant. Le but de la retranscription cartographique est de faire connaître, de caractériser les allées et venues des pèlerins, de citer et de bien décrire les habitations, les gens et les coutumes. Le corps de ces images et ce que l'on pourrait articuler comme "corps de l'expérience" (Leb) est aussi proche du corps fonctionnel (Körper), c'est-à-dire la manière de le mettre en valeur.

Pour ce qui est du Nouveau Monde, la représentation des figures est celle d'une image qui doit se calquer sur l'ancienne, mais sa diffusion ne correspond plus au temps réel ni à la fonction de "calque." En effet, tout semble nouveau et déconcertant dans l'apparition de ces autochtones.

Il s'agit alors d'ouvrir et entrer dans l'exercice et l'aventure d'une nouvelle démarche: celle de transmettre une autre façon de voir et de dire. Cependant, à bien y regarder de plus près, les avenues et les ouvertures qui devraient se faire deviennent assez temporaires, assez incertaines. Ainsi, comme nous le verrons au cours de ce chapitre, le discours rapporté sur les Indigènes de Colomb est bien sûr emprunté à la dialectique et la logistique colonisatrice. Celle de Cartier—tout au moins pour le premier voyage—fait preuve de reconnaissance et de curiosité. Mais dans l'ensemble, les discours rapportés des voyageurs montrent la difficulté à retracer avec les mots tout ce qui est nouveau: la création d'un lexique ne se met en place qu'au fur et à mesure des découvertes. Quant à la représentation figurale, elle touche souvent aux domaines de la nudité et leurs reproductions s'accroissent, sans pour cela "comprendre" ou "connaître" les différentes formes de la société représentée.

Qu'est-ce alors que cette figure sur la carte, cet objet illustré? La question mérite encore le détour car c'est par un détour visuel portant sur autre chose—justement ce qui n'est pas représentable, et ce qui n'est pas représenté—que la conversation de ce chapitre voudrait poser.

La figure bien sûr de la carte ne peut pas être prise dans le principe général, et seulement fonctionnel. Elle va au delà puisqu'elle crée sur la carte un espace particulier, devenant à la fois solennel et absolu.

Il faudrait d'abord s'interroger sur les champs des analogies structurales et de leurs différences. Si la culture chrétienne fait éclater et multiplie les images et les icônes en tout genre, la production des objets figuratifs ne doit pas faire oublier au départ une haine de cette figuration des "idoles" païennes qui servaient à des enjeux de croyance exprimés de façon "non visibles" mais connues et répertoriés du Verbe divin.

Ce paradoxe place alors l'élément figuratif de la carte au cœur du problème. Que peut-on comprendre par "figuration" dans ce monde chrétien? Elle comporte tout ce savoir acquis de la chrétienté et se déploie avec des sous-entendus anthropologiques, admis et validés par l'idéologie chrétienne. C'est alors des formes les plus élémentaires—comme dans les cartes dieppoises—jusqu'au développement plus raffiné des gravures aux bords du réalisme occidental, ou du baroque. On y passera des usages les plus connus, aux représentations les plus échevelées (par exemple des amazones), aux images d'hystérie collective, sans oublier celles de cannibalisme.

Sur une longue durée, la profusion des contrastes et des paradoxes de ces figurations joue sur les cultures dites "savantes" et celles plus "populaires." On peut aussi parler, grâce à l'abondance des illustrations, d'une exploration systématique de possibilités dans la culture chrétienne. Ainsi, la culture de l'image, fondée sur la croyance religieuse prolonge le regard: la norme ne fonctionne qu'avec des excès de dire et de représentations. Le christianisme semble inventer un nouvel ensemble d'objets figuratifs et ordonner en même temps les conditions anthropologiques de cet ensemble bien organisé. À travers le fantasme, le rêve (paradigmes contemporains de Freud), ces images fabriquent de l'inconscient.

Ce serait ainsi une espèce d'inconscient du visible: les traces y sont visuelles en un premier temps: elles sont matériellement représentables, mais elles agissent aussi autrement; sur l'intellect, l'inconscient et le savoir. La capacité et la volonté de construire chaque figure en programme de "désir" véhicule des surdéterminations psychiques et culturelles.

Il pourrait s'agir d'une nouvelle façon d'envisager la question de l'illustration et des représentations chrétiennes. Mais où est la part du langage et de l'image? Au confluent des deux? L'ambigüité règne, étant donné que le mot "figure" relève du vocabulaire de l'image et de la rhétorique. Au seuil de ces interprétations, toutes les facettes entre formes verbales et figuratives provoquent des doutes, des tromperies mais sont prises en compte dans la représentation.

On peut succinctement rappeler que dans la réflexion médiévale, l'image se pose comme une réalité présente. Sa relation avec le vécu pose problème à l'époque. Aristote nous rappelle aux livres II et III de *De anima,* que l'homme voit le monde, mais que seul un désir liant l'objet et l'image peut motiver l'esprit à s'en saisir. Dans un acte de perception, l'âme et le corps comprendront les choses. L'image est matière et forme: savoir si cette dernière imite celle de l'objet est inhérent à l'histoire des styles. La question est surtout celle de la "réalité." Dans le vocabulaire médiéval, on parle souvent de "translatio," c'est-à-dire de déplacement. Ni réelle, ni irréelle, simplement prise comme telle. L'image projetée des mains du dessinateur cartographe ferait apparaître une volonté "magique" de les mettre à plat et en quelque sorte de les asservir.

Le propre de ces arts visuels a pour particularité d'offrir au regard différents choix et interprétations. Les liens noués avec les images produites fonctionnent dans un espace où les échanges et les réseaux vont participer à former un véritable tissu "iconique," où toute une gamme d'énonciations, de critiques se renvoient les unes aux autres et fabriquent des lois et des structures du "réel." En même temps se constitue l'art de la mémoire ou *ars memoriae.* Des œuvres de modèle passent de main en main dans les ateliers chez les artistes, et les maîtres d'œuvre. Les figures religieuses, immuables, construisent une histoire avec un jeu sur la mémoire virtuelle. Les images portent ainsi leur propre passé et se refondent dans d'autres images expliquant la vie sacrée du Christ ou de la Vierge. Le rapport que l'on pourrait appeler "typologique" établit un lien entre l'Ancien testament et le nouveau. En quelque sorte, il semblerait qu'un moment et un espace de L'Écriture sainte hébraïque soient figurés dans la représentation des peintures. Par exemple, dans les peintures de crucifixion ou d'annonciation, il n'est pas rare de voir que l'artiste raconte l'évènement à un moment particulier: celui de l'ange de Marie dans la ville de Nazareth pour l'annonciation, celui au moment où le Christ est en croix. Les lieux ne deviennent pas complètement autonomes et unitaires, car ils ne sont pas ou plus de simples histoires racontées. Ces moments privilégiés doivent répertorier et faire rappeler les grands axes de la *Bible* et vont mettre en rapport des associations avec elles. Ce sont en quelque sorte des moments dépositaires de la mémoire, des "lieux" qui constituent des possibilités d'échange et de connaissance entre les chrétiens. Ils créent un dédale de lieux dont l'espace raconté ne représente qu'une infime partie de l'histoire des fidèles. Pourtant, en mettant en place ces "chroniques" de l'histoire évangélique, ils pérennisent la fonction et la construction d'un type de raisonnement sur les valeurs.

Les choses vont changer petit à petit. Au XIIIe siècle, l'idée de représentation mimétique semble prendre de la distance. La sensibilité et la pensée s'orientent de plus en plus vers un "semblant" et révèlent de manière plus évidente l'existence de tel ou tel objet: la similitude (au sens rhétorique) révèle ce qui avait été dissimulé. Ainsi les premières cartes avec l'œkoumène dont nous avons parlé au chapitre trois, se voient, elles aussi, orner de plus en plus de "détails," que ce soit dans la représentation du Christ ou dans la représentation des astres, des Chérubins, ou dans le tracé de plus en plus en circonvolution des fleuves ou même des côtes. Les couleurs sont mieux différenciées et le nombre des formes s'accentue.

Cette similitude engendre une "evidentia": elle est tirée de l'esprit créateur, et peut faire aussi référence à Hugues de Saint-Victor, amateur et "moteur" des arts figuratifs de l'époque. Force vivante, l'image combine *signum* et *potentia*. Dans ce sens, elle fera peur aussi. Isidore dans son *Etymologiae* (XIX, 1–2) la considère dangereuse puisque mensongère et n'hésite pas à le dénoncer (*pictura* contre *fictura*) Cependant un siècle plus tard, la reproduction des images se multiplie. Les représentations se répandent comme une trainée de poudre et ont des buts pédagogiques. Ces figurations ne disent cependant rien du temps: les artistes médiévaux suggèrent ainsi ce phénomène dans leurs répétitions et leurs juxtapositions qui se trouve transmué en espace. Le spectateur/lecteur peut interpréter suffisamment les durées de leurs effets grâce aux stratagèmes de dimensions et d'emplacements délimités. L'histoire ou *historia* prend place dans sa continuité et diverses représentations sont exposées. Au XVe siècle, on distingue en France ce terme avec celui de *historié* c'est-à-dire les illustrés. Le mot *escrit* représentera une figuration rehaussée de différents éléments.

La complexité de ces relations entre image et dire est soulignée dans la diversité des théories de l'époque (comme celle de Richard de Fournival et son *Bestiaire d'Amour* par exemple) et la pluralité des inscriptions et des icônes. L'artiste suggère souvent la spatialité en la menant sur un plan: soit il tentera de mettre le relief et la profondeur par des moyens techniques, soit il accumulera le nombre des personnages. Ces deux tendances se juxtaposent et se mêlent parfois.

Quand est-il pour les cartes? L'illusion de relief dans les portulans n'est pas dominante en générale. Dans la carte (Figure 45) de 1375, il ne s'agit pas de rendre la profondeur du relief. La grandeur des fleuves et des mers est construite sur des échelles approximatives. Si les mesures vont devenir plus quantifiables, plus exactes, ce sera grâce aux voyageurs qui transmettront les technicités et mesureront de plus en plus de façon effective les lieux et les espaces. Quant aux cartes en T/O, on ne peut pas dire que la figuration du Christ en haut du dessin est une mise en relief particulière de la véracité. Il s'agit avant tout, comme nous le mentionnions au chapitre un, d'une carte métaphorique qui représente un ensemble du monde crée par Dieu. Pour d'autres cartes en T, l'illusion de l'espace est établie par la position des personnages, la différence de couleurs entre les couleurs, et par l'échafaudage savant du décor des maisons et du paysage. En général, l'image se détache du fonds monochrome ou sur un décor hors de la représentation: nous voyons dans un carte plusieurs petits scenarii se développer. Dans la connaissance médiévale, l'esprit peut être perçu comme lumière, entendons par là que dans un jeu de couleurs, des effets sont exploités: dans les cartes, ces effets ont tendance à ne plus être proéminents. Le détail des rois ou des sultans de l'atlas catalan révèle bien peu les jeux d'éclairage dans la carte même. L'image de la carte fait en quelque sorte partie d'une des catégories relevées par Paul Zumthor.[4] Ce dernier souligne les distinctions entre la peinture sur manuscrit, la peinture murale et la peinture sous cadre, comme des moyens de diffusion importants de l'image aux temps médiévaux.

Les portulans sont grands et souvent étalés à plat sur de grandes surfaces. Le schématisme du dessin, la répétition dans l'agencement (comme l'emplacement des rois) et les éléments décoratifs appellent sur un ailleurs, et une narration à définir. Les petits dessins semblent autonomes, mais c'est dans le tout qu'ils fonctionnent à plein. Ils concentrent les énergies du lecteur qui doit "voir" au sens le plus fort de l'expression, et comprendre ce qui lui est proposé rapidement. Ainsi l'image bidimensionnelle agit doublement dans l'espace: en proposant un espace narratif, elle exige une compréhension progressive. Elle possède de plus son propre espace iconographique. Le lecteur est invité à déambuler dans un jardin intérieur et remonter le fil de l'histoire.

L'œil ne semble pas être le seul point de vue d'où l'on peut contempler l'image. La mobilité iconique, la juxtaposition, la sérialité (positions accroupies des rois, drapeaux et monuments par exemple) enrichissent le petit dessin que le lecteur décide de regarder. La vue peut se déplacer, se reprendre et on peut dire qu'une infinité de regards se mêlent. Petit à petit, des mouvements convergents venus de Flandre et de France tendent à repousser cette multiplicité de regards vers une harmonisation ou une régularisation et un certain contrôle. La pluralité du choix des perspectives (graduelle, scènes superposées par des éloignements dans le plan vertical ou la perspective inversée ou la perspective en "gradation" pour ne citer que ces exemples) vont à partir de 1250 s'animer dans des lignes de fuite bien cadrées et bien délimitées. Dans les tableaux de Ducce, par exemple, les lignes de fuite convergent en faisceaux sur un personnage dans le tableau intitulé la messe chrétienne à Greccio (1288–1296). Souvent chez Lorenzetti le bas du tableau est unifié par un carrelage qui délimite l'espace dans son entier.

Peintres, sculpteurs et architectes se mettent à chercher une technique qui sauvera leur art. Brunellesci en 1420 ou Alberti et son *Della pintura* s'occupent sérieusement de mettre les questions de perspective en place de façon systématique dans une recherche et un essai de faire coïncider la vision de l'image avec celle de l'objet.

Comme l'a bien démontré Panofsky,[5] la perspective est une des composantes essentielles employées par les artistes pour représenter l'espace. Si cette dernière se réfère à un espace en trois dimensions, elle établit un lien historiquement et socialement entre l'image et la réalité empirique.

À partir du XVe siècle et pour les propos de nos cartographes dieppois, l'individualisme des maquettes et des schémas se révèle plus intense et articule l'espace bidimensionnel de façon un peu différente. Celui de l'atlas de Roze entame une passation et exsude une histoire racontée des personnages. On pourrait dire que les scènes de nos cartographes dieppois commencent à narrer des moments particuliers et sont littéralement composées en petits tableaux. Parler de perspective pour la figuration des images et des objets à l'intérieur des cartes n'est pas ce que semble rechercher nos cartographes.

En effet, les dimensions des cartes sont aussi précises pour l'époque que possible, et l'analyse des distances, les séquences de rhumb, l'espace des terres et de la mer sont articulés de la meilleure façon trigonométrique à l'époque. Cependant, l'espace articulé pour l'ensemble des figurines reste souvent empirique comme nous le verrons. La dimension et la représentation des monts, des arbres, contient souvent une perspective "à elle": les éléments sont figurés les uns par rapport aux autres dans un aspect de perspective pour la représentation. Ainsi, chez Desceliers (Figure 19) la représentation de l'Amérique du Sud suit comme tous les autres cartographes de l'époque une discipline et une grandeur qui lui est propre. Les hommes peints sont placés les uns derrière les autres. Le lecteur/spectateur peut voir les différentes grandeurs des personnages.

Mais vue de loin, les échelles des monstres et des hommes sont les mêmes dans leur vue d'ensemble. Dans le détail de la carte de Desceliers à la pêche à la baleine (Figure 46), les illustrations des hommes s'insèrent bien dans le modelé. Mais l'image de la baleine aussi grosse que les hommes dans leur embarcation n'est pas véridique. Cette perspective "artificielle" concernant une partie de l'image permet pour les cartographes de fragmenter divers lieux et scènes, de multiplier les points de vue et les détails, et de formuler diverses proportions. La carte forme un ensemble dans un espace total, en quelque sorte homogène dans sa représentation. Elle déploie immédiatement les grandeurs des terres et des mers. C'est en regardant de plus près que chaque partie prend une autonomie.

Panofsky, empruntant le terme à Cassirer parle d'art et du concept "de forme symbolique": il se réfère ici à l'exploration de l'homme dans sa conquête de représentation des formes.

> Par forme symbolique" il faut entendre toute énergie de l'esprit par laquelle une signification spirituelle est attachée à un signe sensible concret et intimement appropriée à ce signe. En ce sens, le langage, le monde mythico-religieux et l'art se présentent à nous comme autant de formes symboliques particulières.[6]

Les considérations de Cassirer et de Panofsky nous enseignent des éléments importants sur l'analyse anthropologique des formes esthétiques de la peinture et des cartes: l'idéal ne peut être séparé du matériel et l'analyse devra comprendre des articulations, des liens qui relieront les objets au monde extérieur, à travers le travail de la "conscience." En explorant le monde des formes esthétiques, l'œil humain pourra d'abord voir la forme et les contours de l'œuvre avant d'en atteindre son contenu profond.

C'est ainsi qu'à partir de l'expression des formes, résultant d'un mouvement des contours allant de l'intérieur vers l'extérieur que l'on essayera d'établir une analyse esthétique. La relation des images et des objets—et dans celui des cartes notamment—ne saurait être à l'époque envisagée de manière directe et immédiate, mais à travers un processus de constitution des signes.[7]

L'articulation entre le concept et la forme fera partie d'un "processus" particulier pouvant relier certaines images à certains concepts pour nos cartographes dieppois. Les images seraient des médiatrices entre des formes concrètes et des idées: elles pourront se définir comme des instruments permettant d'effectuer le passage vers des formes abstraites ou à des manifestations concrètes.

> L'objet ne subsiste pas avant l'unité synthétique et en dehors d'elle; elle seule au contraire le constitue; ce n'est pas une forme toute faite qui ne ferait que s'imposer et s'imprimer dans la conscience, mais le produit d'une mise en forme qui s'effectue par la médiation essentielle de la conscience de l'objet et en vertu des conditions de l'intuition et de la pensée pure. La "philosophie des formes symboliques" accepte cette idée fondamentale de l'entreprise critique, ce principe sur lequel repose la révolution copernicienne de Kant, pour ensuite l'élargir . . . à partir du chaos des impressions, se forme un cosmos, une image caractéristique du monde. Une telle image du monde n'est possible que par un acte particulier d'objectivisation.[8]

Cet exemple illustre bien les sphères nombreuses de la connaissance humaine du monde à partir des rapports entre les espaces esthétiques, mythiques et les espaces théoriques.

Ce projet de mise en forme d'une expression symbolique passe également par Panofsky et son regard sur les modes de représentation:

> Si la perspective n'est pas un facteur de la valeur artistique, du moins est-elle un facteur de style. Mieux encore, on peut la désigner—pour étendre à l'histoire de l'art l'heureuse et forte terminologie d'Ernst Cassirer—comme une des "formes symboliques" grâce auxquelles 'un contenu signifiant d'ordre intelligible s'attache à un signe concret d'ordre sensible pour s'identifier profondément à lui'; c'est en ce sens qu'une question va prendre, pour les diverse régions de l'art et ses différentes époques, une signification essentielle, la question de savoir, non seulement si les uns et les autres ont une perspective, mais encore quelle perspective elles ont.[9]

L'espace constitué chez les cartographes dieppois montre ainsi que leur temps et leur monde pourraient être construits autrement car leurs intentions et leurs soucis d'illustrer certains passages ou certaines formes leur permettent de s'ouvrir sur des aspects anthropologiques importants. Ils ne dessinent pas uniquement un "centre de vision." Leurs représentations se fondent sur des mouvements isolés des figurines ou du paysage. En déployant et en démultipliant ces formes, ils feront référence à des concepts synthétiques du monde connu, vu par des occidentaux. De l'extérieur de la carte vers l'intérieur de la carte, une multitude de points mis en abyme se jouxteront.

Pendant longtemps un des buts de la géographie a été de présenter des informations sur les différents peuples et humains dans les régions dessinées sur les cartes en parallèle avec des informations sur la flore et la faune. Cette curiosité est prolongée chez les cartographes dieppois. Tandis que les lieux géographiques indiqués sont parfois vagues, les distinctions régionales se conforment souvent à l'idée de culture envisagée par des ethnologues. De manière générale, les caractéristiques culturelles chez Desceliers, Desliens ou Le Testu semblent plus importer que les détails physiques. Ainsi, l'impression des différences "raciales" ou la nudité semble moins les concerner que chez d'autres cartographes. Les nuances physiques des individus entre les différentes parties du monde, les couleurs de peau, de cheveux, et la forme des yeux ne sont pas toujours distinctes. Ces géographes s'attachent surtout à décrire les vêtements, les armes. Viennent ensuite les maisons et occasionnellement les activités. Quelques tribus nues apparaissent. Mais elles ne couvrent pas toute l'Amérique.

L'information ethnographique se trouve alors étrangement indépendante des autres types de proto-ethnologie, aussi bien visuelle qu'écrite. On ne peut pas non plus parler de copie des illustrations entre les cartographes dieppois. Leurs dessins de la flore ou des habitations sont souvent indépendantes les unes des autres. Les connaissances ne semblent pas cumulatives et il y a peu de référence de copie de scénette, ou de plans d'une carte à l'autre, à l'inverse des tracés dans les cartes qui le seront.

Les cartes de Desceliers

Carte de la côte du Labrador: détail

Située près du Labrador, cette image (Figure 22) montre les activités des pêcheurs de baleine. Les cinq figurines ont à faire à de hautes vagues dans leurs petites embarcations. Elles sont habillées et portent des bonnets. Un homme armé d'un arc et revêtu d'une espèce de cape est en train de viser un animal aquatique aux ailes abaissées et à la queue en forme de triton. L'animal est percé par plusieurs flèches et semble souffrir. Un autre homme sur l'embarcation vise l'animal avec un harpon. Les habits des hommes ne proviennent d'aucun pays spécifique: on ne sait pas si ce sont des autochtones ou des Européens. La couleur des vêtements est rouge, et le teint de la peau n'est ni blanc ni rouge. Leurs bonnets pourraient indiquer une influence européenne, mais l'arc utilisé pourrait aussi souligner l'influence des peuples visités ou une pêche faite par des autochtones.

L'animal fait partie du bestiaire mythique du Moyen Age. On peut déceler que Desceliers hésite sur la formulation de cet animal et qu'il envisage le dessin à partir des récits de Marco Polo. Il ressemble à un dragon.

Le Nord du Canada

Dans une optique renversée, le Nord de l'Amérique est postulé frontalement sur la carte (Figures 22 et 24, 46 et 47). Les lettres de "la mer océane, mer despaigne et mer de France" reflètent l'imprécision du savoir et la non dénomination de cette vaste étendue d'eau tracée en rouge et en bleu. Elles sont écrites en lettres majuscules et se lisent bien dans l'ensemble de la carte. Pour obtenir des informations et comprendre l'ensemble du Nord du Canada qui est proposé, le lecteur doit se déplacer ou se retourner pour voir l'étendue du continent. L'intérieur du territoire est cependant—comme la mer—parcellé de scènes diverses bien élaborées.

L'intérieur du Canada

Le terme "Canada" figure en lettres majuscules sur la carte. Le titre de "Terre du laboureur" (Figure 46) nous rappelle l'influence de Cartier qui fit ses voyages sur ces terres arables et fertiles. Pour ce qui est du placement des figurines dans l'extrait 3, on peut distinguer des chasseurs vers le nord-est de la carte et un autre couple vers la droite. La blancheur de leur peau est soulignée: si la copie de Dieppe est endommagée, on peut cependant noter que l'utilisation du blanc est très nette et ne représente pas les autochtones. Une semi-nudité règne. Mais au contraire des indigènes du Brésil à la peau mate, la blancheur des peaux fait un contraste frappant. Dans la copie située à la Morgan Library, une couleur de blanc-gris est utilisée.

Plus au Sud de la carte, figurent des hommes d'origine européenne: l'un d'entre eux porte un chapeau, des chausses et des bottes. Un autre, plus au milieu porte une lance avec un long manche. Il porte des bottes de cuir. En face de lui, un cheval se cabre sous la vigoureuse poigne d'un autochtone nu. Un Européen fait aussi cabrer son cheval de l'autre côté de la scénette. Desceliers dépeint donc diverses rencontres avec les autochtones et les amalgame. Le plus surprenant, est la représentation d'une femme au teint blanc, allongée près d'une caverne. Relevant de la mythologie grecque, elle évoque une image de la femme traditionnelle européenne assez lascive dans sa pose. Elle fait aussi référence aux déesses grecques de l'antiquité.

La carte de 1550 est intéressante pour la construction et se révèle bien différente. Dans les cartouches, on peut lire des notations faisant référence à Jacques Cartier lui-même soulignant "l'austérité, l'intempérance et petit profit" qui conduiront à son abandonnement. À noter dans cette version la prolifération des huttes, semblables à celles de l'Afrique dans la carte de Desceliers de 1546 et de 1550 de la bibliothèque Morgan.

Enfin, plus au Nord un homme à cheveux courts se prépare à tuer un animal. Dans la carte de Dieppe, les animaux sont nombreux: l'importance des détails des oiseaux, des ours, et d'une licorne indique les traces du voyage de Cartier et celles mythiques des animaux du Moyen Age. À noter également, vers l'embouchure du fleuve, des troupes savamment armées devant le signe "Le Sagnay" qui font face à un Européen. Juste à leur droite, un homme à la barbe blanche et drapé de blanc exhorte des hommes et femmes. Il pourrait s'agir d'un des chefs. Cependant, le port de la longue barbe blanche pose des questions: les autochtones furent en effet bien surpris de découvrir des Européens avec une grande pilosité. L'interprétation de la rencontre avec les chefs montre l'influence du journal de Cartier. Elle indique aussi une méconnaissance des faits ou une improvisation de l'artiste. Ce détail met en relief les connaissances historiques de la représentation des chefs. Elle rappelle aussi aux lecteurs ce qui est connu: la sagesse des anciens et leur discours font partie des valeurs défendues en Europe. Le respect au chef souverain est ainsi figuré à l'intérieur de la carte de Desceliers qui souligne l'expérience, le calme du personnage et le respect des hommes et des femmes venus l'écouter. Un autre détail intrigant dans l'extrait est la mise en place de cet homme aux habits caractéristiques de l'Europe de l'époque. Il pourrait s'agir de Jacques Cartier lui-même.

Les illustrations ethnographiques de Jean Roze

La carte du Canada et l'Amérique

En contraste, la représentation de Jean Roze est différente dans l'illustration du Canada. Dans le modelé des détails, on peut, comme chez Desceliers, apercevoir les mots "Canada" et "terre du laboureur." La figuration des autochtones est différente dans l'articulation. Beaucoup plus petits, les hommes ont la peau plus brune, sont semi-couverts de pagnes ou d'effets dont certains détails sont difficiles à entrevoir. La description des bois et des arbres est faite par rapport à une perspective vis-à-vis de la grandeur du territoire. On peut voir des gens à gauche vaquer aux travaux des champs. En opposition, tout en haut, on aperçoit des Européens qui négocient avec des autochtones. Ils sont situés dans la province de Québec. Car comme pour Desceliers, l'une des surprises de la carte réside dans la représentation du monde animal, végétal et humain à l'envers de la représentation cartographique. Il faut soit retourner la carte, soi en faire le tour—ce qui est courant à l'époque—pour appréhender l'espace et les lieux (Figure 48).

Jean Roze témoigne de la bonne connaissance des continents traditionnels tels que l'Afrique, et l'Amérique du Sud. Pour la description de la côte canadienne, il veille à respecter touts les détails donnés par les explorateurs, notamment celles de Jacques Cartier et de Verrazano. Les illustrations des "Indiens" au Canada jusqu'au Nord de Mexico s'appuient sur des témoignages de première main. La tente en forme de cône, par exemple est une représentation exacte des habitations indiennes. Elle pourrait également être attribuée aux récents voyages de Parmentier dans ses voyages de 1520 et 1529 qui ne fut pas discutée dans les voyages de Cartier.

En revanche, la description des autochtones reste souvent vague et même peu fiable. Les habitants des régions portent des tuniques de fourrure, des pantalons en lambeaux et des manches impeccables. Cet accoutrement est inconnu des peuplades du Nord est de l'Amérique du Nord. Il y a certainement eu un amalgame dans les choses vues et les récits. Autre trait inopérant: les hommes chassent avec des arcs et des flèches, mais ne dépeignent en aucun cas une tribu spéciale.

Roze ne semble pas avoir été préoccupé par les différences régionales dans l'élaboration de ses cartes et des planches de son ouvrage. Le peu d'animaux représentés diffère de l'illustration de certains de ses contemporains et des Dieppois Desceliers et Vallard. Lorsqu'il les dessine, l'auteur les dépeint souvent parmi les hommes (comme le oiseaux au Brésil) ou comme essentiels à l'homme (pour le transport avec les chameaux et les chevaux par exemple). La flore marine est pratiquement inexistante et les monstres aussi.

On trouve peu de femmes dans les scènes. Elles ne sont pas impliquées dans les activités quotidiennes comme celles de Desceliers. Cependant, la qualité et la diversité de leurs vêtements ne lui ont pas échappé. Les vêtements des hommes portent les traces d'observation fines et variées, souvent nettes dans les couleurs et dans les tracés.

Les illustrations des folios 21v–22r et 23v–24r représentent la vie des Indigènes de l'Amérique du Nord (Figures 48, 49). C'est une première représentation aussi "réelle" et proche de ce qui est connue à l'époque (Figures 31). Les cinq hommes, qui sont montrés au Labrador et au Canada ont la couleur grise et des cheveux gris, courts. La couleur de la peau et des cheveux est fausse bien sûr ainsi que l'homme qui a une barbe. Il est cependant à noter que ces illustrations ne comportent pas de couleur noire ou jaune. On peut se douter qu'il y a eu un attachement à essayer de trouver une nuance qui pouvait être la plus proche de la teinte des autochtones. Les hommes portent des armes et bien qu'elles soient trop générales pour que l'on puisse reconnaître une tribu particulière, le fait de les montrer systématiquement indique que les Indigènes sont prudents, qu'ils peuvent se défendre. Les habits paraissent faux, surtout au niveau des chemises de fourrure marron qui leur tombent jusqu'aux genoux, avec des franges. Deux personnages portent une ceinture. Si les vêtements ne sont pas ceux des Esquimaux, il est clair que Roze a fait peut-être un amalgame de plusieurs tribus.

La description des huttes en forme de cône construite sur de longs morceaux de bois réunis au sommet par des cordages est aussi un type d'habitation des autochtones de cette région. La description se base sur les rapports oraux des découvreurs ainsi que ceux de Parmentier décrivant la région entre 1520 et 1526. Ces esquisses ne peuvent pas être influencées par les voyages de Cartier puisqu'ils se déroulèrent ultérieurement.

Au milieu des régions du nouveau Monde se dressent dix hommes, habillés de façon similaire: quatre d'entre eux sont situés dans la partie du Sud-est du Nord de l'Amérique, un autre en Colombie (folio 24) et cinq dans la partie du sud-ouest, Mexico et le nord-ouest de l'Amérique du Sud (folio 7v–8r). Tous ces hommes ont des cheveux courts et sont rasés, à l'exception d'un seul homme. D'où provient cet homme barbu? Serait-ce quelqu'un d'échoué là? Serait-ce un Européen ou tout simplement une erreur bien grossière? Le mystère reste entier bien qu'il soit difficile d'admettre une telle erreur de la part du cartographe.

Les représentations des folios 25v–26r et tout spécialement celles du 28 représentent un tracé remarquable. Les personnes semblent être de la tribu des Tupinambas, c'est-à-dire les habitants de la région de la côte du Brésil de l'embouchure de l'Amazone jusqu'à la latitude 25 degré, au sud de Sao Paulo. Si les Portugais fréquentaient cette région plus que les Français, les deux nationalités s'y côtoyaient pour faire le commerce du bois. Les Amérindiens coupaient les arbres *Caesalpini echinata* et transportaient les troncs jusqu'à la côte: là, les bateaux les prenaient pour les transporter en Europe afin de les transformer en poussière. Ils étaient destinés à la teinture.[10] Le récit de Hans Staden, lors de sa captivité parmi les Tupinambas en 1553–1554, donne clairement toutes ces informations. Les dessins de Roze (Figure 48) reprennent cette source importante. Ces activités ont souvent été négligées pour deux raisons: elles sont parmi les premières à être illustrées. D'autres représentations se basent sur l'atlas Miller daté de 1519. Les illustrations connues de ces activités qui ne sont pas sur les cartes sont la gravure "en première main" des Amérindiens des années 1505, une figure dans "l'adoration des mages" peinte au Portugal datée de 1515, deux gravures de Hans Bugkmair de 1516–1519 et deux aquarelles attribuées à Burgkmair de 1519. Aucune de ces illustrations n'a servi Roze. Les plans de cet auteur montrent une grande variété d'activités et d'artéfacts, sont précis dans leur démonstration ethnologique. Les cartes de Desceliers de Manchester de 1546, la carte Haleiennne à la bibliothèque nationale de 1547, l'atlas Vallard, l'atlas de le Testu de 1555, et celle de Gastaldi du Brésil de 1556 ne reflètent pas autant de détails.

Les Amérindiens de Roze ont une couleur de peau rose ou tannée (dans le folio 28, ceux du Sud apparaissent plus foncés). La couleur de la peau des Européens est assez similaire à celle de Desceliers. La couleur des cheveux des autochtones est erronée: elle est de couleur marron ou gris foncé. Aucune trace de noir ou de rouge dans les cheveux. La longueur des cheveux laissés libres sur les épaules des femmes est un trait authentique. Les hommes ne portent pas—malgré les récits antérieurs—des cheveux rasés sur le front, des côtés courts et de longs cheveux à l'arrière. Un homme à la tête rasée est en train de tuer un prisonnier. À l'exception d'un groupe, tous les Tupinambas (hommes et femmes) sont montrés nus. Ils n'ont pas d'ornements, ils ne portent aucun tatouage. Leurs corps ne sont pas percés. L'exception est importante: les danseurs dans un cercle sur le côte inférieur gauge du folio 28 se distinguent remarquablement de toutes les autres figurines. Ils revêtent une robe et des bracelets en plumes marron. Les bracelets aux genoux ne sont pas spécifiquement mentionnés dans les premiers récits des voyageurs, ils apparaissent sporadiquement. Roze montre que c'est un important détail pour les cérémonies. Les danseurs gardent le rythme et on peut voir des instruments de musique (longs tuyaux). Les armes sont bien mises en relief dans les illustrations. Beaucoup d'hommes portent des arcs et des flèches. Ils sont représentés à la bonne échelle. Le "club" typique des Tupinambas est montré à trois reprises. Cet outil était utilisé pour tuer un captif qui était ensuite mangé. Sur le folio 28, l'exécution est mise en place. Le prisonnier est lié à la taille par six poteaux, alors que les descriptions de l'époque le montraient tenu par des hommes tenant les bouts de la corde. Roze illustre ici une tactique différente. Il témoigne d'un choix artistique important et s'éloigne de la représentation traditionnelle.

Les Tupinambas ne mangeaient pas uniquement les prisonniers de guerre mais aussi les ennemis tués dans les batailles. C'est peut-être là qu'il faut chercher la scène dépeinte dans ce folio. Mais de tels dessins sont véritablement typiques de l'époque. On pourrait dire qu'ils vont véritablement se propager et favoriser les clichés de l'anthropophagie. Ils seront également utilisés pour dénoncer le manque d'âme des autochtones, instaurer l'argument de christianisation et le développer.

Les villages de Roze sont particulièrement intrigants et ajoutent une note personnelle aux illustrations. Le village en haut du folio 28 n'a pas d'enceinte, comme les villages des Tupinambas le faisaient pour les endroits moins sujets aux attaques. L'autre village montre une palissade unique de rondins bien serrés, et protégée par des pieux. Cette fortification diffère de celle montrée par les observateurs tels que Hans Staden, dont le village Tupinamba était fermé par une double enceinte, celle de l'intérieur plus fermée que celle de l'extérieur. Les maisons sont correctement dépeintes, bien que le petit format amène une certaine simplification. Rectangulaire en plans, elles ont 10 à 16 mètres de largeur sur 100m de long. Elles comportent une porte basse à chaque extrémité. Le toit est couvert de feuilles. Roze essaie de montrer l'intérieur de l'installation et ne dessine pas les détails supportant l'architecture. On peut voir des hamacs correctement fixés à deux arbres, deux poteries grises en forme assez inhabituelle. Un élément nouveau apparaît: celui de montrer les crânes à l'entrée de la maison.

Les villages Tupinamba consistaient de quatre à sept longues maisons autour d'une place rectangulaire où prenaient part les activités du village. Autour de la place était placés des pieux où l'on pouvait suspendre des hamacs. Chez Roze, on peut voir l'intérieur des maisons et de ces hamacs.

Plusieurs oiseaux sont dans le village: Les Tupinambas en conservaient beaucoup comme animaux domestiques et gardaient aussi les plumes. On peut voir deux femmes porter de lourdes charges sur le dos. Bien que la méthode d'attache sur le front ne soit pas indiquée, la forme des paniers est tout à fait crédible.

Ainsi le travail et le commerce du bois sont bien mis en valeur dans ces dessins. On peut voir un canoë avec à bord un homme qui met le bois dans son bateau. On voit aussi des autochtones qui portent une grande quantité de troncs. Les outils qu'ils utilisent pour la coupe du bois sont des haches européennes. Dans ces dessins, Roze signale bien les voyages français au Brésil. Il y montre les Amérindiens nus, tout en détaillant cependant des faits parfois négligés dans les récits. Si l'atlas de Vallard et celui de la Hague utilisent des dessins similaires, leurs détails ne sont pas aussi constants. Ils illustrent une nouvelle fois qu'il n'y a pas eu de plagiat entre les figurations et les descriptions des cartographes dieppois. Une grande variété existe.

L'Europe, L'Asie et l'Afrique

En Asie du Sud-ouest (9r–10v) la construction de la maison sur pilotis avec une véranda est un témoignage du voyage de la côte de Sumatra de Parmentier de 1529 (au dessus de la terre avec un toit de chaume, avec des sols couverts de tapis). La description des autochtones se concentre sur les couleurs bleues et sur un modèle proche de l'habit des régions de L'Asie. Le haut du corps est nu, ou avec une petite veste laissant découvrir les bras nus. Le bas est constitué d'une sorte de jupe. Beaucoup d'hommes vont tête nue. Presque tous les hommes portent des turbans, de grandes épées courbées à la manière de cimeterres avec une écharpe à la ceinture (deux les portent du côté droit, trois du côté gauche).

L'homme sur le cheval semble avoir un statut particulier dans la hiérarchie: il est protégé du soleil par un serviteur portant une sorte de parasol typique de ces régions de l'Asie. Trois hommes portent des boucliers et de longues lances.

Bien que l'on puisse situer ces détails dans les régions de l'Asie, on ne peut localiser pertinemment l'espace de la représentation. Cependant, la description de Ticou de Parmentier n'est pas à évincer.

Les décorations de la Perse, de l'Arabie et de l'Éthiopie (folios 11v–12r) semblent former un seul set. Les silhouettes sont teintes en gris, elles portent des espèces de pagnes blancs (à l'exception de ceux de l'Ethiopie qui ont des jupes jaunes). On peut voir une mosquée de pierre grise qui représente celle de Ka'ba à la Mecque. On trouve un cimetière à côté de ce monument dont les tombes ne semblent pas de confession musulmane. D'autres mosquées surgissent en Bulgarie (peut-être celle de Constantinople qui serait alors déplacée), en Palestine au site de Jérusalem, et au Nord de l'Afrique dans la région de Tunis. La carte de Desceliers de 1550 montre également des mosquées dans ces locations. Ce qui indique l'importance de ces endroits mais aussi un début de similarité entre les cartes dans l'établissement des sites importants. On ne peut certainement pas parler à l'époque de "standardisation" et de "norme." Mais il est à noter que les cartographes dieppois semble reconnaître—parfois plus que d'autres à l'époque—le besoin de mettre en avant les mêmes caractéristiques trouvées lors des voyages et de les inclure directement sur les cartes.

Toujours sur cette carte (f 11v–12r), on peut également trouver en Arabie un monument fait de pierres jaunes. Il s'agit certainement d'une ruine et de la représentation d'un autel. Ce monument d'origine post-hellénique n'est pas réellement identifiable malgré l'inscription 'P: de curya mura'. À côté de la ruine, deux hommes semblent s'appuyer sur un mur de briques plates bleues. (Noté peut-être comme le monument de la Zamzam près de la Mecque par le professeur Michael Rogers du British Library). Il est cependant intéressant de voir que beaucoup de structures ou de monuments sont des transferts de la représentation de Gastaldi pour Sumatra. Ainsi, les barrières sont représentées de la même façon. Plusieurs palmiers portent des fruits si gros qu'il semble que cela soit plus issu des souvenirs d'Asie. Si les noix de coco apparaissent dans la partie de l'extrême orient chez Roze, elles sont bien représentées sur Java la Grande. Elles sont reconnaissables dans la carte de Gestaldi et sont également bien illustrées chez Vallard.

Pour Madagascar (f13v–14r), trois hommes de couleur brune portant des jupes marron tuent deux Européen vêtus à la manière contemporaine de France de 1530 en bleu et rouge. Un troisième est déjà mort. Le voyage de Parmentier est ici crucial pour comprendre l'évènement. Les détails des armes ne montrent que des espèces de javelots et ne peuvent être cependant considérés comme ethnographiquement véridiques (Figure 11).

Plusieurs types de personnages sont dépeints pour l'Afrique sub-saharienne. Sur le folio 14, on y voit des gens de couleur brune, aux cheveux bouclée noirs. Les Hottentots portent des robes faites de peau de lion, d'autres portent des jupes courtes marron. De même, dans les folios suivants (17v–18r) des hommes portants des pagnes côtoient des hommes portant des tuniques bleues (plus au Sud). Un homme et sa femme sont sur un chameau. Dix maisons en forme de dôme sont peintes avec des toits verts de "thatch" (brindilles) et des portes en forme d'arc. Si aucune tribu ne peut être reconnue, l'amalgame de ce qui a été vu et enregistré par les voyages précédents est à souligner. Pour la constitution de la faune, les animaux caractéristiques comme les lions, les éléphants et les dromadaires apparaissent. Il faut noter en particulier l'importance de la végétation chez Roze dans les folios (f15v–16r). Les arbres sont nombreux. Ils montrent l'importance de la forêt dans ces endroits. Ils sont caractérisés également par deux à trois teintes de jaune, de vert et de vert foncé. Si la variété des arbres et leur nombre sont importants, on ne peut cependant distinguer que deux à trois espèces (des pins et des cèdres). Desceliers, quant à lui, ne détaillera pas autant dans ce type de végétation dans ces lieux. Comme nous le mentionnions un peu plus haut, l'originalité de chaque auteur dieppois est aussi une marque de cette école.

Dans les folios 19v–20r, la représentation de l'Afrique du Nord et de l'Est est caractéristique des portulans dieppois. Les côtes sont bien ciselées et bien nommées. La représentation des Turcs et d'autres musulmans est soigneusement élaborée. Barbus et vêtus de façon élaborée, ils portent des turbans et des chapeaux pointus. Tous sont chaussés, ils possèdent des cimeterres. Quelques châteaux ou des villes apparaissent: leurs détails semblent venir de l'Europe de l'Ouest.

La carte de Nicholas Vallard et le Nord du Canada

La carte de Vallard mérite elle aussi toute notre attention dans l'appréhension et la dimension des côtes. Comme toutes les cartes de l'école de Dieppe, elle est illustrée de façon abondante. Plus proche de celle de Desceliers (Figures 37, 50), elle montre ainsi sur la gauche des autochtones vêtus de peaux d'ours ou de bêtes: ces hommes semblent attendre l'issue du colloque entre les Européens revêtus de différents attires. Ils discutent, munis de lances, on peut y voir également des femmes. En face et plus à droite, des hommes vêtus aussi de peaux de bêtes portent des lances. La curiosité et la peur semblent se mêler dans les deux camps. Ces émotions font partie de la relation de Cartier certes.

Mais là encore, Vallard décide de communiquer au lecteur ce qui a pu se passer. En référence à ces échanges, tous les récits bien sûr des explorateurs vont aider. À noter en particulier, le récit de Verrazano qui n'est pas étranger à notre cartographe dieppois (Figure 37.)

L'Amérique centrale et du Sud

Pour Vallard, l'Amérique centrale ne comporte pas d'autochtones. Ce n'est pas un oubli: l'auteur porte un réel intérêt aux côtes et aux îles. L'absence d'individus est certainement un choix esthétique et politique puisque les données des habitants ont été faites.

Pour l'Amérique du Sud, le feuillet 11 est intrigant (Figure 50). Le cartographe trace un homme vêtu d'habits européens du XVIe siècle à côté d'indigènes élaborant un feu. Notre explorateur vêtu de noir (Verrazano?) tourne son attention vers la gauche: là une autre scène de la vie quotidienne est en train de montrer des personnages sur un hamac, quatre autres personnages regardent les alentours. Une femme vêtue d'un pagne et de teint mat, comme les autre figurines de cette bulle semble dormir, accoudée tandis qu'une autre, agenouillée tient un enfant dans ses bras. La richesse des détails sur les paniers et le toit de chaume des paillotes représentent un instantané ethnographique important qui sort de l'ordinaire. Les détails des tortues sont dignes des rapports de Verrazano. Plus loin, des huttes et des perroquets son représentés. Plusieurs scènes d'hommes allant à la chasse s'inscrivent ici. À noter que la couleur des habitants est différente, et que la coiffe aussi. Parfois les cheveux sont plus courts et noirs, parfois la tête des habitants est ceinte de couronnes. Cependant, l'abondance des montagnes et leur modelé en perspective avec des montagnes bleues au fond et des dégradés de couleurs et de forme illustrent un ensemble végétal impressionnant. La variété de la flore (des arbres, des palmiers, des chênes, etc.) et leur nombre montre que cette région a été recensée comme un territoire riche. D'ailleurs, le groupe d'hommes armés vers la droite est un groupe européen qui chasse: dessiné en perspective, il rappelle que c'est un endroit connu et essaye de montrer qu'ils ont été loin. De qui s'agit-il?

On pourrait citer Verrazano, mais il faudrait aussi voir les rapports de Hans Staden.

L'Afrique, L'Europe et l'Asie

La représentation de l'Afrique est caractéristique des données que Vallard connaissait. Les feuillets 4 de l'Afrique et du golfe Persique et ceux du feuillet 5 du Sud de l'Afrique témoignent de la richesse des connaissances rapportées par Colomb, Postel, Marco Polo,[11] mais indiquent également un univers particulier où les rois et les empereurs se trouvent placés de façon constante sur des trônes divers: ils sont affublés de sceptres, de couronnes, de plumes etc (Figure 38). En même temps, la couleur de leur peau passe d'un blanc pour les parties situées plus au Nord de l'Afrique à une variété de mat et de noirs. Les activités des différents personnages varient à l'intérieur de la carte du golfe persique (feuillet 4); quelquefois ils sont nus et ils chassent. Quelquefois vêtus de pagne, ils discutent. Quelquefois ils ne semblent avoir aucune activité. Parfois représentés en une sorte de perspective sur le côté droit, ils permettent d'entrevoir la grandeur du territoire. Parfois juchés sur des chameaux, des personnages avancent: le détail des pattes des animaux et la silhouette des cavaliers les chevauchant ont des accents de réalité. L'emplacement d'animaux comme des monstres marins contribue à exploiter les mythes du Moyen Age tout en donnant à ces monstres une forme de plus en plus se rapprochant des gros poissons.

Dans l'autre carte de l'Afrique au feuillet 5, la figuration des animaux devient plus éclectique dans la présentation. On peut y découvrir une sorte de monstre ailé; tout près de cette espèce de dragon se dresse quatre énormes serpents coloriés en bleu. Plus à l'intérieur des terres et après des montagnes, on peut remarquer un crocodile près d'une grande rivière. On peut noter que ces animaux n'ont aucune interaction avec les humains. Seuls sont représentés des rois habillés de différentes façons (des toges, des pagnes, des armures faisant penser à celles des gladiateurs). Les hommes ou les femmes ne sont pas illustrés dans les activités de la vie quotidienne. C'est au Sud de l'Afrique (soit au Nord de la carte puisque cette dernière est inversée) que l'activité humaine bat son plein. De petites silhouettes noires sont disséminées un peu partout, en perspective puisque plus on avance au centre du pays, plus la taille des figurines s'accroît.

Il en est de même pour le feuillet 7 représentant l'Afrique de l'Ouest. La perspective des hommes aux pagnes de couleur différente varie du Nord au centre. Tous les individus sont peints en noir foncé sans exception et sont très actifs: que ce soit autour des huttes dépeintes avec des toits verts (région du Ghana actuel), que ce soit aux abords des châteaux, ou que ce soit dans la représentation de la chasse avec des harpons. Il n'y a aucune représentation féminine. Ce qui peut paraître singulier. Est-ce un choix de lecture "pro-colonial" qui représenterait seulement la gente masculine affairée et régentée par des lois et des rois et donc riche en main-d'oeuvre? Ou est-ce simplement un constat sur le peu de détails des explorateurs portugais et normands relevés dans les récits? Cette carte est cependant beaucoup moins imaginée que celle de Guillaume Le Testu traçant le détroit de Magellan et ses habitants complètement fantaisistes (Figure 51).

N'ayant trouvé à ce jour aucune réponse sûre pour l'une ou l'autre de ces questions, nous nous contenterons seulement de relever ce fait.

À noter (Vallard est le seul cartographe dieppois à l'illustrer), un dessin d'hommes sans têtes dans sa représentation au centre gauche de ce feuillet 7. De nombreux animaux circulent dans le paysage come les éléphants, les rhinocéros, les zébus, les chameaux, les dromadaires, les singes, les lions, les élans, les crocodiles et les perroquets.

La représentation des personnages au feuillet 8 de l'Europe et de l'Afrique du Nord ne comporte aucune présence féminine et se consacre entièrement à la représentation de personnages au rang social élevé de roi ou d'empereur. La perspective est employée pour souligner l'ampleur des continents. Les drapés des rois sont multiples leur donnant ainsi l'illusion du mouvement. Au contraire de ce feuillet, le feuillet 10 inclut des représentations d'homme du XVIe siècle ainsi que des habitants à peau blanche, vêtus de pagne poussant des roches lourdes pour la représentation du Sud de l'Espagne. La représentation de l'Europe de l'Ouest et de l'Afrique du Nord suit au feuillet 13 les données traditionnelles des portulans aux couleurs chatoyantes et aux représentations de tentes et de châteaux.

La grande Jave

Au contraire des autres cartes, la carte de Java représente deux couples habillés à la mode européenne et se tenant l'un près de l'autre. Un couple d'hommes est au premier plan, près à chasser. Au fond se dresse une maison sur pilotis. La carte inversée comme beaucoup d'autres offre les éléments en perspective avec une diminution des personnages qui sont éloignés et un grossissement de ceux affectés en bas. Il en est de même pour la représentation des arbres et du chemin conduisant vers cette cabane sur pilotis (Figure 39).

La méconnaissance des habitants est nette et Vallard n'ayant pas beaucoup de détails imagine que cet endroit peut être représenté sur le mode occidental connu.

Ce qu'il y a de commun dans ces trois représentations cartographiques dieppoises est l'effet particulier montré des petits portraits et vignettes sur les habitants au travers du monde. Souvent, leur absence de précision dans les détails des nouvelles tribus manifeste une méconnaissance des habitudes des autochtones. C'est aussi une des raisons pour laquelle ces cartes et leur représentation des cultures ne pourront être valides très longtemps. D'autres explorateurs viendront contredire ou augmenter les faits et enrichiront la représentation de nouveaux faits. Mais la nudité telle qu'elle sera mise en relief dans d'autres cartes et dans bien des représentations de l'époque (voir par exemple l'atlas Miller de 115-1519) n'est pas là. En ce sens, ces cartographes dieppois n'amalgament pas et ne retiennent pas uniquement les détails sur la nudité ou le cannibalisme de façon constante. Ce n'est pas seulement une affaire de méconnaissance: il pourrait aussi s'agir d'un choix esthétique et politique. Les dessins veulent préciser aussi autre chose et s'attarder sur d'autres éléments.

Les petits "portraits" qu'ils offrent sont souvent autonomes: ils semblent s'engager dans un rapport à la fois unique, exclusif et sans fin renouvelé au sujet auxquels par dessein il est présenté ou exposé. Il se peut que le récit de Cartier joue dans les descriptions des vêtements et des coutumes que les cartographes dieppois ont décrites. Les voyages de Verrazano ne sont pas loin. Ceux de Parmentier de 1520 aux alentours de Cuba aussi. Mais ces géographes "enregistrent" les premières données comme certains explorateurs. Ils essayent de retranscrire assez fidèlement ce qui leur a été proposé. Ils semblent bien souvent imaginer le reste et reprendre beaucoup de données ethnographiques du Moyen Age. Ils continuent la tradition cartographique tout en mettant la représentation d'un monde "en transition." Leur but n'est pas tant d'enseigner que de divertir et d'inviter à contempler le monde. C'est aussi une des raisons pour laquelle ils seront vite évincés dans la course aux représentations géographiques.

NOTES

1 Georges Didi-Huberman, *L'œuvre ouverte* (Paris: Gallimard, 2007) et *Devant le temps Histoire de l'art et anachronisme des images* (Paris: Minuit, 2000).

2 Georges Didi-Huberman, *Devant le temps Histoire de l'art et anachronisme des images* (Paris: Minuit, 2000).

3 Georges Didi-Huberman, *L'œuvre ouverte* (Paris: Gallimard, 2007).

4 Paul Zumthor, *La mesure du monde* (Paris: Seuil, 1993), chapitre 17.

5 Erwin Panofsky, *La Perspective comme forme symbolique* (Paris: Minuit, 1975).

6 Ernst Cassirer, *La Philosophie des formes symboliques, 2. La pensée mythique* (Paris: Minuit, 1972), 175.

7 Ibid., 178-182.

8 Ibid., 49.

9 Erwin Panofsky, *La Perspective comme forme symbolique* (Paris: Minuit, 1975), 78-79.

10 William C. Sturtevant, ed. Fredi Chiappeli, "First visual images of native America," in *First Images of America: The Impact of the New World on the Old* (Berkeley, Los Angeles and London: 1976), 417-454; Hugues Honour, *The New Golden Land: European Images of America from the Discoveries to the Present Time* (New York, 1976).

11 Pour une liste détaillée, voir Harisse et surtout Postel au tome 2.

CHAPITRE 6

Navigation de Jean Parmentier: Second Volume

MÉMOIRE

DE CE QUI EST CONTENU EN L'ISLE DE SAINT-DOMINIGO

A SÇAVOIR:

Longitude et latitude de la dite isle, et la longueur et largeur et circonference d'icelle. Les ports, ponts, et passages.

Les rivieres, rades, aprochemens, pointes, costes et battures.

Les villes, villages, chasteaux, tours, maisons, grottes et habitations:

Les monts, vallées, campagnes, prairies, bois, rochers, mines, sortes et diversitez d'hommes, tant sauvages, Indiens, Espagnols, François, qu'autres estans en la dite isle, avec la façon des trafics, sorties et entrées des marchandises et diversité d'icelles, l'abondance et penurie de ce qui y est, des fruits, grains, bleds, sucres, cottons, casses, et autres choses qui y croissent; la façon des eglises et administrateurs d'icelles, les justices, justiciers, et executions.

PREMIEREMENT la dite isle contient de longitude prenant à la pointe du Cau d'Ingagne qui est la pointe de la partie d'est, jusques au cap de Teboron qui est la partie du costé d'ouest, contient cent septante lieües, et de largeur contient cinquante lieües de nord à sus.

Entrant en ladite isle de St Dominigo du costé de l'est, il y a une isle qui s'apelle la Savonne, isle rase de sable, qui n'a point d'arbre, ni fruit. La dite isle est posée auprès de la dite pointe, sans avoir aucun passage pour entrer en terre ferme, et y a bon mouïller l'ancre du costé d'ouest, à neuf et à dix brasses.

La terre ferme plus prochaine de la dite isle est du costé de suest; ne donne aucun fruit, et n'y a sinon arbres, forests, sangliers, oiseaux, rochers, et battures le long de la dite coste.

Le long de la dite coste à cinq lieües de là, y a une autre isle nommée Sainte Catherine, qui est à vingt cinq lieües de St Dominigo du costé de l'est, à une lieüe de terre ferme, petite isle de rochers et battures, sans proffit.

La dite terre ferme depuis le premier cap est tout ainsi sans fruit, sinon d'arbres, sangliers, oiseaux, roches, battures, jusques à la dite ville de St Dominigo, et venant le long de la dite isle, pour avertissement de l'entrée de la riviere de St Dominigo, y a une tour blanche, haute comme d'un moulin, faite seulement pour avertissement, qu'on ne la peut voir, sinon quand on est à l'entrée de la barre du costé de l'est. La dite riviere est faite à la bouche en maniere d'une grande baye; et depuis l'entrée de la dite riviere, jusques à la dite ville, il y a une grande portée de canon. La dite barre contient cinq brasses de fond à toute basse mer, et les navires, pour aller à la dite ville, faut tirer au cable pour la grande force de l'eau qui descend de la dite isle. Dans la dite riviere sont certains poissons furieux nommez Tibourons, si dangereux, que si subitement qu'il tombe quelqu'un dedans, il est devoré par les dits poissons, et n'y a remede de les secourir, comme il se voit par experience tous les jours.

La dite ville de St Dominigo est située du costé d'ouest sur la dite riviere, prenant la dite riviere et de la mer fait en vaye. De l'autre costé de la dite riviere est situé un engin de faire sucre, avec une maison faite en façon d'eglise. Sur la dite riviere est une grande barque pour passer de costé à autre; et les navires sont au milieu de la dite riviere, devant la dite ville, attachez, un ancre dans la dite riviere, et un cable à la ville.

La maniere de la dite ville est faite sans murailles, sinon du costé de la mer, qu'elle est posée sur une roche, avec une grande forteresse à l'entrée, faite de petites tours basses, forte et imprenable, qui est toute la force de la dite ville. Dedans la terre n'y a point de murailles, sinon d'arborettes sauvages, sans point de proffit: du costé de la riviere à l'entrée de la ville, du costé de la terre y a l'eglise qu'on apelle Ste Barbe, là ou l'on enterre tous les mariniers, quand ils meurent sur les navires, et cette eglise est au bout de la ruë principale; et de l'autre bout de la ruë, du costé de la mer, est posée la grande eglise de la dite ville; et au milieu de la dite grande ruë, est la place où l'on vend toutes choses, et s'y font les fetes, dances, jeux, et tous festins d'esclaves. De l'autre costé de la terre, croisant la dite ville, est le monastere de St François. De cette ville, il y a traittes par tous les lieux contenus dans le dit pays que vous voudrez aller; et cette dite ville est abondante en cuirs, sucres, casses, avec force arbres d'oranges, limons, citrons, tous melez par dedans les arbres et les forests de la dite isle.

Sortant de la dite ville, pour tirer du long de la coste, tirant à ouest, il est batture tout du long de la coste, jusques au port d'Ancone; le dit port est à quatorze lieües de la dite ville du costé d'ouest, et y a bon mouiller l'ancre tout le long de cette terre, sans aucun danger, sinon de ce que vous voyez; et y a bon rafraichissement. Tous les navires et flotes qui viennent se vont rafraichir là d'eau, de bois, et de victuailles.

En cette dite vaye, il y a un engin de sucre apartenent à un qui se dit Jouan Cavalier. Le dit engin de sucre donne quantité de sucre, et y a grande prairies par la terre, avec grande quantité de vaches sauvages, chevaux, chiens sauvages, et font grande quantité de cuirs tous les ans, tirant les cuirs tant seulement, et laissent la chair manger aux chiens, et y a force arbres.

Et à dix lieües de là, à sept ou huit lieües du bout de la mer, y a une haute montagne apellée la Mine, pour ce que c'est vraye mine d'or; et y a grande quantité d'or, mais ne veulent point amuser à le tirer, pour ce qu'il y a de proffit aux fruits de la terre. La dite montagne se voit de bien loin venant de la mer du costé du sus.

Partant de cette dite vaye, pour aller le long de la dite coste, tirant à ouest, il y a une grande montagne du long de la dite coste qu'on apelle les Pedrenas; la dite montagne est toute chargée de forests, et arbres, et est mauvaise acoste, fort dangereuse pour les navires, toutes battures contenant dix lieües que vous trouverez une grande riviere, qu'il y a un petit village dedans qu'on apelle Hassoa. Il y a quatre engins de sucre le long de la dite riviere, qui donnent grande quantité de sucre, qu'on porte à St Dominigo pour porter en Espagne, avec grande quantité de cuirs. La dite riviere n'est que pour petits bateaux.

Sortant de la dite riviere pour aller plus outre du costé d'ouest, il faut mettre le cap du navire au sus susouest, pour monter la Isola de la Beata. La dite Isola de la Beata est une isle rase, sans point d'arbres, ni montagnes, tant seulement un petit haut, comme une seule maison, tout de rochers et dangereux pays, est à une lieüe de terre ferme, et y a passage pour homme qui sçait le pays pour un petit navire.

A une lieüe de la dite isle du costé de sus, il y a trois ou quatre farraillons l'un auprès de l'autre, rochers de la hauteur d'une maison, et peut on passer tout auprès sans aucun danger. Les uns sont nommez Hattobelle; les autres, les Frailes. De là tirant au nord, venez à entrer en une grande vaye, qui est toute de sable, sans point de battures; par les prairies en suivant la coste, vous trouverez un port qu'on apelle Jacquimo. Le dit port est au milieu des montagnes, qui portent de grandes forests. Il y a bon port pour tous navires, et à l'entrée du port, il y a des battures du costé de l'est, et se faut prendre garde pour entrer dans le dit port; et quand vous estes à l'entrée du port, vous voyez un chasteau vieil deffait qui estoit une forteresse au temps passé. Il faut aller mouïller l'ancre au beau près de la dite forteresse, et les battures vous demeurent du costé de la mer. En ce dit port, il y a trois ou quatre maisons, là où il se tient ordinairement quatres ou cinq negres, avec force chevaux et force chiens pour s'en servit. Il y a de grandes prairies parmi les valons, là où il y a grande quantité de vaches sauvages, et chevaux et chiens sauvages ; là où ils font grande quantité de cuirs. Et la maniere que l'on tuë les dites vaches, pour avoir les cuirs : les noirs sont sur chevaux, et en main portent une façon de lance, et au bout, au lieu de fer pointu, y a un croissant taillant, pour couper les jarrets des vaches, qui demeurent estropiés, et âpres les escorchent pour avoir le cuir, et laissent manger la chair aux chiens sauvages et privez. Il se lèvent du matin pour surprendre les vaches, qui venant le jour, se retirent dans les forests, craignant les chasseurs; et les François y viennent ordinairement trafiquer. Toute cette dite coste jusques à la Savane, qu'il y a quarante cinq lieües, toute coste d'est ouest ; il n'y a point d'habitation, toutes montagnes, forests, grande quantité d'arbres de plmes, avec force bestail sauvage, cheveux, chiens, sangliers, vaches, parmi les dites forests et montagnes.

Et le long de la coste, entrant en la dite Savane, il y a du costé de l'est cinq ou six isles blanches, et ont pour nom Isles Blanches, pour ce qu'elles sont blanches; et à deux ou trois lieües plus avant, il y a une isle rase pleine d'arborelles, avec force vaches privées, qui ont esté mises par les Espagnols, et s'apelle la dite isle Deybacques, et est for dangereuse du costé du sus, avec force battures.

Entre la dite isle et la terre ferme, il y a bon passage pour tous navires, pour aller à la Savane.

Par dedans la dite isle, il y a bon mouiller l'ancre, à sçavoir entre la terre ferme et la dite isle ; et la Savane demeure au fond de la dite baye.

En la dite baye, y a grandes prairies ou y a grande quantité de vaches, chevaux et chiens, et y font grande quantité de cuirs, et grand trafic pour les François, grande quantité de palmes, orangers, et autres, Il y a six ou sept maisons de negres pour le mesme fait des cuirs.

Tirant de la dite Savane jusques au cap Tiboron, il y a vingt lieües toutes battures et montagnes les plus hâtures qui soient en toute l'isle, sans point de proffit, maisons, ni rien qui soit avec ses prairies comme devant.

Et du cap de Tebouron jusques à la pointe de Done Marie, il y a douze lieües tirant au nord ouest ; et en la dite pointe de Done Marie, il y a bon mouïller l'ancre, et riviere pour se rafraichir, avec grande quantité de prairies, arbres, palmes, orangers, comme devant est dit.

De là, tirant à l'est du costé de sus, il y a depuis la pointe de Done Marie jusques à une petite isle, nommée le Reimito, il y a dix lieües. Entre la dite pointe de Done Marie sont toutes battures dans l'eau, avec montagnes en terre ferme, forests, bestes sauvages.

Auprès du dit Reimito, dedans la terre ferme y a une montagne haute qu'on apelle la montagne Done Marie.

Du Reimito tirant à l'est, y a une montagne qu'on apelle Miragavana; devant que d'entrer à Yaguana, jusques à la Yaguana y a quinze lieües de forests et montagnes, sans aucunes habitations, sinon auprès de la dite Yaguana. À cinq lieües du costé d'ouest il y a un port qu'on apelle Aguana, que ce sont les maisons des particuliers de la ville de Yaguana et y a grande quantité de maisons de negres qui se tiennent là ordinairement pour le labourage, chacun en leur maison.

LA MANIERE COMME L'ON FAIT POUR AVOIR DU PAIN DE CE PAYS

Ils ont de petits assadons, qu'ils ont en grande quantité de molons de terre de la hauteur de trois pieds et de quatre pas d'homme de rondeur

Depuis, l'on prend de petits trots de bastons, et l'on les plante dans le dit molon de terre, de quoy il en sort le pain que l'on mange. Car ces dits bastons, quand ils ont demeuré un an dans la terre, ils jettent de grandes racines, comme la jambe d'un homme, et d'autres petites en maniere de naveaux; et au bout de l'année, l'on les arrache et prend les racines qui sont dans terre grosses et petites, et jettent là les branches pour les replanter pour une autre fois: et prennent les dites racines et les raclent bien avec cousteaux pour en oster l'ordure de la terre, et puis onles gratuse sur une table faite expres en maniere de gratuse; après cela estre bien gratusé et tourné en paste, l'on prend la dite paste, et la met on dedans des cabats, comme on fait aux olives, ni plus ni moins, comme l'on tire l'huile, pour luy faire rendre cette mauvaise eau, et aprè avoir rendu l'eau, on prend la farine qui est purgée de l'eau; on fait secher cela sur un fourneau fait expressement plat dessus, pour estendre la dite paste, laquelle estant un peu seche, l'on la fait secher au soleil, et de cela en vivent.

Ils ont aussi une grande quantité de bleds de ce pays là qu'on apelle Maiz, qui a un gros grain blanc, en façon de roseau.

Et de là jusques à la Yaguana y a cinq lieües toutes battures, avec montagnes hautes, pleines d'arbres et prairies, palmes, vaches, chevaux, chiens, sangliers, comme dessus.

La dite Yaguana est une terre basse, rase comme la mer, avec grandes prairies, et grande multitude de palmes, et autres maniers d'arbres fruitiers qu'on apelle Gouyaux, de la grosseur d'un limon, et de la couleur jaune.

La dite ville de la Yaguana, est hors de tous arbres, à une lieüe de la mer, au milieu d'une grande prairie, avec grande quantité d'arbres, qui porten la cassia que les Espagnols apellent *Canna fistola*.

Les maisons de la dite ville sont toutes couvertes de feuïlles de cannes, et closes à l'entour aec des cannes et des pieds de bois plantez tout de bout pieces que l'une touche l'autre. Les maisons sont rares, loin l'une de l'autre, faites en maniere de tentes, belles femmes Espagnoles, et force negres parmi eux, avec acoutremens de toile qu'on leur a accoutumé faire porter.

Tirant plus outre, il y a un grand cul de sac qu'on apelle le golphe de Saragoa, et dans le dit golphe est tout terre basse, rase, avec maisons, vacheries qui font cuirs, vaches, chiens, chevaux privez et sauvages.

Et en retournant vers le cap Saint Nicolas, il y a montagnes, grandes quantité de labourage de la maniere que cy dessus le long de la mer que l'on apelle Halcahai.

Et sortant de Cahi jusques à Saint Nicolas, il y a tout du long de la coste dix huit lieües, toutes montagnes et terres basses, avec bois, forests, vacheries, sinon Tibonicque, où l'on fait des cuirs de la maniere que dessus.

Sortant de la Tibonicque, tirant au cap Saint Nicolas, y a une saline qu'on apelle le Coribon qui pourvoit la ville de sel, et n'y a autre chose jusques au cap Saint Nicolas, que montagnes, bois et prairies, vaches, chevaux et chiens, comme dessus a este dit, sans point d'habitation.

Au devant de la Eguana, six lieües en la mer, il y a une isle qu'o apelle le Gravano, qui contient seize lieües de longueur, et trois ou quatre lieües de largeur, bien dangeureuse de battures tout à l'entour et demeure inutile, et sans point de profit, aisn tout de rochers.

Et le cap de Saint Nicolas fait la pointe de la dite isle; y a trente six lieuues partie du nord ouest; le cap de Saint Nicolas est une montagne haute, et ya un port du costé du norouest du dit cap, dans lequel port y a une fontaine qui sort des montagnes en maniere d'une petite riviere, où l'on se peut rafraischir, et prendre de l'eau pour les navires, et n'y a point d'habitation, et est bon port pour grands et petits navires, et à l'entrée du dit port du costé du su, il y a des battures, dont se faut prendre garde, pour entrer au port.

Et du dit port de Saint Nicolas jusques à Porto Real, qui est à trente six lieües de là tyrant à l'est, n'y a point d'habitations; car sont toutes montagnes, forests, arbres, rochers, le long de la mer, jusques à l'entrée du dit Porto Real, et l'entrée du dit Porto Real, es aussi toute batture, dangeureux et meschant port. Ce Porto Real est un petit village, maisons couvertes de paille comme les autres, où se chargent grande quantitée de cuirs qu'on aporte de la montagne.

Entre Porto Real et Porto de Plata, à dix lieües de Porto Real, y a un petit village apellé Monte Christo.

Du dit Porto Real, tirant à l'est jusques à Porto de Plata, y a trente lieües, tout de montagnes, forests, rochers, battures, jusques au dit Porto de Plata.

Le dit Porto de Plata est un port de grand traffic, là où l'on charge grande quantité de cuirs, et de sucre, que les Espagnols emportent; il est large et dangereux pour le vent du nord.

Au dedans du port, il y a une forteresse, pour defense de la dite ville.

En la dite ville y a assez abondance de vivres et bleds, comme et en façon que cy devant a esté dit, avec des plaines et vacheries, avec un engin de sucre.

Et suivant la coste jusques au Cau de Cabron, y a vingt cinq lieües depuis le dit port de Palema jusques à ce dit Cau, toutes montagnes et rochers, forests inutiles, comme devant a esté dit.

Et depuis le cap de Cabron, jusques au fond de l'isle Samana, où il y a une isle habitée de negres sauvages qui ont fuy pour ne vouloir servir les Espagnols. Les dits sauvages sont habituez en cette isle avec leurs femmes et enfants, qui ont multiplié et multiplient toujours, et vont tous nuds, comme bestes, sinon un petit drapeau devant eux aux parties honteuses, et se deffendent avec leurs arcs et fleches; de sorte que les Espagnols n'y peuvent entrer, avec leurs maisons parmi les arbre en manier d'animaux.

Sortant de la dite baye, pour retourner le costé du sus de la dite isle, pour venir joindre avec la pointe d'Ingaigne, qui contient vingt cinq lieües de coste, rochers, montagnes et dangereux pays.

Il est tout ce qui est à l'entour de la dite isle, au rivage de la mer: parquoy prenant et commençant de la pointe du costé de l'est, nommé le cap d'Ingaigne, faisant son long en tout tyrant à l'ouest, et retournant du costé du nord, se venant autrefois joindre avec le dit Cau.

De la pointe d'Ingaigne, jusques à Saint Dominigo par le costé du su, quarante lieües.

De St Dominigo, jusques au port d'Anconne du costée du su, quatorze lieües.

Du port d'Anconna, jusques à la riviere de Hassoa< où sont les engins à sucre, dix lieües.

De Hassoa, jusques à la Beata du costé du sus, douze lieües.

De la Beata, jusques est Frailes, qui sont trois isles, dix lieües.

Et de la dite Beata, jusques au cap Tiboron la poite plus à l'ouest, du costé de la dite isle, cinquante lieües.

De la pointe de Tiboron, jusques à la pointe de Done Marie tyrant au nord est, dix lieües.

De la dite pointe de Done Marie, jusques à la Eguagna d'est ouest, du costé du nord du cap de Tiboron, quarante cinq lieües.

De la dite Eguagna, jusques au cap de St Nicolas, de nord et su, qui est le Cau plus à l'ouest du costé du nord de la dite isle.vingt cinq lieües.

Du cap de Saint Nicolas, jusques au Cau de Cabron, d'est en ouest, du costé du nord de la dite isle, octante cinq lieües.

Du Cau de Cabron jusques au Cau d'Ingaigna, de nor ouest, et surouest, du costé de nord est est de la dites isle, cinquante cinq lieües.

Dedans l'isle en allant de St Dominigo, à Porto Plata, il y a un village apellé Sant Iago della Vega, qui est à trente lieües de San Dominigo, lequel village donne grande quantité de cuirs, sucre, cassia, qu'ils portent à St Dominigo; et ce village est situé en grandes planures, prairies, vacheries, maisons, mais couvertes de paille, engins à sucre, avec ses cannes douces.

Tout le circuit de l'isle de St Domingo est de 356 lieües.

DE CE QUI S'ENSUIT DEPUIS LA RIVIERE GRANDE JUSQUES A VERAGUA.

ET PREMIEREMENT: La Riviere grande est une grande riviere sortant de la terre ferme qui descend du Novo Reyno que nomment les Espagnols, qui vient à sortir à vingt cinq lieües de Carthagena du costé du nord est à hauteur d'unze degrez et demy; la bouche de la dite riviere fait une grande ouverture là ou il y a une isle au milieu de l'entrée qui depart la riviere en deux. C'est un dangereux passage, et les navigans se contregardent fort, à cause de la grande force de la riviere qui repousse en la mer, qu'on y prend quelquefois de l'eau douce à deux lieües. La dite riviere a les spondes toutes de terre basse, et n'y a point de connoissance, si ce n'est du costé de l'est une montagne qu'on apelle les Serres Nevades, qui sont à douze lieües, et quand un navire se trouve à l'endroit de la dite montagne, et la nuit le surprend, il est contraint d'amener ou oster les voiles, attendant le jour du lendemain, craignant la dite riviere. Dans la dite riviere il y a traffic de brigantins qui viennent de Cartagena, chargez de marchandises, de mesme qu'elles viennent d'Espagne, pour porter au Nuevo Reyno; l'on porte, les dites marchandises jusques à quatorze lieües le long de la riviere, jusques à des maisons qui sont faites pour recevoir les dites marchandises qu'aportent les dits brigantins, et de là les tournent à charger dessus des *Caura*, barques d'Indiens qui sont tout d'une piece de bois; les dites Caura sont faites d'une piece d'un arbre qu'on apelle Sego, qui est un arbre qui ne sort point de branches du long de la jambe, sinon à la cime de merveilleuse grosseur et grandeur, et les feuilles petites à mode d'amandiers, et bois fort leger, et ne se fend point, parce qu'il est quasi comme liege; et le long de la dite riviere n'y a sinon arbres. Lesdits bateaux peuvent porter huit ou neuf pipes. Tirant du costé du surouest, tirant à Carthagena, à quatre lieües de là, il y a un petit port qui s'apelle Moro Ermoso, et de Moro Ermoso tirant au surouest, à dix lieües de là, y a une grande baye qu'on apelle la baye de Zamba, qui va bien à trois lieües tournant à l'est, qui se vient quasi à rencontre avec ladite riviere. Au fond de la dite baye y a un petit village, là où ils nourissent beaucoup de pourceaux et volailles, comme poules et chapons, comme les nostres, et y recueille force mil comme celuy d'Espagne, qu'on charge sur les brigantins, avec des pourceaux, pour porter au Nombre de Dieu au temps que l'armée d'Espagne y est; et en la terre y a un petit village d'Indiens. Sur le bord de la dite baye du costé de la terre ferme, à l'entour de la mer, sont toutes plaines sans arbres , et à une lieüe de la mer, il y a une montagne qu'on apelle la Galere de Zamba, pour ce qu'elle est haute d'un costé et basse de l'autre, on luy a mis nom la Galere; tyrant touours au sudouest prenat de la dite pointe de Zamba jusques à la pointe de la Caura qui est à dix lieües de là, tyrant à Carthagena, le long de la coste, il y a tout dangereux le long des dites huit lieües; il y a isle de sable, qu'on apelle isle d'Arenes, et la terre les couvre toutes. En la terre ferme y sont de petites montagnettes nos guere hautes, il y a quelques maisons en la dite terre ferme là où il ya des Indiens et d'aucunes, et une autre maison seule là où il n'y a que des negres qui travaillent là à semer du mil et à faire de la cassade, qui est leur pain fait de racines; nourrissent pourceaux et volailles, puis l'on charge cela dans un petit bateau pour porter à la ville de Carthagene, à la maison du Seigneur; la dite maison s'apelle Taroge. Et aux dites montagnes n'y a qu'arbres sauvages sans profit, ni prairies aucunes, mauvais pays. Et de là tirant toujours au sudouest à quatre lieües de là est la point de la Caura; on l'apelle la point de la Caura, par ce qu'il y a une pierre en la mer, à une bonne lieüe, qui ressemble à une des dites Caura, barques d'Indiens. La dite pointe est de terre rouge; il y a bon mouiller l'ancre pour grands et petits navires. Passé que vous avez la dite pointe, vous pouvez aller jusques à Carthagena, qui est à cinq v de là du costé du sudouest, sans point de danger; vous allez partant de fond que vous voulez avec le plomb à la main, et pouvez aller en terre et en mer tant que vous voudrez. Depuis la dite pointe de la Caura jusques à Carthagena, il est toute plage; il n'y a point d'habitation dans la terre. Il y a un estang depuis la dite pointe qui vient respondre à la dite ville de Carthagena; il n'y a pont de montagne, qu'on puisse dire parfaitement sont montagnes, sinon de petites montagnettes sans profit, meschans arbres, jusques à ce que vous estes à la ville de Carthagena. Il y a une petite montagne qui est au dessus de Carthagena, on l'apelle aussi Galere, pour ce qu'elle a façon de galere, comme l'autre; qu'elle est haute d'un costé et vient en baissant d'autre comme une galere. Sur le plus haute de la dite montagne, il y a une sentinelle pour descouvrir la mer, avec une petite logette qu'ils ont faite en façon de deux grandes eschelles pour monter en haut pour descouvrir la mer; de sorte que ceux de la ville y voient ordinairement la sentinelle.

La ville de Carthagena est posée sur le bord de la mer. De la dite montagne, en venant de la mer avec un navire, vous voyez blanchir les maisons, pour ce que les maisons sont la plus grande partie de tables. Il y a une maison de pierre, qui est au milieu de la ville, qui blanchit comme une eglise; et la dite ville est posee sur le bord de la mer toute environnée d'eau. Du costé de la mer, du long de la plage, il y a une petite forteresse qui est quarrée de la grosseur d'un Moulin qui defend le costé de la mer. A l'entrée du port, il y a une petite forteresse, là où les navires mouillent l'ancre, pour ce qu'elles ne peuvent pas aller dans la ville. L'entrée du port qui se prend à une lieüe de la dite ville, c'est une grande entrée d'une bonne tire de moyenne d'un costé et d'autre, qui a bon fond par tout à douze ou treize brasse là dedans.

A deux lieües de la mer de la dite bocque, il y a une bande d'arene droitement à l'ouest, que par peu de vent vous voyez le brisant de la mer, et est bien dangereux, et faut bien prendre garde; on l'apelle Salmedine. Du costé du sudouest de la dite entrée du port, est une isle qu'on apelle Careyt: il y a un beau jardin dedans, où il y a force figuiers de figues noires de la grosseur d'un esteuf; il y a force migranes et treilles qui donnent des raisins, avec cinq ou six maisons, et ordinairement dix ou douze negres; il a une cisterne au milieu du dit jardin, qu'on en tire l'eau pour arrouser le dit jardin avec une grande pompe de navire. A l'entour de Carthagena ne se nourrit chose qui soit, sinon des jardins, qui ont bien escharsement de l'eau; et du costé de la terre ferme, après avoir passé le pont, il y a une eglise apellée Saint François; et plus à la pointe du costé du sudouest de ladite isle, il y demeure quelques Indiens qui nourrissent des volailles et pourceaux qu'ils vont vendre à la dite ville de Carthagena.

Et entre ladite isle et terre ferme, y a une autre petite entrée, qui est du costé du sudouest, par où entrent les brigantins, quand ils viennent du costé du Nombre de Dieu; et toute la dite terre ferme qui contient depuis Carthagena jusques à Tolo, il n'y a point de maisons, ni villages, sinon toute terre basse, et petites montagnettes par le milieu, sans fruit, meschans arbres; et de la dite isle de Carez venant le long de la coste du costé du sudouest, a une lieüe de là, il y a une petite baye, qu'on apelle Porte de Nau; il y a bon mouiller l'ancre à dix ou douze brasses d'eau. Tirant plus le long de la coste jusques aux isles de Baruth, qui est à cinq lieües de là du costé du sudouest, il y a des isles qu'on apelle les isles de Baruth, qui sont cinq à six isles ensemble, l'une auprès de l'autre, toutes roches; il y a passage entre les distes isles, pour ceux qui sont pratiquez là, qui y ont passé autrefois; et prenant des dites isles de Baruh, la terre s'en revient à l'est et fait un grand golfe leans dedans, qu'on apelle le golfe de Zapata, et depuis la terre s'en vient rassembler aux isles de Saint Bernard, qui sont à sept lieües des isles de Baruth. Tirant au sudouest du costé de terre des dites isles Saint Barnard, il y a un petit village qu'on apelle

Tolo, là où il y a cinquante ou soixante maisons de paille, là où ils nourrissent grande quantité de volailles et pourceaux, qu'ils portent vendre à nombre de Dios et à Carthagena, avec grande abondance de mil; toute terre basse, sablonneuse, sans montagnes, arbres sans fruit. Tirant de là à douze lieües de là, à sept lieües des dites isles Saint Bernard, il y a une isle qu'on apelle isle Forte, laquelle isle est pleine d'arbres marins, c'est-à-dire sans profit. Cette petite isle a demie lieüe de longueur, et du costé de nordouest, il y a un rocher qui fait banc, qui va une bonne lieüe en la mer; et du costé du surouest il y a bon mouïller l'ancre pour le vent de nord et de nordest. Au une lieüe de là vient respondre la terre ferme, pour ce que c'est une grande baye, là où est la ville de Tholo; et la pointe du golphe vient respondre là à une lieüe près de la dite isle tirant à l'ouest surouest. A la dite pointe de la terre ferme, il y a une riviere, qu'on apelle la riviere de Senou, là où il y a quelques maisons le long de la dite riviere où se tiennent des Espagnols avec des Indiens qui sement du mil et nourrissent des pourceaux et des volailles. Tout le long de cette dite coste il n'y a point de montagnes, si ce n'est une petite montagne qui prend le long de la riviere, bien petite, qu'on apelle la montagne de Carbonniere; et tirant tout le long de la coste du costé de sudouest, il y a quelques maisons d'Indiens, et encore plus au fond du golphe de Orana, qui est un golphe qui confine à la dite coste, il n'y a point de montagnes, ains quelques maisons d'Indiens qui sont sauvages et n'obeissent point. Et de la dite isle Forte jusques à sept lieües plus au sudouest, il y a une autre petite isle qui s'apelle la Tharthuga, qui est une petite isle, là où il n'y croist que quelques meschans arbres marins, et toute de roche, et si il n'y a ni eau, ni herbe, et si il y a des pourcaux; et à deux ou trois lieües de là, il y a une pointe qu'on apelle la pointe de Caribana, bien dangereuse de battures, rochers, et meschant pays. De là entrant au cul de sac y sort de grandes rivieres, où il n'y a que des Indiens sauvages; et retournant la terre, tirant au nordouest, il n'y a que toutes montagnes, s'entend de l'autre costé du golfe du costé de l'ouest, toutes montagnes, hautes roches, sans arbres, ni habitations, sinon de negres sauvages qui font maisons deçà et delà, par dedans le bois; et la montagne continue de cette sorte toujours de cette hauteur, jusques à la montagne qu'on apelle de Sainte-Croix, autrement dit la Cavesse de Cattinas. Le long de la dite coste sortant du dit cul de sac, au beau près de la terre, y a deux isles l'une auprès de l'autre, l'une plus grande que l'autre; la plus grande s'apelle isle de Pine, et l'autre isle de Louve. Tout du long de la dite coste jusques à la pointe de Cattinas, tirant au norouest, est tout plein d'isles sans point de proffit. En la dite pointe de Cattinas, il y a une isle qui est plus à la mer que piece des autres; il y a bon mouïller l'ancre pour toutes sortes de navires grands et petits, et si a de l'eau douce. De là jusques au Nombre de Dios, il y a douze lieües tirant à l'ouest, toute coste brave de rochers. Auprès du Nombre de Dios du costé de l'est, il y a une riviere, qu'on apelle riviere Françoise, là où il y a une petite playa, les grands navires y mouïllent l'ancre quelquefois; et de là à l'entrée du Nombre de Dios, il y a quatre lieües; et à l'entrée du dit Nombre de Dios, il y a une petite roche ronde, qui paroit trois ou quatre lieües de la mer du costé de l'est, qu'on apelle la Morre de Nicoise; et du costé de l'ouest à deux lieües de là, il y a une isle ronde assez haute, qu'on apelle les isles de Batiment; et entre les isle et le dit Nicoise demeure du costé de l'est; il y a une pierre parmi l'entré que la mer luy brise dessus pour peu de vent qu'il y ait; et du costé de l'est à l'entrée du port du Nombre de Dios, il y a des battures que la mer luy brise, qui sont certaines, et n'y a point de danger de passer bien près; et de là vous voyez les maisons qui sont là dedans le cul de sac, sur le bord de la mer, que c'est la ville du Nombre de Dios; et sur la ville du Nombre de Dios, dans la terre, il y a une montagne haute, qu'on apelle la montagne de Capiro; et cette montagne se voit de bien loin dans la mer. Le chemin qui va de Nombre de Dios à Panama passe au pied de cette montagne, là où vous voyez ordinairement le long de ce grand chemin quantité de mulets, qui portent les marchandises du Nombre de Dios qui viennent par d'Espagne, les chargent sur des mulets et les portent à Panama, et de Panama, quand retournent, portent les tresors or et argent; et depuis le dit Nombre de Dios jusques aux montagnes Sainte Croix, qu'on a nommé cy devant, il n'y a point d'habitation, ni montagnes qui se puissent dire hautes, sinon petites montagnes, avec arbres sans fruit, avec force porcs, sangliers et vaches sauvages.

LA VILLE DE NOMBRE DE DIOS

Il n'y a nulle habitation autour, quelle quelle soit, sinon un jardin ou deux, où il y force oranges. Ils ne servent de rien là, sinon recevoir les marchandises, et les envoyer plus outre à la mer de Sus. Et de Nombre de Dios jusques à Panama, il y a dix huit ou vingt lieües de là sur la mer de Sus, là où sont d'autres navires de trafic qui portent autant de marchandises comme à cette mer, et trafiquent en cette mer de là; et sortant du dit Nombre de Dios tirant à l'ouest, il y a des isles à deux lieües de là du costé del'ouest, qui se disent les isles de Batiment, qui sont quatre ou cinq isles ensemble, dont il y en a une plus grande de toutes, qu'il y a une maison avec des negres qui sement du mil, et y a un jardin où il y force oranes et plantanes, qui est un fruit qui est long et vert, et croissent à grande quantité ensemble comme gros raisins, et l'arbre qui les portes, est un arbre vert qui n'a point de façon de bois, et le pied de l'arbre est gros comme le bras, et les feuïlles longues et larges, comme une aune de long et trois pieds de large; et quand l'on veut cueillir le fruit, il faut couper la jambe avec un couteau, et l'on abbat l'arbre pour cueillir le fruit qui est gros; et le dit arbre ne porte jamais qu'un raisin seul; et quand l'arbre est coupé subit à son temps en croist un autre; le dit arbre n'a forme de bois pour ce qu'il est tout comme liege; les feuïlles sont en façon d'herbe à la Reyne, et ne porte jamais de fleurs.[1]

Et tirant de là à l'ouest, jusques à Porto Bello, y a dix lieües, toutes battures, dangereux pays; la terre ferme qui contient depuis Nombre de Dios jusques à Porto Bello, est toute terre mauvaise, montagnes pleines d'arbres sans point de fruit, tous pays de sauvages, où il n'y a que des negres sauvages qui habitent là dedans; il y a force sangliers et vaches sauvages.

Le dit Porto Bello, est un port fort bon pour toutes sortes de navires. Il y a du Nombre de Dios jusques à Porto Bello vingt lieües du costé d'ouest; et du Porto Bello tirant à la riviere du Chagry, il y a douze lieües. C'est une riviere qui sort de la terre, qui vient d'auprès de l'autre mer de Sus, à quatre lieües, là où les brigantins du Nombre de Dieu chargent les marchandises et les portent jusques à quatre lieües de l'autre mer comme dit est, là où il y a une maison expressement faite pour recevoir les dites marchandises, et de là les chargent sur des charrettes qui les portent à Panama. Toute cette terre, depuis le dit Porto Bello jusques à la riviere de Chagry, tout est terre mauvaise, basse, et plage long de la mer; et depuis la dite riviere de Chagry jusques à la riviere de Verahe, il y a dix lieües, toute terre perdüe, montagnes, roches, tout le long de la mer, sans point de battures. La dite riviere de Veraghe, est une petite riviere, que tant seulement y peuvent entrer les brigantins qui portent les vivres et autres marchandises. La dite Verahe est posée dans la montagne à une petite lieüe le long de la dite riviere, sur une petite planure qui est là entre les montagnes ; et en la dite Veraghe ne s'y recueillit rien qui soit, et n'ont rien, sinon ce qu'on leur porte par mer: il y a quelques cinquantes ou soixante maisons, qui sont toutes de pailles, où les Espagnols se tiennent ordinairement en maniere d'une retraite qu'ils ont faite là, pour ce que les dites montagnes qui sont là rendent grande quantité d'or; et les Espagnols se sont retirez là, par ce qu'il y fait plus sain que se tenir aux montagnes, et les negres se tiennent en la dite montagne, qui tirent l'or. Il y a dix lieües depuis là où se tiennent les Espagnols jusques aux mines, et y portent les vivres de quoy ils vivent, le long de la riviere, avec de petits bateaux.

La maniere comme ils tirent l'or, je vous le diray. Il est de cette maniere. ils ont de petites houës de quoy ils sapent la terre qu'ils apellent Almachapt, et avec cela cavent la terre contre la dite montagne, et mettent la terre luisante dedans des battées qui est une chose de bois rondes, plattes, et creuses au milieu: et puis s'en vont dans la riveier, et lavent fort cette terre dans les dites battées, de sorte qu'il n'y demeure que l'or au fond des dittes battées.

Et tout du long des dites montagnes n'y a aucunes habitations, sinon toutes montagnes, forests et mauvais pays, sans fruit, ni rien. Et jusques à la riviere de Nicaraghoa, toutes grands montagnes, où il y en a une à vingt cinq ou trente lieües des dites mines de Veraghe, qu'on apelle les Serres de Brocan: l'on apelle Broccan, pour ce qu'en cime de la dite montagne y a un feu qui en sort à la pointe, que l'on voit de bien loin. Et de la dite Veraghoa jusques à Nicaraghoa, le long de la coste de la mer, il y a mauvais pays dangereux. Il y a une isle au milieu de la dite Nicaraghoa, du costé de l'ouest, à dix lieües de Nicaraghoa, et s'apelle Lescut. Tirant de là plus avant du costé de l'ouest, il y a des autres isles, qui se disent les isles de Sarobarau, qui sont des ilses qui sont en une baye, cachées entre montagnes, sur le bord de la mer, grandes. Il y a bon port pour toutes sortes de navire; et depuis de là, la terre tire au norouest, jusques à la riviere de Nicaraghoa, qui est une riviere qui vient de quatre lieües depuis la bouche de la dite riviere jusques au fond; la dite riviere est large à l'entrée, repartie en deux, une grande isle au milieu. Dans cette dite riviere est grand trafic de brigantins qui portent marchandises. Toute cette terre est sans demeurance de personne, terre rase, de petites montagnes, avec grandes planures, et grandes forests d'arbres sans fruit, vaches sauvages, sangliers. Sortant de la dite Nicarague, et tirant toujour le long de la coste de la mer, la terre s'en retourne ver nord nordest, et de la dite riviere jusques à la pointe de Gratias a Dios, il y a soixante dix lieües, toutes costes braves, mauvais pays, rochers, montagnes, forest sans point de proffit; il n'y a point d'habitations le long de cette coste. Et de la dite riviere de Nicaraghoa tirant au costé de nordest, il y aune isle à quinze lieües de là, avec grande quantité de farraillons du costé de l'ouest à la dite isle; et sur le capt de Gratiasà Dios, il y a un bon port, où pourrez trouver de l'eau douce: il faut caver si près de la mer que voudrez, vous trouverez de l'eau, et delà tirant au nordouest, il y a une autre grande baye, qui se dit Cartage où il y a un bon port; tout pays deserts, montagnes et bois, pays sauvage: et de là tirant au nord jusques au Cau de Camaron, toute coste brave et mauvaise, meschant pays, mauvaise navigation: il y a quatre et cinq brasses d'eau; c'est un grand banc d'arenes, qui dure depuis le port de Cartage jusques au Cau de Camaron, et dure d'est ouest bien cinquante lieües, et la dite terre, toutes montagnes, meschant pays, sans point de peuplaison. On apelle la dite coste, la coste de Tasgualpa, Tasgoalpa; et la pointe s'en retourne droitement à l'ouest. Il y a depuis le dit Cau de Camaron jusques à la ville de Truchillo vingt lieües droitement à l'ouest, toutes montagnes fort hautes et pointües. Sur la dite ville de Truchillo il y a une montagne fort pointüe, et sur le bord de la mer; et toute terre rase, durant quatre lieües de longueur jette une grande pointe à la mer, et fait une grande baye du costé de l'ouest de la dite terre basse; et la dite ville est posée au pied de la dite montagne pointuë; et du costé de l'ouest de la dite terre rase il y a un petit islo à la mer, qui se bouche avec la terre rase: mais toute la terre est tout d'arene et plage.

NOTE

1 Variété de liège.

CHAPITRE 7

La poésie des *Merveilles de Dieu*

Introduction et Commentaires

Comme nous l'avons vu dans le chapitre deux consacré aux récits de Parmentier et dans le récit retranscrit du chapitre précédent, l'axonométrie et le point de vue des récits de Parmentier font tourner le langage dans l'espace de façon particulière et renouvellent le genre des récits de voyage. Une nouvelle écriture liée au dynamisme du monde nouveau mobilisé par des nouveaux mots et un lexique plus précis, de nouvelles affirmations et des clichés apparaissent.

L'ambivalence, suscitée par la dimension protéenne de la lettre, touchant ainsi à des domaines inconscients qui rendent flexibles la signification du texte reste aussi importante dans le domaine de la poésie proposée par Parmentier. Ces dernières reflètent à la fois le programme ambitieux de la politique du roi, et distribuent en même temps un plan esthétique particulier. De même, les notions d'espace du vertical et de l'horizontal semblent bouger. Nous nous référons alors ici à deux points particuliers; Celui de Zumthor qui parle de restriction "des perspectives à l'horizontalité"[1] et au texte de Michael Randall dans son analyse sur les *Chants Royaux*.[2] En effet, l'image donnée par les poésies de Jean Parmentier indique une optique particulière d'expérimentation et de souplesse dans les relations entretenues avec les mécènes (dont Jean Ango). Comme le remarquait Michel Jeanneret,[3] le français encore non figé se révèle dans ces poésies extrêmement flexible. Le langage met en valeur le roi et Dieu tout en utilisant l'imprimerie afin de changer le statut de la poésie dans le domaine de l'esthétique politique de redistribuer l'espace de manière verticale et horizontale. Quand nous les voyons ensemble, la tension du paysage de la mer et de la narration montre comment l'écriture de ces poésies mélange les élément picturaux et discursifs. Le jeu de la description, des louanges et de l'allégorie engendre un monde pictographique déterminé dans le réseau de la lettre et reste axé sur les principes de va-et-vient entre l'horizontalité de la page et sa verticalité. Chaque strophe devient en quelque sorte une allégorie de sa propre production où la cadence du vers met en relief des configurations sérielles sur la grandeur et la puissance de Dieu, de l'homme et des éléments. L'espace est traité des quatre parties; Les merveilles de la mer, La dignité de l'homme, les merveilles de l'air et les merveilles de la terre.

Comme nous avons vu dans l'étude de ce livre, la grille d'Alberti influence non seulement les cartes et les schémas cartographiques, mais il est aussi à notre sens un élément important dans la distribution des données poétiques de cet ouvrage de poésie. En effet, pour lire cet opuscule, il faut "voir" tout d'abord la distribution axiale de cette poésie. En amont ou sur l'axe horizontal de la grille se déploient les données visuelles de la mer. En axe vertical la louange de Dieu et sa reconnaissance imprègne chaque vers telle une cascade.

La distribution rythmique du vers s'articule sur des éléments traditionnels de poésie. 6 strophes composent la première partie, 12, la deuxième, 7 la troisième, et 14 pour la dernière partie. Le vers sont de 10 pieds et proposent souvent dans "les merveilles de la mer" des rimes enchevêtrées. C'est en cherchant la reconnaissance divine que l'on va du sens à l'image pour imposer à l'auditeur le passage de l'image - chrétienne - au sens. Au contraire de Boccace, ici la *poesis* a lieu lorsque le sens s'exprime et se révèle directement. Cet art exquis est en fait une invitation à multiplier la récitation du poème pour tous; ceux qui vont rester à terre et ceux qui vont partir. Non destiné à l'élite, ce genre de poésie se veut pragmatique dans la postulation des éléments et aussi transmissible de façon élégante. Entre deux circuits de "charmer" le prince et de faire passer la "substance" de l'œuvre, les images fugitives de la mer puis celles des grands navires et enfin des tempêtes annoncent un regard particulier sur le monde; A la croisée des chemins de l'émerveillement, intervient la puissance et même les foudres de Dieu:

Et voyez donc quelle puissance assouvie
Ha celluy seul qui seul donne à vous vie.

Rhétorique et poésie doivent s'aligner ensemble et s'allier: la poésie devient un moyen essentiel plus "beau" pour exprimer ce qui est dans la réalité. L'allégation retourne à une technique de lecture (l'allégorie). Les données visuelles inscrivent les données de reconnaissance à Dieu. L'imbrication des éléments parasite et dynamise toute la première partie.

Pour ce qui est de la découverte des horizons et du vocabulaire, les termes sont simples pour la partie des merveilles de la mer. A la jonction des savoirs du Moyen Age et de la Renaissance, les mots de navigation sont employés comme "voyage, navigation, navigue, grande mer." La description des poissons s'intègre à la strophe quatre pour montrer la quantité et renforcer la grandeur de l'océan et de Dieu.

Dans la seconde partie, l'intervention de l'homme "La Dignité de l'homme" s'immisce dans une construction spatiale où la grandeur des océans fait équilibre dans cette partie à la place de l'homme et du pouvoir divin "tout vien de toy, nul ne le peult celer". La position de l'homme n'est cependant qu'infime dans cet univers. Le vocabulaire se complique ici de termes " grand capitaine" "grand chef general" "d'admiral" de "roy" pour remettre en perspective la place de ces princes au rang de subordonné. Cette subordination se déroule selon des arguments rhétoriques précis; la première strophe met en position l'homme moral et son "entendement." La deuxième loue le pouvoir de Dieu qui a fait l'homme. La troisième allègue sa vertu. La quatrième strophe demande ses louanges, la suivante exige des "pensées nettes". La sixième strophe tourne sphériquement sur tous ces thèmes en marquant spatialement des "qui" et que" au début du vers; ces conjonctions, dans leurs répétitions provoquent des tourbillons spatiaux et des cercles du fait de la lettre Q sur les thèmes. La mouvance des éléments et les concepts s'amalgament alors sur le sens; la vision des lettres Q et leur répétition mettent en relief des raisons inconscientes qui gouvernent la structure de cette carte circulaire de la strophe. Parmentier reprend ici les données pour faire virevolter en éclats les idées préconçues et revenir dans la strophe suivante sur ce que l'homme doit faire et ne pas oublier "C'est le seul roy et le seul Dieu des dieux."

La strophe 5 et les dernière strophes soulignent bien la confiance que l'écrivain a en l'homme pour ne pas oublier ses devoirs et son Dieu. L'audition des conseils "il suffit que tu entendes bien" répond au regard posé de haut en axe vertical "s'il te voit." Dans un geste de va-et-vient les rimes soulignent la valeur de l'homme (gens, bestes, honnêtes et malhonnêtes). En contrepartie, les deux strophes suivantes s'attèlent à parcourir la terre où la splendeur des éléments se diffuse entre le soleil et la terre, le jour et la nuit. La strophe sept illustre les beautés du ciel. Cette élévation entre ces trois strophes permet de parcourir verticalement l'entrée vers le ciel tout en assurant dans les trois strophes suivantes un crescendo d'actions que les explorateurs ne devront pas oublier.

Il s'agit de ne pas "vice conterfaire" (strophe 8) et louer Dieu (strophe 9) pour finir sur une vision apocalyptique de Dieu (strophe 9) "Dieu détruira leurs opérations, tout leur pouvoir sera par luy submis." La strophe 10 tourne sur le point de vue du "psalmiste" qui reprend lui aussi tous les conseils qu'il vient de faire pour et sur Dieu.

Les merveilles de l'air

Cette partie de sept strophes correspond surtout au dialogue entre les éléments opposés de doux et froid, chaud et amoureux.

Dans une explication de la deuxième et la troisième strophe, le poète met en rapport les contrastes entre Dieu et les sentiments qu'il peut inspirer et donne une inspiration particulière à cette partie en comparant les éléments de la terre et du ciel de façon opposée également et comparative. La conclusion célèbre l'éloge de Dieu en particularisant une symétrie bien construite entre la béatitude et la magnitude de Dieu et les enjeux risqués de l'oubli de faire l'éloge de son nom.

Les merveilles de la Terre

Composée de quatorze strophes, le principe redevient vertical; l'homme doit se rappeler des vertus et les grâces de Dieu. Les termes de désir sont associés de manière horizontale dans un mouvement d'avant en arrière avec les vins, les aliments, le ventre, le pain etc. à chaque vers (début, centre, fin) ce qui accroît un jeu entre les deux axes. Comme dans les *Chants royaux*, le topos de haut et du bas domine le poème. Tout se passe comme si cet axe vertical était sans arrêt contrebalancé par un grand étalage de détails de la vie de tous les jours. Le montage entre l'association de Dieu et l'homme met en relief une relation importante de voyage entre les éléments. Il reflète la division du travail entre un voyageur/auteur qui signe son poème et le défendeur de Dieu.

Le schéma traditionnel de production et de diffusion des données sur Dieu se redessine en même temps que se diversifient des productions de données géo-spatiales des éléments; pain, soif, envie, désir, la mort, etc. Ces qualités diverses à la fois descriptives et psychologiques concourent à donner un modèle particulier où l'expression de Dieu retient l'attention du lecteur. Partout inséré, il est disséminé et identifié pour amener en quelque sorte l'œil à se mouvoir figurativement, contemplativement vers les différentes sphères des activités sur la terre. Comme l'a bien montré Michael Randall dans son étude des *Chants Royaux*, la cosmographie d'Apian n'est pas loin. Les associations entre les parties des êtres et des éléments naturels enregistrent le monde dont le point culminant est Dieu. Les éléments de la vie comme les devoirs, le rire, les pleurs, les dangers se voient confrontés dans un grillage de la sphère connue de l'époque.

L'illustration de Apian (figure 5) donne ainsi une explication de la nature universelle cosmographique. Le long de cet œil qui regarde les étoiles, ou de cette oreille qui écoute, le globe de la terre est donné dans un schéma en forme ronde et l'on peut voir les continents de L'Europe, l'Asie, le Nord et le

Sud de l'Amérique. Ce globe force l'observateur cosmographique à engager son regard vers un point universel, au dessus de la surface de la terre. Cette universalité nécessite cependant une compréhension du concept de la terre; la personne en effet regardant le globe doit pouvoir imaginer qu'il le voit et déterminer sa position par rapport à un Dieu qui verrait le monde et le cosmographe lui-même. Comme Villon ou Christine de Pisan intègrent les espaces verticaux dans des reprises sur les antagonismes des concepts, la perspective cosmographique de Apian permet de préserver une unité entre les axes verticaux et horizontaux.

Les mouvements entre les deux axes ne cessent guère dans toute l'étendue des *Merveilles de Dieu*. Il en résulte une figuration particulière où Dieu devient en quelque sorte un acteur de transformation (figure 53). Il est celui qui aide le voyageur à convertir les distances verticales (pour le voir) en mesures horizontales concrètes (a condition de ne pas l'oublier). Ce poème retient toute l'attention dans l'attribution du message divin qui montre bien souvent le Christ en dehors de la sphère du globe, en surplomb et regardant les cercles. Cette position est en même temps caractérisée par la connaissance d'un monde fermé "Et ton ducteur en ce mondain terroy." Il est en passe bien sûr de changer. La sacralisation de Dieu ne pose aucun doute; elle est mise et figurée en termes de verticalité certes mais subjuguée par les éléments divers qui l'entourent. Un monde cosmographique se clôt. Le monde de la Renaissance arrive. La technologie de l'époque offre ainsi dans ce poème une architecture plus flexible, une interaction directe entre Dieu et les hommes. Cette carte dynamique et mobile présentée par Parmentier des merveilles de Dieu est manipulée pour produire et diffuser un monde cohérent.

TRAICTE EN FORME D'EXHORTATION CONTENANT LES MERVEILLES DE DIEU ET LA DIGNITE DE L'HOMME

COMPOSE PAR JEAN PARMENTIER

En traversant la grand mer d'Occident
Pleine d'esprit ou gist maint accident
Par ventz soufflantz sns mesure et repos,
Delibere penetrer l'Orient,
Passer mydi: mais que inconvenient
Ne eust troubler mon desireux propos:
Le cueur bien sain en ma nef bien dispos,
L'esprit ouvert sur si pesant affaire,
Visns à penser quel oeuvre vouloys faire.

Je suis pensant pour quelque fantasie,
Je quicte Europe et tant je fantasie,
Que veulx lustrer toute Affrique la nove,
Encores plus jene me rassasie,
Si je ne pase oultre les fin de Asie,
A celle fin que quelque ouvre je innove
Mon cervault boult, mon esprit se renove
Car pour repos il prend solicitude;
Mais dont me vient telle effrenée estude ?

Diray je avec Horace ouJuvenal,
En concluant soubs un propos final,
Que aux Indes vays pour fuyr pureté?
Cest argumen est faulx et anormal;
Faute d'argen ne me peult faire mal;
Point ne le crains, car j'ay plus poure esté.
Sur quel propos suis je donc arresté,
Quand jay conceu voyage si pesant ?

Alors raison contenta mon esprit,
Disant ainsi: Quand ce vouloir te esprit
De te donner tant curieuse peine,
Cela tu feis afin que l'honneur te rit,
Comme Françoys qui premier entreprit
De parvenir à terre si lingtaine.
Et pour donner conclusion certaine,
Tu l'entrepris à la glire du roy,
Pour faire honneur au pays et à toy.

Sur ce pensif et tout melancholique,
Entray en chambre ou ma bibliotheque,
Vins revolver pour trouver passeemps,
Et me adressay à l'éclesiastique
Sur ung beau mot de sentence autentique,
Pour tous haultz cueurs rendre pleïs et contentz
Dont le vray sens feut tel comme j'entendz:
Qui veult avoir grande loire et honneur,
Doibt suyvir Dieu son souverain seigneur.

En suyvant Dieu sur ce bas teritoire
On trouvera le royaume de la gloire.
Par suyvit Dieu on prendra avec luy
Bruit immortel; on obtiendra encore
Longueur de jours eternels par memoire.
Sans fascherie ou soit mortel ennuy.
Que me valut donc avoir tant circuy
En terre et mer, puis qu'en plus prochain lieu
On trouvera honneur en suyvat Dieu ?

En suyvant Dieu et ses commandements,
Ses doulces loix et ses enseignements,
On a honneur qui veult se humilier,
Que me vault donc de veoir tant d'elementz,
Souffrir en mer tempeste et tourments,
Ayant tousjours des soucys ung milier!
Mieux m'eust valu me rendre Cordelier
Avec François et sainct Bonavenrue:
Je y eusse acquis honneur à l'adventure.

C'est ung estat comme l'ordre l'afferme
Pour suyvir Dieu; et si c'est à pied ferme
Sur le plancher aux vaches bel et bien.
Ou biensouvent d'ung beau bissac on s'arme
Plein de lopins de quoy le traict on charme
Qu n'auroit plus ou moins c'est mieulx que rien
Ilz vont prescher, pour acquerir du bien
Et de l'honneur, parmy dames devotes,
Qu'il y a souvent de bonnes sottes.

Et si j'estoys Cordelier d'aventure,
Auroy je honneur pour porter sur la dure
Le beau bissac comme ung povre belistre?
Tout bien pensé, de tel estat n'ay cure
Mieulx me vauldroit la bonne grosse cure,
Ou quelque abbaye afin de porter mitre,
J'auroys honneur, car j'auroys un beau titre,
Mais je ne sçay si c'est le droit du jeu
Et l'honneur vray qu'on a pour suyvir Dieu.

Ce m'est tout ung; de tels gentz ne veulx estre;
Car aussi bien je n'ay argent à mettre
Sur le bureau pour avoir benefices:
Et sans argent on n'a bulle ne lettre,
Si on n'est subtil pour s'entremettre
D'enc crocheter par dol ou par blandices.
Mais je eusse eu aultres moyens propices
D'avoir honneur comme les aultres ont
En acquerant le grave bonnet rond.

Or pour certain on tient qu'ung bon pillote,
Ung marinier qui tout son cas bien note,
Bien entendu et bien exercité,
Est plus long temps pour entendre sa note,
Parfaictement qu'il ne s'en faille ïote,
Qu'ung docteur n'est en l'université.
Suys je pas donc bien plein de cecité
D'avoir esleu le maritime estude,
Laissant le doulx pour emporter le rude.

Considerés quel docteur j'eusse esté,
En quel honneur ma grave majesté,
Pesantement on eust veu apparoistre,
Et en lieu suis un poure dejeté,
Ung mathelot qui n'a auctorité,
Fors qu'en la mer quand au dangier fault estre;
Mais en la terre on m'eust dict; nostre maistre
Bona dies! vos beaulz motz par sainct Gille
Sont ausvrays que la belle evangile.

Raison oyant mon trop maigre propos
Mal mis en ordre et assez mal dispos,
Pour y asseoir bonne conclusion,
Me dist aussi: Comme ung de mes suppostz
Tu veulz donner spirituel repos,
Pour te garder d'avoir confusion.
Poursuy ton oeuvre ou naît abusion.
Se ainsi le fais, tu ensuyviras Dieu,
Dont tu aura vray honneur en tout lieu.

Et les moyens entendz que je te dys:
Ensuyvir Dieu, c'st ensuyvir ses dictz,
Ses mandementz, et sa benigne loy
Pour estre mis au reng ds benedictz
pour avoir leiu d'honneur en paradis
Et parvenir en glorieux arroy,
Or est ainsi qu'en ce mondain terroy,
Qui veult servir son seigneur ou son roy,
On prend plaisir à cognoistre ses faictz

Plus il est grand, plus il est crainct en soy;
Plus il est bon, plus luy tient on sa foy;
On l'aime autant qu'on voit ses faictz parfaictz.

Et tu as Dieu pour souverain seigneur,
Tu es soubs luy, il est ton enseigneur,
C'est ton vray roy, seul plain d'omnipotence,
Qu'on doibt tenir pour obtenir son heur,
Qu'on doibt querir pour acquerir honneur
Qu'on doit servir premier sans negligence.
Expose donc plaisir et dilignece,
Cueur, corps et ame et toute intelligence,
De recogoistre à qui tu as affaire
Quel seigneur c'est, et sa puissance immense,
Sa grand prudence et parfaicte clemence,
Sur tout tes faictz tu as tel œuvre à faire.

LES MERVEILLES DE LA MER

Mais veulz tu mieulx cognoistre sa puissance
Que pour suyvir soubs son obeissance
Ton bon voyage et navigation?
Tu y pourras contempler à plaisance
Sonhault pouvoir par grande esbaissance,
Voyant la mer en son inflation,
Sa merveilleuse et grosse elation,
Ondes mouvantz par fluctuation,
Sa profondeur, son creux et son abisme.
Lors tu diras par admiration:
Signeur! qui fais telle operation,
Tant ta vertu est grande et altisime!

Qui cognoistra les merveilles de mer,
L'horrible son plein de peril amer
Des flotz esmeus et troublés sans mesure ?
Qui la verra par gros ventz escumer,
Pousser, fumer, sublimer, se abysmer
Et puis, soubdain tranquille, sans fracture?
Qui cognoistra son ordre et sa nature?
Mais qui dira; j'ay veu telle adventure,
Sinon celluy qui navigue dessus.
Cestuy là peult bien dire par droicture:
"O merveilleuse et terrible facture
Du merveilleux qui habite là sus!

O navigantz, o poures mathelotz,

Qui cognoissez la nature et les flotz
De la grand mer ou pretendz profits
Levez les yeulx (ayant les cueurs devotz)
Devers le ciel, et je feray des vos
A donner gloire à celluy qui la feit.
Sans lascheté dont maint est desconfit,
Soit à toujours vostre parler confit
En sa louenge et en son seul honneur:
Et vous aurez non obstant tout conflict
De ses bien tant, que vous direz il suffit:
Car c'est luy seul vray liberal donneur.

Considerez la grandeur et l'estente
de cette mer tant large et tant patente
Dont la moitié pourroit noyer la terre
Et nons obstant sa force violente,
La main de Dieu forte et omnipotente
La tient ensemble en arrest et en serre,
Par sa puissance en lieu borné la serre,
Par sa puissance il luy donne son erre,
Son mouvement et son cours ordinaire.
Et quand el bruit comme horrible tonnerre.
Dont pourement maint esquippage en erre,
Par sa clemence il l'appaise et faict taire.

Considerez les merveilleux tropeaux
Qu'on voit cingler au travers de ces eaux,
De gros poissons et d'horribles velus
Diversement et à si grandz monceaux,
Que engin humain jugeroit cela faulx
Si de premier telz bestes n'estoient veues.
Ils sont sans nombre et toutes sont repeues;
Le seul parfaict qui surmonte les nues
Sustente tout et leur donne pasture,
Qu'ilz vont chercher parmi vagues esmues
En sortissant de leurs profundes nues
Jouxte l'instinct de leur propre nature.

Et voyez donc quelle puissance assouvie
Ha celluy seul qu seul donne à vous vie
Qui tout nourrit en vertu de sa grace
A qui mieulx chascun par bonne envie,
Considerez en pensée ravie,
Le hault pouvoir plain de saincte efficace,
Et vous aurez cause bien efficace
De luy donner louenge en toute place,
Et d'exhalter son sainct nom et sa gloire,
Se humilier devant sa saincte face,

Garder saloy, quelque chose qu'on fasse;
Et le servir par effect peremptoire.

LA DIGNITE DE L'HOMME

Mais oultreplus considerez comment
L'homme mortel a eu l'entendement,
L'esprit, le cueur et la grande hardiesse
De naviguer pendant ungros tourment
Durant un temps par vent trop vehement,
En soustenant sur mer mainte rudesse.
O Dieu vivant, qu'est-ce de l'homme, qu'est-ce,
Qu'est-ce de luy, qui l'as en ta pensée?
Tant que bien pres d'angelique haultesse
Il a attainct en son esprit noblesse
Par la vertu que luy as dispensée.

Pour demonstrer ta puissance et grandeur,
Tu as faict l'homme en charitable ardeur,
Et chascun jour tu le viens visiter:
Tant que tu veulx pour luy donner bon heur
Le couronner de grand gloire et honneur,
Se en ton service il veuille persister.
Car je ose bien de l'homme reciter
Qu'il n'est vivant qui saîche resister
Contre son sens, quand son esprit s'esforce.
Tu l'as vouleu si haultement monter,
Que soubsses peids, il peult tout surmonter
Moyennant toy qui lui donne tel force.

Tu l'as eleü souverain admiral,
Grand capitaine et grand chef general,
En mer, en terre, et mesme en my l'air;
Tu l'as faict roy, tu l'as faict capital
Entre tes faicts, comme le principal
De tous vivants dont on sauroit parler.
Bestes brutaulx ne sçauroient ou aller,
Poissons cingler, ne les oiseaux voler,
Que tous ne soient sous le pouvoir de l'homme:
c'est ta vertu qu'en luy fais rutiler;
Tout vient de toy, nul ne le peult celer,
Car rien sans toy ne s'acheve et consomme.

Se ainsi est donc que le hault Dieu parfait
Par la vertu ait pur l'homme tout faict,
Luy donnant tout en generalité,

Qui detiendra que par voye de faict,
L'homme decueur ne se mette en effect,
De aller chercher en specialité,
Ce qui est faict pour son utilité,
Et soubs vertu plein d'humilité,
En rendre a Dieu les graces et louenges
Magnifiant sa liberalité,
Qui plus a faict à la realité
Pour l'homme seul que pour tous les saincts anges?

Pren doncqs cueur, toy avecques tes gens,
De passer oultre et estre diligenz,
Ainsi que gens, et non pas comme bestes;
Et si n'avez, par fois, entre les dentz
Le gros plaisir du ventre là dedans,
N'en faictes cas et vous monstrez honnestes;
En tel voyage auquel maintenant estes,
Sobrieté rend les pensées nettes,
L'esprit gaillard, subtil, plain de vertu:
Mais ces prouceaux, ces soullards deshonnestes
Qui aiment tant morceaux et grosses festes,
Ont leur esprit tout mort et abattu.

Puis contemplez, en cinglant par long cour,
Qui faict les jours qu'on voit puis longs, puis courtz,
Qui faict mouvoir le haultain firmament,
Qui faict la lune en croissant, en decours,
Ayant tousjours vers le soleil recours
Pour soy montrer clere à tout element;
Qui faict mouvroi le soleil tellement
Que ciel et terre en un jour seulement
Il circuit plain de ardente splendeur:
Qui faict tourner le ciel si asprement
Qu'en la vertu de son fort mouvement,
Le tout est meu soubz sa forme et grandeur.

Cestuy là seul qui tousjours se repose,
Faict en hault ciel tousjours aoir sans pose
Les corps luisants qu'on voit tant radieux.
Cestuy là seul (duquel bien dire je ose)
Qu'il ne se meult jamais pour nulle chose,
Faict seul mouvoir les grandes roes des cieulx;
C'est le seul roy et le seul Dieu des dieux,
Qui a puissnce et vertu en tous lieux;
Et tous les cielz ne le scauroient comprendre:
Il et si grand, il est si merveilleux
Ses faictz si haultz et si miraculeux
Que, tout conc lud, on n'y scait rien entendre.

Mais il suffit que tu entendes bien
Qu'il a tout faict, et tout pour ton grand bien,
Don tu luy doibs honneur en tout affaire
Il a tout faict, voire, de quoi? De rien.
Non pas à luy, car il n'en a que faire.
Il a tout faict: mais il peult tout deffaire,
Car s'il te voit par vice contrefaire
Et te obstiner sans reprendre vertu,
Et sans à luy humblement satisfaire,
De tous les biens qu'il a voulu parfaire,
En fin n'auras la valeur d'un festu.

Or reduys donc, au creux de ta pensée,
quelle grand grace est à toy dispensée,
(Si tu la veulx) par cest ouvrier parfaict.
Et si Raison est en toy compassée,
Tu ne feras une seule passée
Sans louer Dieu, qui tel bien te parfaict.
Se ainsi le fais, tu veorras que, par faict,
Dieu eternel aura tant pour toy faict
Que tu feras bon voyage en bon heur,
Qu'en ton pays, ton cueur tou satisfact,
Tu reviendras de joye tout refect,
Plain de plaisir, de profit et d'honneur.

Se à Dieu aymer avez vostre cueur mis,
Ne craignez point vosz mortels ennemys,
Dieu destruira leurs operatïons,
Tout leur pouvoir sera par luy submis,
Tout leur conseil aboly et remis,
En reprovuant leur cogitatïons.
Dieu voit du ciel sur toute natïons,
Il voit les cueurs et les intentïons
De tous humains, en l'universel monde.
L'homme propose en ses affectïons
Et Dieu dispose en ses perfectïons
Et faict à l'homme ainsi comme il si fonde.

Or, fondez vous à vertu ensuyvir,
A louer Dieu, l'aymer et le servir,
Et vous ferez parfaict et bon voyage.
Ne pensez point les biens d'aultruy ravir,
Ne pensez point les hommes poursuyvir
Oultre raison, pour leur faire dommage:
Mais si ennemys s'offrent vous faire oultrage,
Monstrez en vous un vertueux courage,
Defendez vous, car Dieu sera pour vous;
S'ils ont en nombre un plus grand advantage,

Ne craignez point leur furïeuse rage:
Dieu est pour vous, qui les confondra tous.

Consyderez ce qu'en dit le Psalmiste:
Ne pensez pas que victoire consiste
En la vertu d'un roy ou de ses gentz;
Vertu divine est seule qui resiste
Encontre tous, et se en vous elle assiste,
Vous ne pouvez jamais estre indigentz,
Se avecques Dieu vous estes diligentz,
Vous obtiendrez sur peuples et regentz,
Suiyvant bon droit, l'honneur de la victoire.
Car qui craint Dieu et se y fie en tout temps,
A son besoin en guerres ets contendz;
Dieu le regarde et luy est adjutoire.

LES MERVEILLES DE L'AIR

Ainsi, pensant aux merveilles divines
Qui sont au ciel et aux ondes marines,
Vous parviendrez à l'honneur glorïeux.
Mais passons oultre et voyons les haultz signes
De ses vertus minables et insignes
Qui sont en l'air, selon les divrs lieux:
L'un air est fin, l'autre tousjours pluÿeux,
caligneux, obscur et ennuûeux;
l'un est joyeulx, l'autre est plein de tourment.
L'un est fort chaud, l'autre froid, rigoureux,
L'un est fort doulx, l'autre mal amoureux.
Et si tout sert, considere comment.

Dieu n'a rien faict qui ne serve à nature,
Dieu n'a rien faict en vain contre droicture,
Tout feit si bien que tout est bon de soy.
Le philosophe et la saincte escripture
En sont tesmoings: par quoy la creature
Qui sent raison peult bien dire: O hault roy !
O createur qui tout as faict pour moy !
Si maintenant je tombes en esmoy,
En voyant l'air trop austere en maintien
Par chault, par froid, par tourment que je y vois,
Ce non obstant pardonne moy. Je croy

Que ainsi le fais et le veulx, tout pour mon bien.

Si tu voys l'air plein d'une beauté nette,

Pur, cler, fin, beau, en douceur tant honneste
Qu'il semble à veoir qu'onques ny eust laidure
Je te supplye fais comme l'alouette
Qui vole en l'air chantant la chansonnette
Pour donner gloire au haut Dieu de nature,
Ceste petite et belle creature
Oublie tout et manger et pasture
Pour grignoter ses chants et ses fleuris
En louant Dieu. O humaine facture!
Si tu fais moins, c'est bien contre droicture:
Rends gloire à Dieu dont tousbiens sont sortis.

Vole en ton cueur par contemplation,
Penetre l'air par speculation,
Va jusques à Dieu de plain vol de pensée,
Plus, fays sortir de meditation
un doulx motet à l'exaltation
Du seul qui fit tel beauté compasée;
Et se en ce poinct est sa grandeur pensée
Dedans ton cueur bien pesée et passée
Parmi louenge à sa gloire mystique
Ta voix seroit bien rude et bien cassée
Se el n'est de Dieu beaucoup plus exaulcée
Que tous les chantz qu'onques pensa musique.

Et si tu vois par façon opposite
L'air obscurcy, que le gros vent excite
Par grand tempeste et troumente soubdaine,
Ce non obstant sans parolle mal dicte,
Sans murmurer soit ta pensée induicte
A louer Dieu en sa vertu hautaine,
Considerant que la grosse balaine
Y prend plaisir, et force d'alaine
Voyant tel temps faict l'eau bondir en l'air,
Elle s'esmeut, elle sault, el se pourmaine,
Se jecte en l'air, et tel plaisir elle maine
Qu'il semble à veoir qu'elle doive voler.

Je te supply, fais bien ton profit;
Mais qui la meult? c'est celuy qui la feit.
Et semble à veoir qu'el luy veult rendre gloire.
Auras tu donc ton cueur tant desconfit
De te aller rendre en desespoir confict
Moins qu'un poisson pour un vent transitoire?
Recognois Dieu pour ton vray adjutoire,
L'air a troublé, mail il le peut encore
Faire plus beau que ne le veis jamais.
Prend donc espoir avec luy, et l'adore,

Requiers son aide en ta simple memoire,
Et tu n'auras quelque perilleux mais.

S'en cest estat avec Dieu te conformes,
Et qu'en voyant impressions et formes
Qui sont en l'air, ton Dieu tu magnifies
Il n'est gros air ne brouillars si difformes,
Gros coups de ventz si pesantz et enormes
Qu'en la vertu de Dieu tu ne deffies.
Fays ton pouvoir, et du reste te fies
En cestuy là lequel tu glorifies.
Et tu n'auras aulcun mal et nuisance:
Car ce qu'il faict, c'et affin que n'oublies
Son sacré nom et que tu te humilies
En cognoissant sa terrible puissance.

LES MERVEILLES DE LA TERRE

Après avoir bien contemplé les faictz
Qu'il a au ciel, en mer et en l'air faictz,
Venons à terre à ses vertus entendre.
Entendez-moy, bons mathelotz parfaictz,
Estes vous pas de joye tous refectz,
Lorsque voyez la terre où vous voulez tendre
Quand par longtemps faictes voilles estendre,
Cinglant sur mer, et que par long attendre
La faim vous prend, la soif vous prend en serre,
Le pain vous fault, on ne sait plus ou prendre,
Quand un tel cas vous vient de pres surprendre;
Par votre foy! desyrez vous point terre ?

N'en jurez ja, ce seroit chose folle;
On vous croit bien à la simple parolle,
Que l'opposite en tel cas seroit faulx,
Car j'en congnos dejà en vostre escole,
Quelqu'un ou deux, si bien je m'en recole,
Asez tannées par ce qu'ilz ne sont saoulz.
Ils ont assez, mais non pas les morceaux
Si tres frians n'y à si grands monceaux
Ne si bon vin qu'ils auroient à pied ferme.
Hé ! Dieu du ciel! (ce disent les pourceaulx)
Demourrons nous tousjours dessus ces eaux?
Ne bevrons nous jamais jusque à la lerme?

En telz regretz pleins de memoire grasse,
Non obstant vice, ils congnoissent la grace

Que Dieu a faict sur terre universelle
Pour nourrir l'homme, et disent à voix casse:
Dieu fait bien tout, car la terre humble et basse
Donna à l'homme affin qu'il vive en elle;
Ilz pensent bien que puissance eternelle
Met bled en grange et le vin en tonnelle,
Mais leur penser est tout ainsi que vent:
Car s'ils ont terrre et sont pres la vaisselle
Dieu est leur ventre, et sa louenge belle:
C'est le poirier qui charge si souvent.

Mais vous enfans d'honneur et de raison,
Qui desirez en temps et en saison
A veoir la terre après vos longs sejours,
De vous à eux n'y a comparaison;
Car vous fondez louenges et oraison
En protestant y persister tousjours;
En ce moyen vous avez tous les jours
Quelque pensé et seul et seur recrours
Au seul qui faict les merveilles du monde.
A Dieu pensez: Dieu pense à vostre cours
A dieu priez, et Dieu vous est secours,
Se procedez d'un bon cueur pur et munde.

En desirant avoir la jouissance
Des biens et fruictz croissantz par abundance
Dessus la terre, et là n'y povez estre,
Dens vostre cueur et en la circunstance
De ce desir vous boustez la puissance
De Dieu qui feit la machine terrestre;
En desirant, pour vostre corps repaistre,
Quelque chapons, quelque ouaille champestre,
Ou quelque boeuf pour mieulx faire gros rost,
Bon pain, bon vin, sus la table mettre,
Vous benissez celluy qui en est maistre
Et luy priez que cela vienne tost.

D'autant qu'on voit la chose difficile
Tardive et rare, et qu'el n'est pas facile
De l'avoir tost, d'autant elle est plus chere.
Et avec ce qu'elle est bonne et fertile,
Commode à l'homme, excellente et utile,
Plus on l'estime et plus on la prefere.
Et oultre plus, celluy qui la confere
Qui en est maistre, et s'il veult, qui differe
A la bailler, selon son bon plaisir,

C'est cestuy là qu'on honore et revere
Qu'on vient prier et auquel on adhere,

Affin qu'on ait ceste chose en desir.

Par ce moyen vous estans sur la mer,
Tant plsu avez quelque peril amer,
Tant plus pensez au hhault Dieu admirable,
Et le penser, vous contraincr à l'aymer,
Et en l'aymant, vous voulez sublimenr
Et halut louer sa gloire inenarrable.
Mais en la terre, à l'auge et à l'estable.
Vous ne pensez ni à Dieu ni à diable.
Tout vous est un, mais que Margot soit plaine
C'est faict en brut et beste variable
En laissant l'ame en la voye incertaine.

Mais revenons au point de nostre entente
Et contemplons que main omnipotente
A bien montré sa merveille et grandeur
Dessus la terre en sa terrible estente;
En ses hautz monttz, en mainte isle patente,
En sa beautee, en sa forme et rondeur.
Plus contemplons que luy supresme autheur
La colloqua ainsi que createur
Au centre vray du monde pour son lieu:
L'air tout entour, le ciel et sa haulteur
Et non obstant sa masse et pesanteur
A rien ne tient fors qu'à la main de Dieu.

La main de Dieu en sa vertu discrete
La tient en l'ar par façon tant secrete,
Que l'homme n'entend ceste vertu profunde
La main de Dieu qui toutes choses traicte
La tien, soubtient, entretien et arreste:
Droict au milieu et vray centre du monde.

Et tout entour de cette terre ronde
On voit tourner maint corps lumineux munde
le cler soleil, estoilles et planetes
Le firmament, les nues, l'air et l'unde,
Dont elle prend fertilité fecunde
Pour sustenter les hommes et les bestes.

Les faictz de Dieu evidentz et apertz
Le monstrent bien sur la terre dispers,
Quand tout autour, et dessoubs et dessus
il y a gens en maintz lieux et divers,
Piedz contre piedz, de costé, de travers:
Et toutefois chascun pense estre sus:
Aussi sont ilz dont plusieurs sont deceus,
disant: comment ne sont tumbez ou cheus

La teste en bas ceulx là qui sount soubs nous nous
Si telz secretz ne sont par l'homme sceus
Se neantmoins le hault Dieu de là sus
Entretient tout au desus et dessoubz.

Par ce voyage et navigation
Vous cognoissez en speculation
Ce que je dys par vraye certitutde:
Les corps du ciel en sont probation
Que vous voyez par elevation
De jour en jour en vostre latitude
Quand le froit nord ou gist vostre habitude
Vous delaissez et metterz votre estude
A naviguer vers la part de midy
La part du su vous monte en altitude,
Et vostre nord descend en promptitude
Tant qu'en la mer il est approfundy.

Quand vous cinglez au su d'un temps prospere
Vous elevez dessus vostre hemisphere
Les estoilles du bas pole antartique:
Et si chacun de vous bien considere,
Lors vous laissez toute estoile ou sydere
Qui est auprès de vostre pole artique.
Dont vient cela? Il faut bien qu'on pratique
Que la rondeur de terre et mer applique
Devant vostre oeul un obstacle au milieu
Qui nuist à veoir aulcune part celique
Et monstre l'aultre en droict ou en oblique
Ainsi la terre a rondeur en tout lieu.

Se elle a rondeur comme il fault conceder
Et que par long et bien loing proceder
Trouver le quart du grand globe univers,
On doibt conclure et à sa raison ceder,
Sans soustenir, ou du contre se aider,
Que esters adonc establis de travers,
Du lieu premier tant sont les lieux divers.
Plus si voulez vous trouver à l'envers
Comme antipode, ou de bien pied contre pied,
Oultre cinglez en vos vaisseaux appertz
Lors ce verrrez ainsi que genz expertz
Quand vous aurez du grand rond la moitié.

Ainsi voit on les merveilles insignes
Ainsi voit on les haultz faicts, les haults signes
Et les vertus du seul immortel roy,
Ton grand seigneur plain de bontez benigmes,
Vray enseigneur en sciences divines,
Et ton ductuer en ce mondain terroy.
En ce boyant, auras tu poinct effroy
De proceder contre sa sainte loy?
Feras tu pas, au gré d'un tel seigneur
Qui est ton Dieu? je croy que ouy: par quoy
Se ainsi fais, et les tiens avec toy,
Tu obtiendras profit, joye et honneur.

Lecteur

Quand je eu ouy et entendu raison
Ainsi parler par prudente oraison,
Je fus si plain de joye et de plaisir
Que oncques n'en eus autant en ma maison;
Parquoy conclus qu'il estoit bien saison
Pour eviter ennuy et desplaisir
De escrire tout à mon petit loisir
Comme raison me avoit bien faict entendre
Et à mes gens le donner à entendre:
Ce que j'ay faict dont à Dieu soit la gloire
qui nou conduict et conduira encore
Comme j'espere en faisant bon voyage.
Et pour avoir tousjours de luy memoire
A ous maistre d'un fraternel courage
J'en fais present et à tout l'esquippage.
En vous priant, mes freres et amys,
Que ayons tousjours à Dieu nostre cueur mis.

VELA DE QUOY.

PLAINCTE

Sur le trespas de deffunctz

JEAN ET RAOUL PARMENTIER

Capitaines de la Pensée et du Sacre

EN LA NAVIGATION DES INDES: FAITE PAR EULX L'AN Mil.D.XIX COMPOSEE PAR PIERRE CRIGNON, BOURGEOIS DE DIEPPE, COMPAIGNON DESDITZ PARMENTIER EN LEUR DICTE NAVIGATION.

Seul à parmoy faisant regretz et plainctes
Contre Atropos qui, par mortelles poinctes
Des dartz agus ou son vein a mis,
A succumbé deux de mes bons amis,
Considerant de leur entreprise
Là où vertu et force estoit comprise
Ne sortiroit un si louable effaict
Comme au vivant des deux frères eust faict,
Voyant aussi noz gens soudain mourir
Sans qu'on les sceust ayder ou secourri;
Et le patron qui du tout se dispose
De retourner sans plus faire aultre chose,
Mettant desia en despris et en hayne
Tout ce que aymoit le deffunct capitaine,
Son poure chien il ne povait plus veoir
Ne moy aussi, quoy que feisse debvoir
D'exectuer ses bons commandemens,
L'esprit vacquant en divers pensemens,
il me souvient comme à la departie
Chascun prenoit conté de sa patrie,
Et que je vey la nymphe Parmentier
Qui son espoux aymoit de cueur enier,
Faire un adieu si meslé de regrez
Que ce voyant un cueur plus dur que grez
Se feust fendu ou fondu comme cire.
Jamais ne vey adieu plus fort à dire:
Sa face blanche et de couleur rosée
Estoit de pleurs et larmes arousée,
Helas! disoit la nymphe gracieuse,
Perdray je ainsi la perle precieuse
Que tant j'aymoys: mon espoux et amy;

Je n'ay esté fors que un an et demy
Avecques luy qui me semble trop brief.
O dur depart, tant tu me feras grief!
Tous les plaisirs que j'ay prins jours et nuictz
Sont convertis en douleurs et ennuictz.
He mon amy, je n'ay plaisir qu'en toy,
Tu as dur cueur qu'il ne te chault de moy;
Tou en un coup, je pers joye et doulceur.
C'est mon mari et ma benigme seur
Qui de nouveau est par mort succumbée.
O fiere mort, que ne m'as tu tombée ?
En son sercueil j'eusse esté bien heureuze
Et mise hors de peine douloureuze;
Commen veult tu tes deux enfans laisser,
Pour en pays si loingtain converser
Dont l'on n'a veu aucun faire retour ?
Desir d'honneur te faict faire ce tour
Que plust à Dieu que ton cueur si haultain
Feist à mon gré; tu prendroys le certain.
N'avons nous pas des biens à suffisance
Pour vivre ensemble en joye et en plaisance
Sans te donner tant de peine et soussy?
Car bien souvent te voy presque transsy
Fantasie et tout melencolique
Du grant travail et soing ou tu aplique
Ton appetit par telle oeuvre entreprandre.
S'il te plaisoit avec moy en gré prendre
Les petis biens que avons peu acquerir,
Tu n'yrois point aux Indes en querir,
Ne te exposer en un si grand danger;
Mais ton esprit est si prompt et leger
Qu'il n'a regard aux effectz de fortune;
Ne pense pas qu'el te soit opportune
A ton plaisir: elle est trop variable
Si autresfoys t'a esté amiable,
Au temps present te pourra estre adverse,
Et se ainsi est que ton oeuvre el renverse
Pour augmenter ton travail et ta paine,
Tu seras mis en despit et en hayne
De tous ceulx là qui te flatent et dorent;
Et d'autant plus que haultement te honorent
Ils seront lors plus promptz à te blasmer;
Apres le doulx, tu gousteras le amer
Qui te sera un trop estrange metz.
Si tout ne advient ainsi que le prometz,
Helas! helas! encore n'est ce rien
D'y perdre temps ou son temporel bien;
Mais qu'en ce lieu te veisse revenir

Pour à mon gré te acoller et tenir!
Car je crains trop que mort ne nous separe,
Il m'est advis que desia el prepare
Les dardz agus pour contre toy gecter
Et qu'el te va en quelque lieu guetter
Là ou courir pour te ayder ne scauray
Et que jamais je ne te reverray.
Lors en plorant el l'acolle et embrasse
En luy disant: me feras tu point grace?
Helas! nenny: bien voy qu'il est trop tard,
Les nefz sont hors, tu veulx faire depart,
Tes mathelotz te demandent et crient
Pour t'embarquer; et puis les ventz te prient
Et leur desplaist que avec moi faictz sejour.
O pleust à Dieu, mon amy, que ce jour
Eolus feist, pour mon cueur contenter,
Le vent de ouest si rudement venter
Que les deux nefz vinsent frapper en coste,
(Pour ceste nuict seroys encor mon hoste)
Et de ce coup feussent toutes brisées!
Les corps saulvez, maintes nymphes prisées
Beniroient Dieu avec moy de courage
D'avoir rompu un si pesant voyage
Ou leurs amis se vont habandonner.
Il ne sçavoit quel confort luy donner
En luy voyant demener si grant deul;
Le cueur navré ayant la larme à l'oeil,
Se repentant d'avoir faict l'entreprinse
N'eust sceu parler: car sa voys estoit prinse
Entre souspirs sortissantz de son cueur
Qui faisoient perdre alaine et vigueur.
Puis un baiser en fin luy a donné
Et un adieu aussi bas entonné,
Comme le son de dolente tenebre
Que me donnoit un prezage funebre,
Ainsi qu'il est du depuis advenu.
De s'embarquer le temps estoit venu
Et nous fallut tout à l'heure partir;
Mais comme aucuns m'ont bien sceu advertir,
La doulce nymphe à l'aultre capitaine
Ne souffroit pas moindre douleur ou paine
Mais encore plus: et luy semblablement
Au departir plora moult tendrement,
Et fauldroit bien un Virgille ou Homere
Pour declarer la grant douleur amere,
Les durs regretz, les plainctes, les tourmentz,
Les doulx baisers et les embrassementz
Que feirent lors ces deux loyaulx amantz;

On en ferait volumes et romantz.
Par quoy je dy que si au departir
On avait veu tant de larmes partir
De leurs beaulx yeulx que, à nostre revenue
Lors que seroit la mort d'iceulx congnue,
Qu'on leur verroit mener grant desconfort
Dont à parmoy je les regretoys fort.
Ainsi pensif et melencolieux,
Pesant sommeil me feist clore les yeulx
Et Morpheus en forme de poesie
Se presenta devant ma fantasie,
Ainsi disant: ne te course ou indigne
De ce qui plaist à la bonté divine;
Pense tousiours d'acomplir son vouloir
Et metz regretz et deul à nonchaloir;
Le dieu Phebus par devers toy m'envoye
Pour te remettre un peu le cueur en joye.
Escoute moy: as tu point souvenance
Que quelque foys, par la mienne ordonnance,
Te feis songer que estoys sur le perroy
Plain de soussy et en terrible effroy,
En regardant ces navires bruller
Tous deux en rade et n'y sçavoys aller,
Ne trouver nul qui leur donnast secours;
Et du depuis, apres singler long cours,
Tu as songé à Dieppe estre arrivé,
Ou tu contoys à quelque un ton privé
Que retournez estiez sans rien faire.
Pour te advertir de ce doulent affaire
Je te faisois telles choses songer;
Car ce grant feu: actif, aspre et leger,
C'est la chaleur de fievre continue
Qui comme un feu est aux deux nefz venue
Prendre et brusler tes deux bons capitaines
Pour mettre fin à leurs œuvres hautaines
Mais le bon Dieu ou estoit leur fiance
Ne permettra que au fleuve d'oubliance
Leur nom perisse ou meurt avec le corps;
Son plaisir est que l'on face recordz
De leurs vertus de honnorable merite
Et pour loyer leurs deux ames herite
Lassus au ciel transformées en estoilles,
Là ou ilz sont de magnitude telles
Et de beaulté que Castor et Polus.
Ce nonobstant aucuns brouillars polutz
S'esleveront oultre ordre coustumiere,
Pour offusquer leur splendente lumiere.
Mais quoy: Phebus qui le ciel illumine

Fera tomber ceste obscure bruine,
Si qu'on verra ces deux astres celebres
Reluyre au ciel par nocturnes tenebres,
Car tout ainsi que un grand paintre parfaict
Un boys pourry tres salle et infaict
Faict sembler beau par un peu de paincture
Dont il y met bien tenue couverture,
Ou là dessus pourtraira un ymage
Si vivement qu'on luy fera hommage
Et qu'on dira: c'est une chose vive.
Mais si aucun en dispute ou estrive
Il congnoistra en bien faisant l'espreuve
Que là dessoubz c'est boys pourry qu'il treuve,
Semblablement aucuns adulateurs
Amadoueurs, invectifz detracteurs,
Feront couleur pour paindre un grant mensonge
De verité qui s'estend et alonge
Comme l'or fin que est plaisant à veoir
Pour tous oyans tromper et decepvoir;
Et semblera que leurs parolles painctes
Soient veritez de l'evangile attaintes
Faisant ce bruit fluer en tous cartiers
Pour offusquer l'honneur des Parmentiers,
Le tien aussi dont beaucoup souffriras;
Mais quant au vif picqué te sentiras
Il te fauldra alors la pique prendre,
Pour leur honneur avec le tien deffendre
Contre tous ceulx qui par excessifz blasmes
Veullent honnir des trespassez les ames.
Ce sont ceulx là qui leur donnoient louenges
En leur vivant plus qu'on ne faict aux anges,
Ce sont ceulx là qui leur command faisoient;
Fust bien ou mal, point ne les desdisoient
Mais plus disoient: monsieur, c'est tres bien faict,
Vous estes sage et homme tout parfaict
En ce faisant vous aquerrez grant gloire
Et si bon bruict qu'il en sera memoire
A tout jamais: tant que ton capitaine
Estoit faché de leur louenge vaine
Comme il t'a dit en privé plusieurs foys.
Et pour cela qu'ilz n'ont heu a leur choys
Ce qu'ilz pensoient avoir par leur blandisses,
Convertiront tous les biens faictz en vices
Et en diront du mal plus qu'on ne pense.
Mais tu seras leur escu et deffense
En soustenant tousiours la verité
Avec l'honneur qu'ilz ont bien merité;
Pourtant prens cueur: après toute souffrance

Tu reviendras en la terre de France.
Puis s'en alla prenant de moy congé
Et n'estoit pas encor fort eslongé
Que advis me fut que j'estoye en une isle
Plaisante à veoir, verdoyante et fertille,
Là ou croissoient plusieurs haultz arbres vertz
Qui portoient fruictz estranges et divers.
En ce beau lieu se assemblerent les dieux,
Les demys dieux venant de divers lieux,
Les heroes, les nymphes et driades,
Oreades et les amadriades,
Les hyamides et muses pegasides
Qui se assembloyent sur les ruisseaulz humides
D'une fontaine yssante d'un rocher.
Je n'osoys pas au pres de eulx aprocher
Car ils faisoient devises et carolles,
Et ne sçavoys entendre leurs parolles,
Qui les menoit ne qu'ilz venoient là faire.
Comme j'estoys pensif sur cest affaire,
D'entre eulx sortit la muse Polymnie
De grant beaulté et faconade munie,
Qui me jecta un regard de ses yeulx
Avec un ris begnin et gracieux
En adressant vers moy son petit pas,
Dont fuz honteux, car je ne sçavoye pas
Qu'elle eust de moy aucune congnoissance;
La regardant par grant esbahissance
Me retiray et ne l'osoye attendre,
Mais doulcement me vint par la main prendre
Et tout soudain, je me jecte à genoulx:
Susbout! dist elle, susbout mon amy doulx,
Faictz au seul Dieu honneur et sacrifice,
Je te congnoys: j'ay esté ta nourice
Semblablement aux deux bons Parmentiers
Qui ne sont plus en corps et ames entiers;
Tous troys vous ay en jeunesse traictez
Aymez, nourris, doulcement alaictez
Du fluant laict de mes blanches mamelles
Et congnois bien que pour eulz tu te melles,
Car ung amy doit pour l'aultre veiller.
Donc se tu veulx un petit resveiller
Le tien esprit pour escouter mon dire,
Tu y prendras matiere pour descripre
L'honneste pris et loyer qu'ilz ont heu
Par ensuivir honorable vertu.
Tous les haultz dieux qui sont en ce pourpris
Ont decreté que pour gloire et pour pris,
Leurs corps mortels tendans à pourriture

Transformeront en quelque aultre nature.
Du corps de Jean tiens toy tout informé
Qu'il est desia en palme transformé:
Hault exalte ses branches estendues,
Et en son tronc plusieurs cocques pendues
Orné, paré de mainte feuille verte
Dont est sa tombe ombragée et couverte;
Et tout ainsi que de sa fluant bouche
A distillé mainte parolle douche,
Le vert palmier distillera vin doulx,
Plaisant à boyre et agreable à tous;
En ce palmier sera prins sucre et laict
Pour demonstrer qu'il estoit tout compect
En la doulceur de ornée rethorique,
Et tout ainsi que la palme on aplique
En ce pays pour voilles et cordages
Il s'apliquoit à faire longs voyages
Là ou cordage et voilles sont utilles;
Parquoy sera sur tous arbres fertilles
Aymé, prisé; des nymphes et des muses
Souvent viendront à tout leurs cornemuses
Horganes, haultz boys, harpes et espinettes,
Soubz ce palmier raisonner chansonnettes
Par bon accord et tres amouruex bien.
Lors que Phebus sur ce meridien
Fera son cours par la zone torride,
Faisant lascher à ses chevaultx la bride
Pour tost courir es mettes d'occident,
Ycy viendra maint heroe prudent
Prendre et gouster de son fruict savoreux:
Pans, egipans en seront amoureux
Les reverans de honorable sculpture
En ceste isle ou gist la sepulture.
Le corps de Raoul qui jecté fut en mer,
Pour demonstrer qu'il est digne de aymer
Et que à tousiours il en soit mention,
Les dieux marins en grant convection
L'ont recueilly ainsi que leur affin
Et transmué en un leger daulfin,
Pour tost nager par ceste mer sallée
Et advertir mainte barque et gallée
Du mauvais temps et tempeste advenir
Pour à leur cas soigner et prevenir
Et leur monstrer aussi en quel saison
Les divers ventz sont en leur mueson;
Et s'il y vient des navires de France
En les gardant de peril et souffrance,
Les conduira hors de bancz et bastures

Pour eviter toutes pertes futures;
Et pour enseigne aux navigans jolis
Le beau daulphin porte la fleur de lis
Dessus son chef, et au dos la croix blanche:
Monstrant qu'il est d'une contrée franche.
Et ceste mer ou il faict demourée
Du nom des deulx doibt estre decorée,
Se plus Francoys vient en ceste frontiere
Il nommera ceste mer Parmentiere
Et en fera memoire a tout jamais.
En ce disant, et voicy un grand metz
Qui vient frapper en hanche du navire
Si rudement que sur le costé vire
Et fus jecté du coup hors de mon lict.
Se j'avoye prins en songeant grant delict,
Au reveiller je euz cent foys plus de peur:
D'une heure apres n'estoys pas bien asseur,
Mais quant je fus un petit revenu
Memore en feis comme il est contenu
En cest escript, priant tous clers voyans
Qui le liront ou le seront oyans,
Me pardonner se j'ay faulte commis
En priant Dieu qu'il mette noz amis
En paradis ou n'a faulte de rien
Cy feray fin: à Dieu, tout vienne à bien!

FINIS.

Tout vienne à bien!

PIERRE CRIGNON.

NOTES

1 Paul Zumthor, *La Mesure du monde: Représentation de l'espace au Moyen-Age* (Paris: Seuil, 1993), 34.

2 Michael Randall "The Virgin and the Cosmographer: on Notions of Space in Jean Parmentier's Chants Royaux." MLN 113.4 (1998): 897-914.

3 Michel Jeanneret, "Du mystère à la mystification: les sens caché à la Renaissance et dans Rabelais." Versants 2 (Winter 1981–82): 3–21.

Conclusion

Au cours de cette étude, nous avons tenté de faire redécouvrir l'École cartographique de Dieppe au XVIe siècle.

Notre question initiale du chapitre un sur les conditions favorables de l'émergence du concept de la Terre comme œkoumène et ensuite comme terre ronde constellée d'océans a montré les différents mouvements du savoir géographique au XVIe siècle. Nous avons ainsi pu voir que l'univers des astronomes au XVIe siècle s'élargit dans le monde terrestre et le monde habitable par les êtres humains. Le domaine spatial s'agrandit et les dimensions du monde habitacle semblent exploser. Pour représenter ces espaces, les cartographes vont de plus en plus utiliser des outils mathématiques qui tendront à rendre au plus près tous ces changements. Dans un effort de communication entre l'écriture et les données enregistrées, les cartographes appréhendent d'abord l'espace dans les portulans de façon parfois empirique dans leur caractérisation des dessins de la flore, de la faune et surtout de la représentation humaine. Mais la description des côtes et le dessin des mers s'affinent au cours des années avec aussi un modelé plus intensif et réaliste de la figuration de l'intérieur des terres. L'œkoumène a changé d'échelle mais ce n'est pas seulement du point de vue quantitatif que les géographes s'ingénieront à représenter l'espace. Les cartographes dieppois le sentiront bien. Ils établiront les tracés des côtes comme les autres spécialistes de l'époque pourront le faire. Ils dressent des esquisses de relief et des fonds de façon traditionnelle. Ils y ajoutent souvent la qualité—encore bien sommaire—de la représentation humaine, de la flore et de la faune. Dans l'apprentissage des grandeurs spatiales, ils évoluent à part entière dans le domaine de l'incorporation en perspective des figures humaines (quand elles sont représentées). Si certains dieppois tels que Cossin ou Le Testu s'essayent à multiplier les sites des villes ou représenter le monde en ellipse, parfois en losange et évincent la représentation de personnages, ils comprennent cependant que les données mathématiques leur permettent de jouer avec la forme de la terre. Ils définissent et formalisent un cadre de pensée et de représentation de l'espace qui non seulement tiendra compte de cette nouvelle taille du monde mais restituera aussi le sentiment de, et sur l'espace associé à la grandeur et à la largeur des masses. L'ancien monde se voit bientôt dépasser: la relativisation et le choc du Nouveau Monde imprègnent toutes les cartes de l'École cartographique de Dieppe. Ouverts aux nouveaux procédés mathématiques, admirant les théories de Ptolémée, d'Apian ou d'Aristote, ils confrontent dans leurs calculs et dans les œuvres ce qui a été fait auparavant. Ajoutant, éliminant et reprenant sans cesse leurs travaux, ils présentent un moment inachevé de *l'intérieur* ou plus exactement ils évoluent de l'intérieur vers un inachèvement perceptible. La place de l'Autre est alors rendue sur le papier de façon plus nette, parce que le dispositif ne peut se clore sur lui-même. Tous les principes de la cartographie ptoléméenne sont adaptés et grâce à eux, les auteurs dieppois mettent en place un plan visuel unique en son genre, en fonction de méthodes graphiques, d'évaluation des données des récits de voyages et de leurs compréhensions de ces discours. Entre les dessins traditionnels du monde connu et celui de l'inconnu, les terres se voient illustrées dans un dialogue virtuel entre le réel et les suppositions. Cette transformation du connu en possibilité s'affiche souvent pour les Nouveaux Mondes dans une constance de figurations des terres australes, de la Grande Jave, bien plus que chez leurs contemporains. Grâce à Desceliers, créateur de l'École cartographique, nos géographes dieppois connaissent leurs travaux respectifs: ceci leur permet d'ajouter bien souvent une rubrique possible d'après les autres dessins et autres aventures narrées, ou de mettre en valeur un détail plus saillant sur les côtes et l'échancrure des baies ou de se copier mutuellement dans les bases de données pour les tracés de l'arctique, et du Nord de l'Europe ou de l'Amérique. Cependant, dans la représentation et la multiplication des roses des vents, ils prennent une signature particulière dans un contexte de cartographes "à découvrir" à l'époque. Si l'on ne peut pas toujours déterminer comment les cartes ont été construites puisqu'il y manque souvent des textes, leurs formes—en majorité carrées—projettent leurs intérêts dans l'élaboration poussée de courbes, rhumbs, cônes, ellipses mathématiques pour représenter le monde. Négligeant parfois la nomenclature, ils représentent souvent le relief à l'intérieur des terres de façon assez systématique pour l'époque. Pour certains, la description de L'Autre s'enchevêtre au cœur même de ces représentations mathématiques. La participation entre le contenu et la forme détermine leur façon de voir et de manier l'espace bidimensionnel de la page. Comme toute description géographique, leurs figurations deviendront obsolètes puisqu'il y aura toujours d'autres voyages, d'autres comptes-rendus, d'autres relevés topographiques plus exacts. Mais ils représentent un moment crucial entre le Moyen Age et la Renaissance: soucieux d'incorporer des éléments des XIIe et XIIIe siècles dans l'élaboration des climats, ou des frises qui jalonnent leurs cartes, ils s'éloignent aussi du portulan traditionnel quand ce dernier fait figurer des détails sans pour cela incorporer les lieux, la flore, la faune ou le relief. Véritables artistes, ils oscillent entre deux mondes: celui du connu et celui de l'inconnu. Leurs cartes renoncent à la césure fondamentale qui disjoint fonction et réalité.

Dans un dispositif particulièrement illusionniste, ils peignent d'une manière telle qu'il est aussi difficile de le prendre pour le réel. Souvent leurs emblèmes, leurs roses des vents ou leurs signatures sont mis en place pour susciter un sentiment de perspective: cependant, ces éléments sont souvent démentis par leur propre excentricité comme nous en avons discuté au chapitre trois, quatre et cinq.

Cette façon de représenter les cartes est aussi en étroite corrélation avec les voyages des expéditions normandes de l'époque. Que ce soit pour les frères Parmentier, Cartier ou Verrazano, les cartographes dieppois font leur possible pour insérer leurs vues sur le Nouveau Monde. C'est aussi pour eux un moyen de voyager dans l'espace et l'imaginaire pour appréhender ce qui est dit.

Si les voyages de Parmentier et Crignon représentent une intrigue comme nous l'avons vu au chapitre deux, ou plus exactement, une mise en intrigue du monde, elle permettra de rendre interprétable, racontable, ou donc signifiante ce que l'on nomme la réalité. La réalité de nos voyageurs se fait au fil des jours et nos capitaines ne font pas que retranscrire un ordonnancement des indications de vent dans la partie première du livre. Ils installent une image puissante d'un périple et marquent certainement en profondeur leurs façons de penser, leurs songes, leurs mythes et leurs langages. Après ce voyage de Sumatra, l'École cartographique de Dieppe continue bien sûr à faire des cartes, et les voyageurs de Dieppe poursuivront d'autres aventures. Il ne faudrait citer que Cartier et Verrazano pour attester que les cartographes de l'École de Dieppe et les riches armateurs comme Ango manifestent un plaisir certain d'explorer les terres et puis de raconter au roi et à ceux qui veulent entendre leur désir d'aller au delà de ce qui a été vu.

Comme Durand l'a mentionné,[1] le voyage peut être une structure anthropologique de l'imaginaire, outre un état d'esprit, et un cadre commun de la pensée. Avec ses héros, ses scènes, ses espaces, ses non-lieux, ses chemins divers et ses itinéraires, ses vertiges et ses épreuves. Les périples de Parmentier n'échappent pas aux mythes des dangers. Tout au long du texte, qu'il s'agisse des tempêtes, de la foudre, du manque d'eau ou de nourriture, de ces maladies qui surviennent pour les marins, ou de leurs rencontres avec les autochtones, les voyageurs ressortent imprégnés de leur vision, de leur propre culture et de leur vécu des choses. Mettant en perspective leurs vies, ces voyages visualisent leurs destins tout en exprimant une grande variété d'émotions.

Découvrir, redonner un sens; c'est aussi la fonction de ce voyage. L'homo visitor invente sans cesse—et même de nos jours—des supports nouveaux pour comprendre ce voyage et en investir chaque coin. C'est en cela que ce voyage trace une route particulière aussi pour Parmentier et Crignon. En utilisant de multiples "véhicules" comme le risque, le "goût" de la performance et du péril, cette expédition met en relief les anachronismes de leurs relations et le secret de certains passages le souligne. Ainsi, le texte souligne peu à la fin du deuxième voyage vers Sumatra la rencontre avec les gens de Ticou: l'auteur insiste sur la longue attente des habitants face aux Français qui veulent se présenter de façon honorable devant le roi. Le point de vue de l'auteur du journal ne souligne que les demandes réitérées des habitants devant l'obstination des marins qui n'ont pas fini de coudre. Le silence sur l'attitude des Français fait suggérer au lecteur que les habitants de l'île sont certainement trop exigeants et têtus, puisqu'ils ne comprennent pas qu'il faut attendre. Hors si ce passage dure assez longtemps, il faut mettre en évidence le fait que les truchements n'entrent pas en ligne de compte pour aider à une meilleure compréhension. Le lecteur peut se douter qu'ils sont utilisés. Mais le texte n'explique rien. Ou s'arrête alors la réalité, et ou commence l'imbroglio? En empruntant la voie du secret—on ne peut pas tout dire—et en choisissant des éléments spécifiques, le voyageur trouve dans la solitude de l'insu une émotion perdue, celle du voyageur transporté dans un monde inconnu.

Mais l'unité de tous ces voyages et découvertes sans oublier le nôtre, est une aptitude pratiquement infinie à inventer des modes de vie et des formes d'organisations sociales extrêmement diversifiées. La réinvention des expéditions de Parmentier ne se fera ainsi pas uniquement par les récits faits à la cour, au monde de façon orale. Elle s'écrira aussi dans des vers, en hommage au capitaine disparu, comme le chapitre sept le suggérait, ancrant ainsi à tout jamais un dispositif où se conjuguent les cartographie du ciel et de la terre.

La notion d'espace européen dans les voyages étudiés de Parmentier et celles du XVIe siècle ordonnent une certaine façon de représenter l'espace. Dans une délimitation, le paysage devient instrumental dans la formation d'une prise d'identité et la façon dont les prises de décision seront jointes à cette représentation. Pour la figuration du Nouveau Monde des voyageurs normands Cartier et Verrazano, le décentrement engendre de nouvelles donnes, de nouveaux algorithmes dans la distribution des détails. Le monde européen égrène des figurations où la politique, la culture et la société des années 1530–1560 engagent un discours d'où transpercent des idéologies et des combinaisons complexes entre le rapport du centre et du nombril. Ce décentrement provoque un déséquilibre dans les rapports du divin et de l'humain dans le monde. Le travail sur la lettre, les mots ou l'absence de mots oblige les explorateurs, comme les maîtres de l'École cartographique à représenter globalement de multiples scènes, en cartouches, vignettes, points de vue différents d'un endroit à un autre. Tout en reprenant les savoirs acquis des siècles passés, ils collectent les remarques, les consignent. Se voulant souvent neutres, les cartographes dieppois et nos explorateurs normands s'ingénient à représenter l'étrange, l'insolite et le quotidien dans un tourbillon de faits. Grâce à leur effort d'observation (ou de bonne écoute et de lecture assidue pour l'École de Dieppe) nos voyageurs prennent conscience de l'altérité linguistique, sans pour autant en conclure sur l'irréductible étrangeté des peuples rencontrés. Les nombreux échanges avec les topographes dieppois enrichissent les œuvres, les mettent en relief de façon picturale. Il semblerait que l'abondante communication entre les découvreurs normands et l'École de Dieppe essaye de représenter la construction d'un véritable dialogue avec l'Autre comme nous l'avons vu au chapitre cinq. S'ils ne sont pas les seuls, ils modèlent cependant des rapports particuliers où les premiers mots et les premières rencontres se voient défiler et peints sur les cartes. Sans en avoir pleinement conscience, nos visiteurs, poussés par le besoin de communication directe mais aussi par une curiosité profonde qui stimule l'étude, auront sans doute fait évoluer l'image de l'Autre, en fournissant aux lecteurs les premiers rudiments de linguistique comparée. Ils auront permis aux cartographes d'insérer leurs rencontres réelles en virtuel. Les projections des cartographes dieppois ne sont pas seulement subordonnées à une trajectoire de représentation d'espace binaire. Leurs cartes, leurs dessins diffusent aussi souvent des mondes et des lieux où s'enchevêtrent des traditions de frises, de monstres, mais aussi de vignettes et d'emblèmes.

Les tensions réelles vécues par les découvreurs étudiés et leurs soucis à les rendre se conjuguent bien avec celles que vivent les cartographes normands dans le dispositif de représentation qu'ils ont choisi. Mettant en jeu le cadre et la profondeur, les deux formes (récits et cartes) présentent des scènes de l'ailleurs, sans pour cela être entrés dans la rigidité d'un type de littérature de voyage ou dans un type de cartes normalisé et balisé qui surgira plus tard. La présence dans l'image du rapport narratif, ou dans le schéma cartographique décline un ailleurs bruissant de possibilités, qu'il soit moral, ou idéal dans les représentations de Cossin, Le Testu ou Desliens quand ils exercent un pouvoir sur cette représentation du monde. La convergence entre les cartographes normands et celle des voyageurs est prégnante quand ils approchent les formes pour "raconter" l'espace en le rationalisant dans les ouvertures possibles et la disproportion des échelles et des mesures. Cet effort de définition d'explication sur la page binaire propose à l'oeil ainsi qu'à la pensée une grandeur nouvelle de la terre.

Ainsi le dispositif de la représentation géographique se présente certes inachevé et temporaire, mais toujours ouvert de l'intérieur à la possibilité d'inachèvement. Il existe une place pour l'altérité, car le dispositif semble ne pas vouloir se clore sur lui-même laissant jouer ainsi à plein un discours sur le même et l'Autre dans une expérience géographique momentanée. Les principes de la cartographie ptoléméenne, que les cartographes de la Renaissance utilisent permettent de représenter un plan visuel unique: en fonction des méthodes graphiques, le domaine de l'inconnu et du connu, les terres, les nouveaux mondes ouvrent une dimension sur la place du réel et du virtuel. La volonté des cartographes dieppois est aussi celle de transformer l'inconnu en virtuel, tout en associant les redites des cartes traditionnelles en moments privilégies, en recopiant des possibilités connues des humains, des peuples ou des animaux mais en les transgressant et en les réappropriant selon ce qu'ils veulent montrer soit dans les frises et les décors, soit dans une surabondance de clichés traditionnels dans la représentation des terres. En ajoutant sans cesse une rubrique nouvelle à la liste des descriptions, en insérant les éléments particuliers des voyages de Cartier, Verrazano ou des frères Parmentier, ils inscrivent des tableaux temporairement formés pour rendre au plus précis des données nombreuses. En cela, leurs représentations entrent dans la traditionnelle cosmographie de Münster ou celle d'Oronce Finé. Mais la présence de l'Autre au cœur du même, figure un dispositif théâtral adopté par de nombreux cartographes de la fin du XVIe siècle. Participant à la collection des effets de l'univers, leurs atlas gèrent les tensions de l'époque entre ouvert et fermé, contenu et forme. Dans la présentation de leurs cartes, ils restent uniques dans leurs compositions des représentations des roses de vents et des stratégies iconographiques qui jouent sur la perspective, la profondeur de champ et les définitions des cadres.

On pourrait alors dire que la convergence de l'activité de ces cartographes et celles des auteurs de récits, entre les approches des voyageurs et celles des cosmographes traditionnels de la fin du XVe siècle leur permettent de présenter un moment unique dans le moment de l'histoire de la cartographie. Les représentations des éléments proches et humanistes sont une valeur dominante dans leur univers. Ils contribuent au mouvement de la connaissance du monde au XVIe siècle. Ils méritent toute notre attention.

NOTE

1 Gilbert Durand, *Les structures anthropologiques de l'imaginaire*, Paris: PUF, 1960.

Figure 1. Ptolémée. La Géographie.

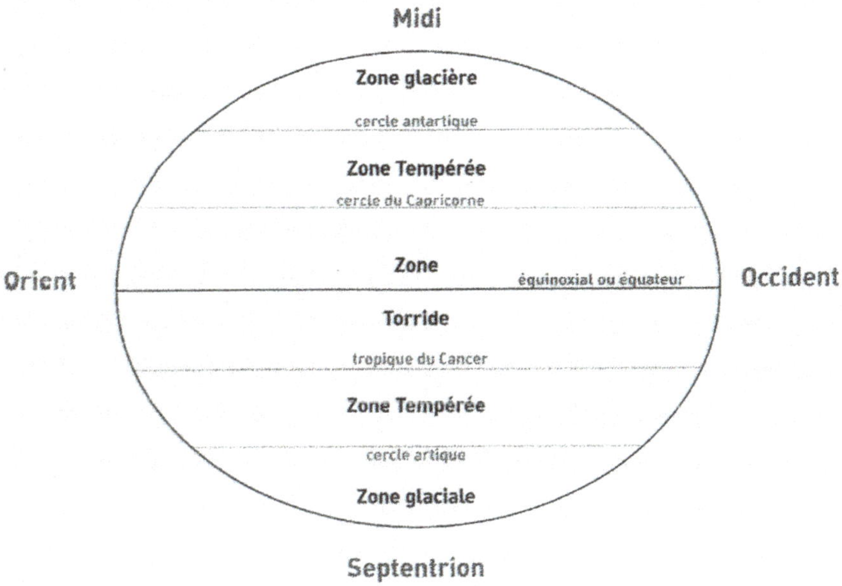

Figure 2. Les climats selon Aristote.

Figure 3. Guido Bonnati Microcosme et Macrocosme.

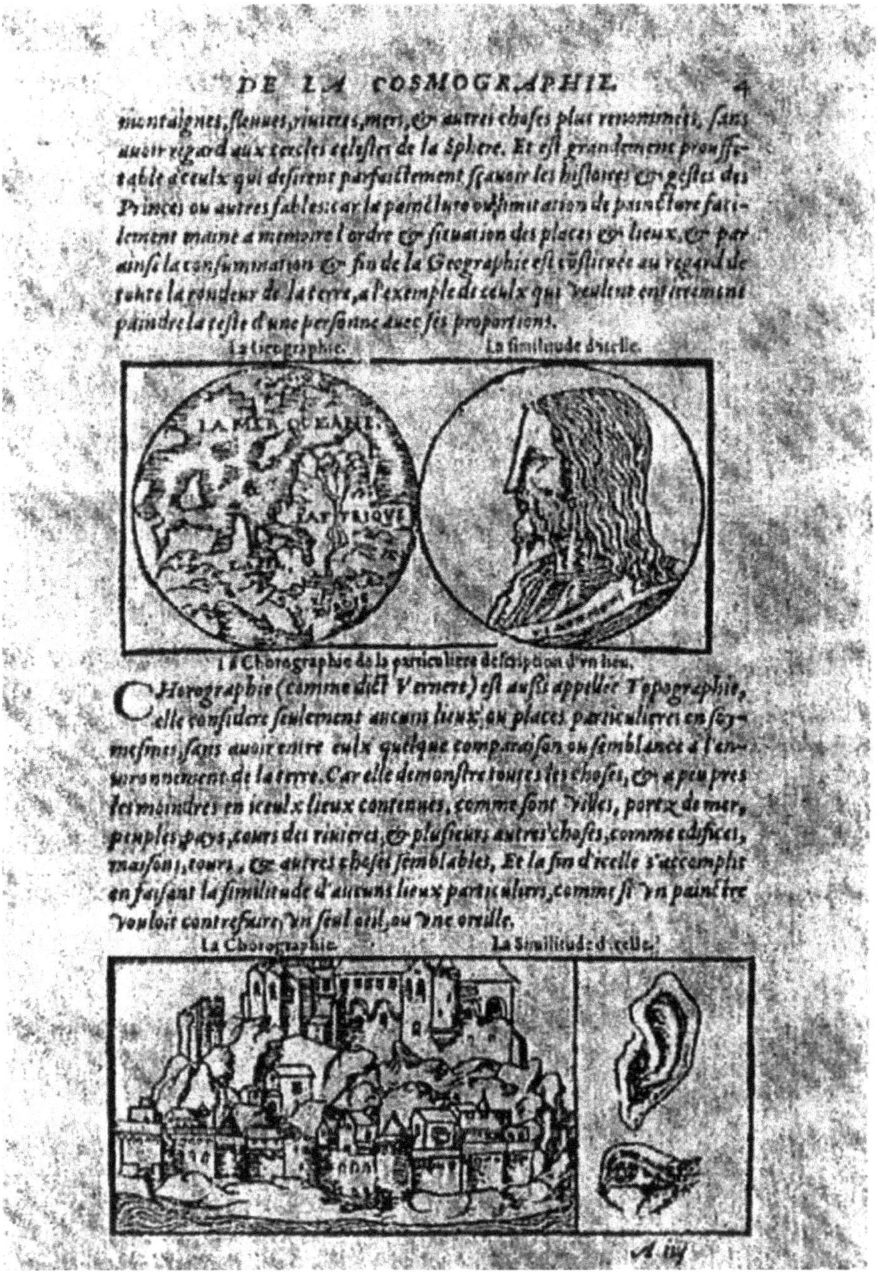

DE LA COSMOGRAPHIE. 4

montaignes, fleuues, riuieres, mers, & autres choses plus renommees, sans auoir regard aux cercles celestes de la sphere. Et est grandement prouffitable a ceulx qui desirent parfaictement sçauoir les histoires & gestes des Princes ou autres fables: car la paincture ou similitude de paincture facilement maine a memoire l'ordre & situation des places & lieux, & par ainsi la consummation & fin de la Geographie est constituee au regard de toute la rondeur de la terre, a l'exemple de ceulx qui veulent entierement paindre la teste d'une personne auec ses proportions.

La Geographie. La similitude d'icelle.

La Chorographie de la particuliere description d'vn lieu.

Chorographie (comme dict Verneri) est aussi appellee Topographie, elle considere seulement aucuns lieux ou places particulieres en soymesmes, sans auoir entre eulx quelque comparaison ou semblance a l'enuironnement de la terre. Car elle demonstre toutes les choses, & a peu pres les moindres en iceulx lieux contenues, comme sont villes, portz de mer, peuples, pays, cours des riuieres, & plusieurs autres choses, comme edifices, maisons, tours, & autres choses semblables. Et la fin d'icelle s'accomplit en faisant la similitude d'aucuns lieux particuliers, comme si vn painctre vouloit contrefaire vn seul oeil, ou vne oreille.

La Chorographie. La Similitude d'icelle.

A iij

Figure 4. Peter Apian. La Cosmographie. Paris, Vivant Gaultherot, 1553.

Figure 5. Le Testu. Première carte. Cosmographie universelle, 1556.

Figure 6. Le Testu. Deuxième carte. Cosmographie universelle, 1556.

Figure 7. Troisième carte. Cosmographie universelle, 1556.

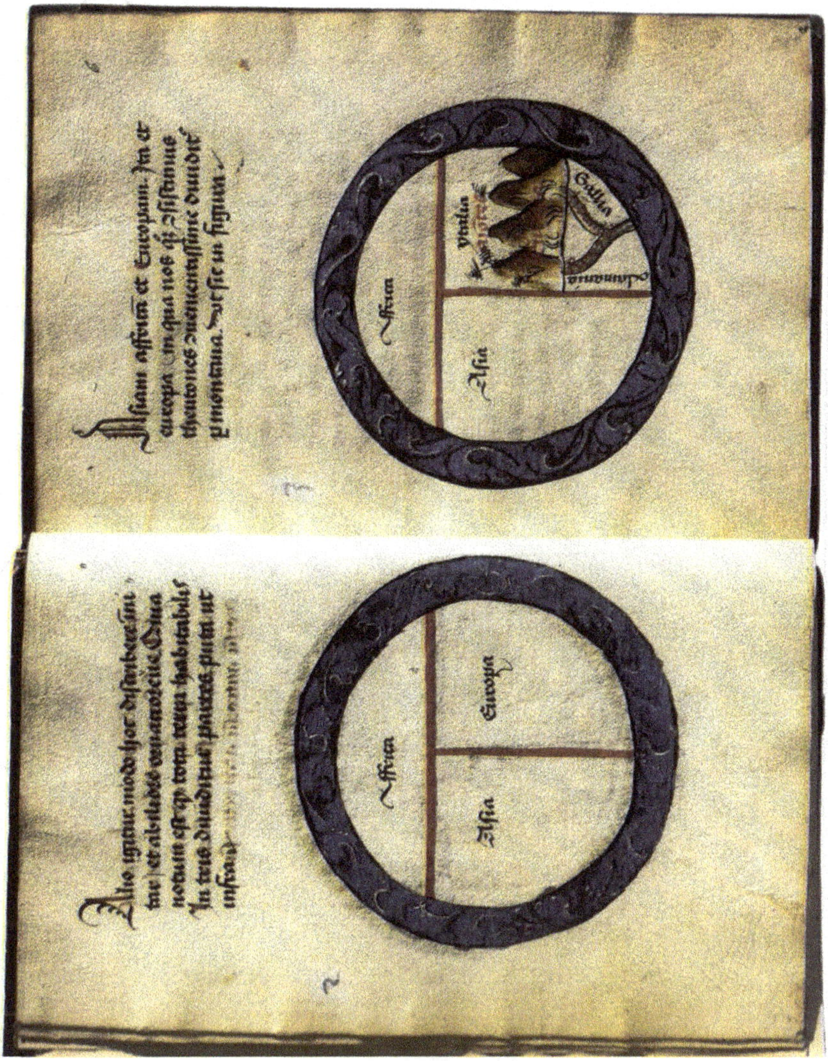

Figure 8. La Terre habitée, dans La Description de la Confédération helvétique d'Albet de Bonstetten.

Figure 9. Mappemonde en forme de "chlamyde." Dans le Polychronicon de Ranuf Hilgden.

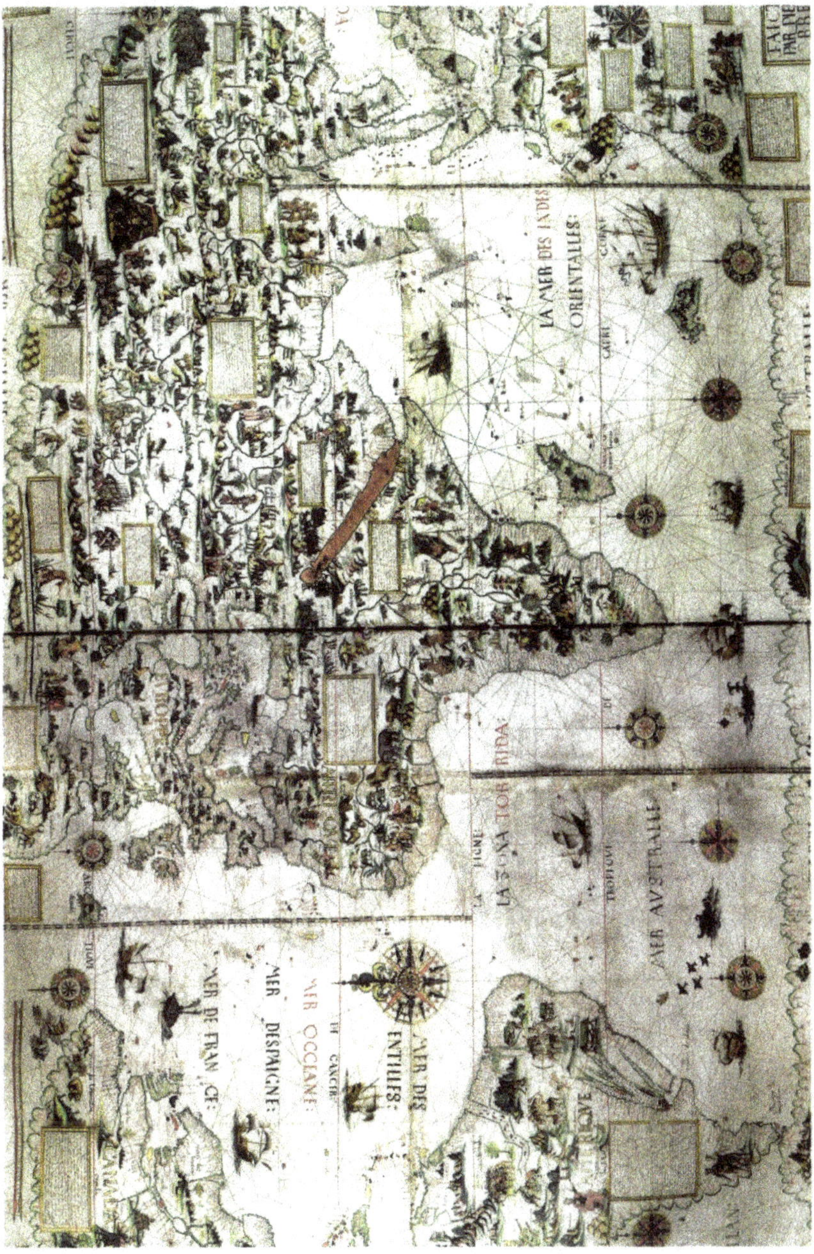

Figure 10. Pierre Desceliers. Le planisphère. 1550.

Figure 11. Jean Roze. Détail . Carte de l'Afrique du sud-est et de Madagascar.

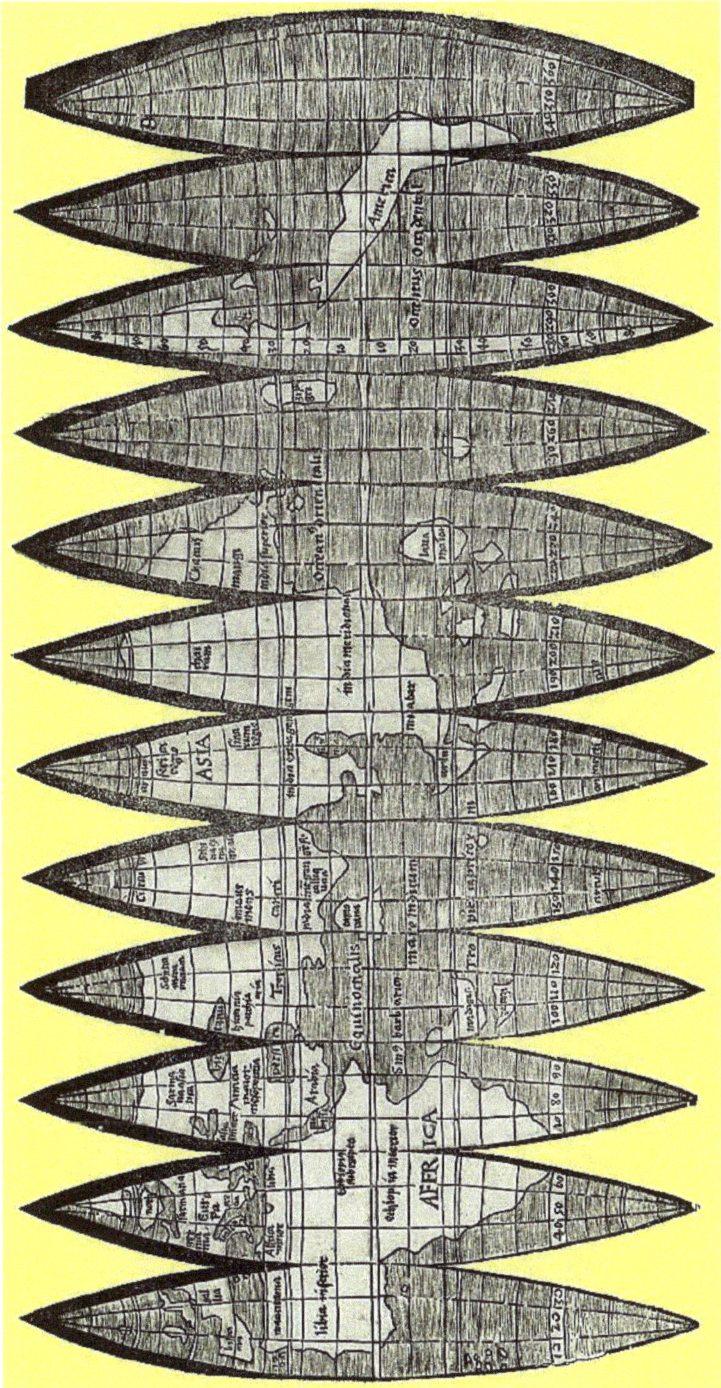

Figure 12. Waldsmüller. Carte du monde.

Figure 13. Filets plats. Détail. Miniature, Début XIII siècle.

Figure 14. Jacques de Vaulx. Le traité de navigation. Détail de la rose des vents.

Figure 15. Jacques de Vaulx. Le traité de navigation. Détail de l'astrolabe.

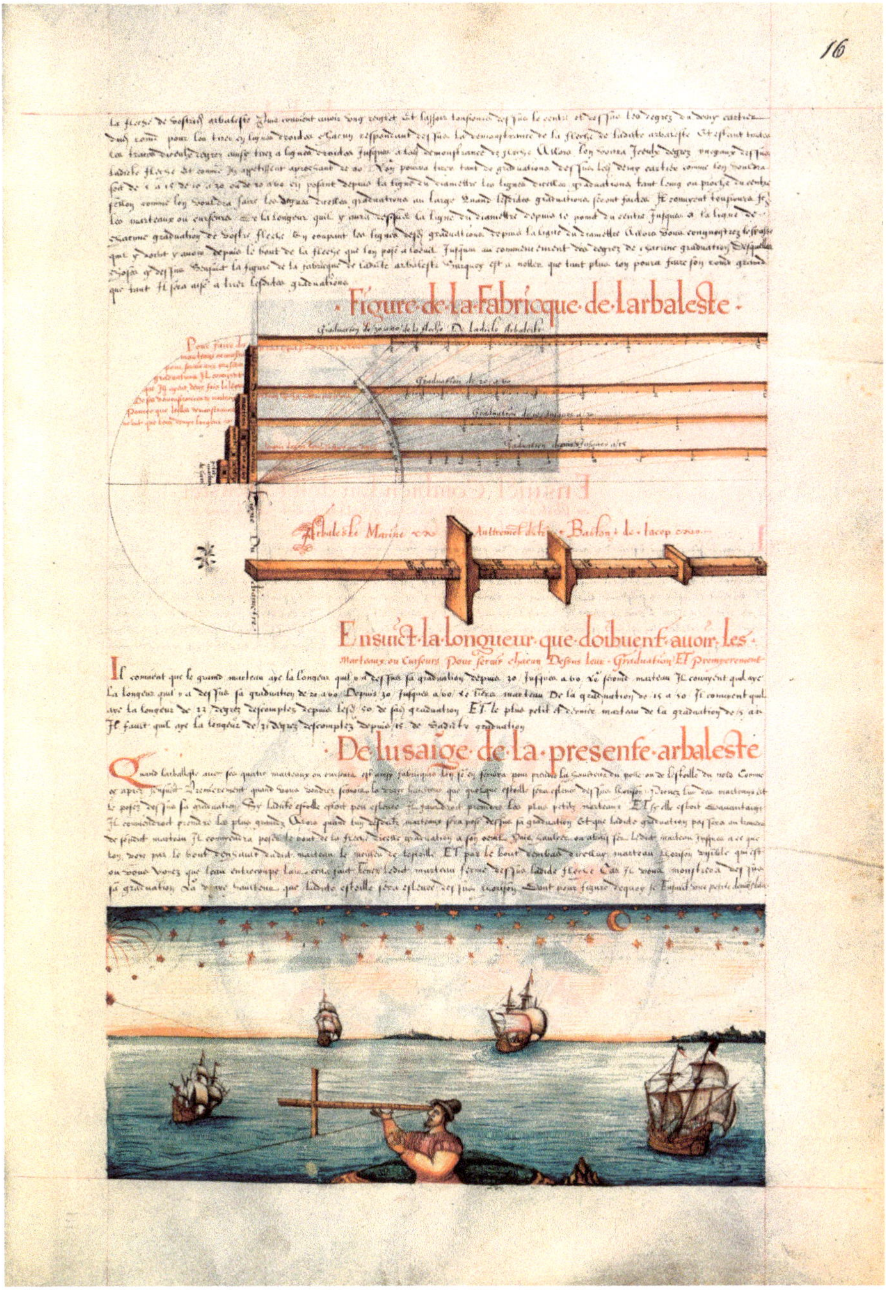

Figure 16. Jacques de Vaulx. Le traité de navigation. Détail de l'arbalète.

Figure 17. Jean Cousin. Planisphère.

Figure 18. Desliens. Le Monde.

Figure 19. Desceliers. Détail de la côte de l'Afrique.

Figure 20. Desceliers. Sirène et bateau.

Figure 21. Pierre Desceliers. Détail de la copie de Dieppe. Phoenix.

Figure 22. Pierre Desceliers. Détail de la copie de Dieppe. Le Canada.

Figure 23. Pierre Desceliers. Détail de la copie de Dieppe. L'Ethiopie.

Figure 24. Pierre Desceliers. Détail de la copie de Dieppe. Le Nord de l'Amérique.

Figure 25. Pierre Desceliers. Détail de la copie de Dieppe. L'Amérique centrale.

Figure 26. Le Testu. La mappemonde, 1556.

Figure 27. Le Testu Cinquième carte. Cosmographie Universelle.1556.

Figure 28. Le Testu. Sixième carte. Cosmographie Universelle. 1556.

Figure 29. Le Testu. Carte 34. *Cosmographie Universelle*. 1556.

Figure 30. Guillaume Postel. La mappemonde. 1581. Détail.

Figure 31. Jean Roze. Détail de l'Amérique du Nord.

Figure 32. Roze. Carte du monde.

Figure 33. Jacques Vau de Clayes. Détail du Brésil. 1579.

Figure 34. Jacques Vau de Clayes. Détail d'un fort. 1579.

Figure 35. Jacques de Vaulx de Claye*s*. Traité de navigation. 1583-1584. Le monde.

Figure 36. Nicholas Vallard. Atlas. Partie septentrionale de L'Europe.

Figure 37. Nicholas Vallard. Atlas. Amérique du Nord.

Figure 38. Nicholas Vallard. Atlas. Partie de l'Afrique.

Figure 39. Nicholas Vallard. Atlas. Partie du Sud de l'Afrique.

Figure 40. Jean Ango.

Figure 41. Jacques Cartier.

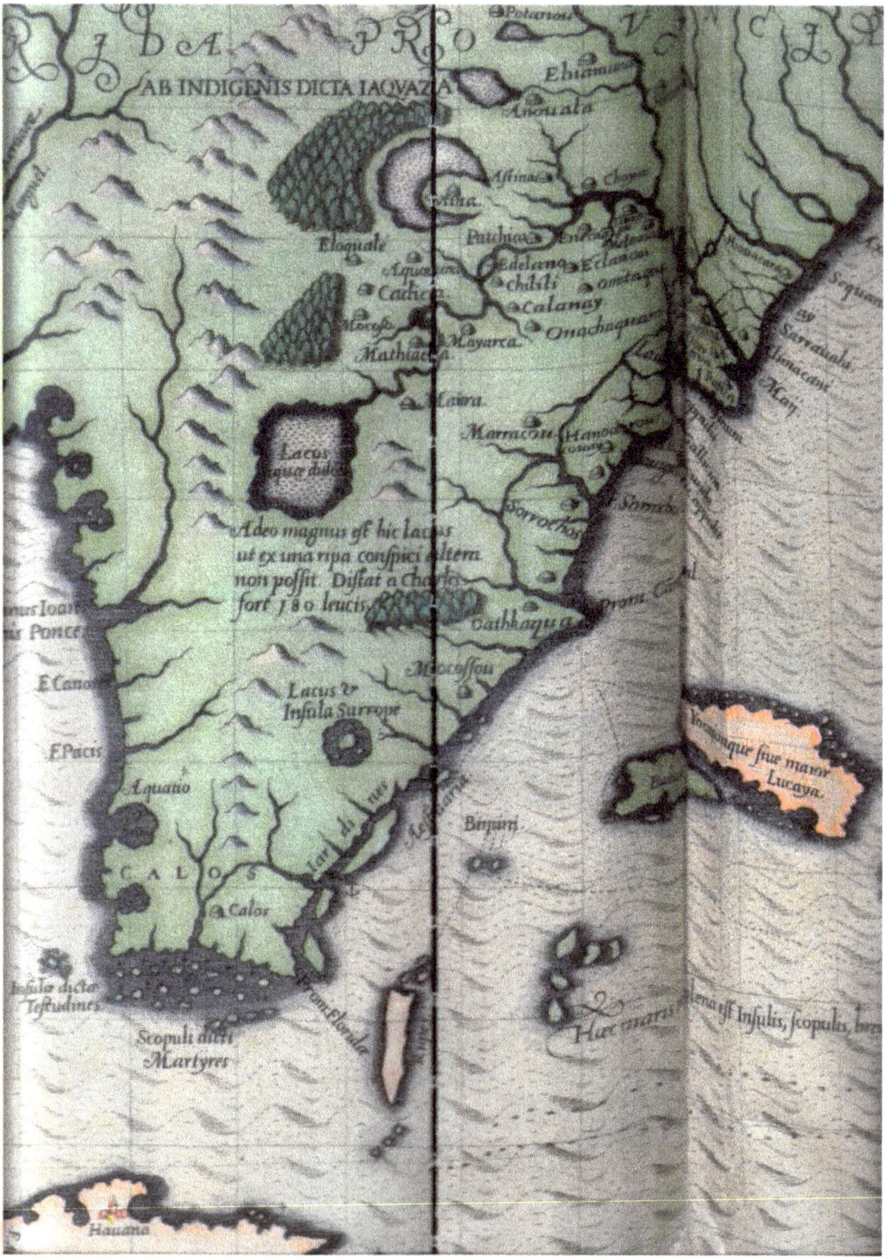

Figure 42. Jacques Le Moyne de Morgues. Partie de la Floride. 1564.

Figure 43. Jean Ribault

Figure 44. Verrazano.

Figure 45. Extrait de l'Atlas Miller. 1375.

Figure 46. Desceliers. Détail du Nord de l'Amérique.

Figure 47. Desceliers. Détail du Canada.

Figure 48. Jean Roze. Détail du Canada.

Figure 49. Jean Roze. Détail du grill.

Figure 50. Nicholas Vallard. Le Canada. Détails.

Figure 51. Nicholas Vallard. L'Amérique centrale.

Figure 52. Guillaume le Testu. Représentations d'autochtones. Cosmographies universelle, 1556.

Figure 53. Nicole Oresme. Le Livre du ciel et du monde. Détail.

Bibliographie

Abraham, Nicolas. *L'écorce et le noyau.* Paris: Aubier-Flammarion, 1978.

Ackerman, James. *Distance Points: Essays in Theory and Renaissance Art and Architecture.* Boston: MIT Press, 1991.

——. *Cartographies of Travel and Navigation.* Chicago: The University of Chicago Press, 2006.

Ajuriaguerra, J. et. Al. "L'écriture en miroir." *La Semaine des Hopitaux de Paris* 2 (1956): 80–86.

Anthiaume, L'Abbé. *Cartes marines. Constructions navales–Voyage de Découverte chez les Normands. 1500–1650,* 148–150. Paris: Dumont, 1916.

——. *Le navire. Sa construction.* Paris: 1922.

——. *La science astronomique et nautique au Moyen Age chez les Normands.* Le Havre: 1919.

Anzieu, Didier. *Le Moi-peau.* Paris: Dunod, 1995.

Apian, Pierre. *Cosmogaphicus Liber Petri Apiani mathematici studiose collectus. Excussum Landshuti typis ac formulis.* D. Joannus Weyssenburgers, Impensis Petri Apiani, 1524. Cosmographie ou description des quatre parties du monde es estendue de chascune region et Province d'icelles, escrites en latin. Anver: Jean Bellere, à L'Aigle d'or, corrigée et augmentée par Gemma Frison, 1581.

Arentsen, J. G. *Imago mundi cartographica.* Munich: Fink, 1984.

Ariès, Philippe. *Essais sur l'histoire de la mort en Occident.* Paris: Éditions du Seuil, 1975.

Aronson, Nicole. *Les Idées politiques de Rabelais.* Paris: Nizet, 1973.

Asseline, David. *Les Antiquitéz et chroniques de la ville de Dieppe.* 2 vols., in–8e. 1874.

Auerbach, Erich. *Mimesis.* Traduit par Williard R. Trask. New York: Doubleday, 1956.

Augé, Marc. *Un ethnologue dans le métro.* Paris: Éditions du Seuil, 1986.

——. *L'Anthropologie.* Paris: Presses Universitaires de France, 2004.

——. *Non-Lieux, introduction à une anthropologie de la surmodernité.* Paris: Éditions du Seuil, 1992.

——. *Le métro revisité.* Paris: Éditions du Seuil, 2008.

——. *La Vie en double. Voyage, ethnologie, écriture.* Paris: Payot et Rivages, 2011.

Aulagnier, Piera. *L'apprenti-historien et le maître sorcier.* Paris: Presses Universitaires de France, Série 'Fil rouge,' 1984.

——. *Un interprète en quête de sens.* Paris: Ramsay, 1986.

——. *La violence de l'interprétation.* Paris: Presses Universitaires de France, Série 'Fil rouge,' 1975.

Aulotte, Robert. *Précis de littérature française du XVIe siècle.* Paris: Presses Universitaires de France, 1991.

Bachelard, Gaston. *Poétique de l'espace.* Paris: Presses Universitaires de France, 1957.

Bagrow, Leo. *History of Cartography.* Paris: Ramsey, 1987.

Bailblé, Claude. "Le concert et son double." *L'audiophile* 44 (octobre 1988).

Bakhtin, Mikhail. *L'oeuvre de François Rabelais et la culture populaire au Moyen Age.* Cambridge, MA: MIT Press, 1968.

Balavoine, Claude. "Une écriture emblématique?" Dans *Rhétorique de Montaigne,* édité par Frank Lestringant, 59–72. Paris: Champion, 1985.

Baltrusaitis, Jurgis. *Anamorphoses. Les perspectives dépravées.* Paris: Flammarion, 1984.

——. "Cercles astrologiques et cosmographiques à la fin du Moyen Age." *Gazette des Beaux-Arts* XXI (février 1939): 63–64.

——. *Le Moyen Age fantastique.* Paris: Colin, 1955.

——. *Le Miroir.* Paris: Elmayan et Éditions du Seuil, 1978.

——. *Réveils et prodiges.* Paris: Colin, 1960.

——. *La Stylistique ornementale dans la sculpture romane.* Paris: Leroux, 1931.

Baraz, Michel. *Rabelais et la joie de la liberté.* Paris: Corti, 1983.

Barkan, Leonard. *The Gods Made Flesh.* New Haven: Yale University Press, 1986.

Barthes, Roland. *L'obvie et l'obtus: Essais Critiques III.* Paris: Éditions du Seuil, 1982.

——. *S/Z.* Paris: Éditions du Seuil, 1970.

——. *L'empire des signes.* Paris: Flammarion, 1970.

——. *Le degré zéro de l'écriture.* Paris: Éditions du Seuil, 1972.

——. *Mythologies.* Paris: Points, 1970.

Bataillon, Marcel. *Las Casas et la défense des indiens.* Paris: Julliard, 1971.

——. "Montaigne et les conquérants de l'or." *Studi francesi* 9 (1959): 353–57.

Baverel, Danièle, Pascale Goutagny et Josette Méasson. *Les Cartographes et les nouveaux mondes, une representation normande des grandes découvertes.* Bonsecourt: Ponts de Vues, 2011.

Baxandall. *Les Humanistes à la découverte de la composition en peinture.* Paris: Éditions du Seuil, 1989.

Beaujour, Michel. *Miroirs d'encre.* Paris: Éditions du Seuil, 1980.

——. *Le jeu de Rabelais.* Issoudun: L'Herne, 1969.

Beaulieux, Charles. *L'histoire de l'orthographe française.* 2 vols. Paris: Champion, 1967.

Beaurepaire, Charles de Robillard de. *Recherches sur l'Instruction publique dans le diocèse de Rouen.* 1817.

Belting, Hans. *L'image et son public au Moyen Age.* Traduction en français. Paris: Gérard Montfort Éditeur, 1998.

Bennassar, Bartolomé et Lucile. *1492 un monde nouveau?* Paris: Perrin, 1991.

Benveniste, Emile. *Problèmes de linguistique générale.* 2 vols. Paris: Gallimard, 1966.

Bergeron, Pierre. *Voyages faits principalement en Asie, dans les XIIe, XIIe, XIVe, XVe siècles, par Benjami de Tudèle, Jean de Plan Carpin, N. Ancelin, Guillaume de Rubruquis, Marc Paul Venitien, Jean de Mandeville et Ambroise Cantarini.* 1735.

Bernard, Carmen et Serge Gruzinski. *Histoire du nouveau monde. De la découverte à la conquête.* Paris: Fayard, 1991.

Bersani, Leo et Ulysse Dutoit. *The Forms of Violence: Narrative in Assyrian Art and Modern Culture.* New York: Schocken Books, 1985.

Bertola, Francesco. *Imago Mundi. La représentation de l'univers à travers les siècles.* Traduit de l'italien par Avram Hayli et Etienne Schelstraete. Bruxelles: La Renaissance du livre, 1996.

Bertrand de la Grassière, Paul. *Jean Ribault, marin dieppois et lieutenant du roi en Neuve France, Floride française en 1565.* Paris: La Pensée Universelle, 1971.

Besse, Jean-Marc. *Les grandeurs de la Terre. Aspects du savoir géographique à la Renaissance.* Paris: ENS, 2003.

Béthencourt, Jean de. *Le Canarien: Histoire de la première descouverte et conqueste des Canaries, faite dès l'an 1402 escrite du temps mesme par Jean de Béthencourt, plus un Traicté de la navigation et des voyages de descouverte et conquestes modernes et principales des François (1402–1422).* Bruxelles: La Renaissance du livre, 1996. D'abord imprimé avec introduction et notes par Gabriel Gravier, Société de l'Histoire de Normandie. Rouen: C. Métérie, 1874.

Black, Jeremy. *Maps and Politics.* Chicago: The University of Chicago Press, 1997.

Blanchard, Marc-Eli. *Trois portraits de Montaigne: Essai sur la représentation à la Renaissance.* Paris: Nizet, 1990.

Blanchot, Maurice. *L'entretien infini.* Paris: Gallimard, 1969.

——. *Le pas au-delà.* Paris: Gallimard, 1973.

——. *Le livre à venir.* Paris: Gallimard, 1959.

Bloch, R. Howard. *The Scandal of the Fabliaux.* Chicago: The University of Chicago Press, 1988.

Boorstin, Daniel. *Les découvreurs. D'Hérodote à Copernic, de Christophe Colomb à Einstein, l'aventure de ces hommes qui inventèrent le monde.* Paris: Éditions Seghers, 1986.

Borel, France. *Le peintre et son miroir.* Paris: La Renaissance du livre, 2002.

Boudon, Françoise et Jean Blécon. "La vis, la marche et le noyau. Leurs relations au début du XVIe siècle." *L'escalier dans l'architecture de la Renaissance,* pp. 75–81. Paris: Picard, 1985.

Bouman, José et Frans A. Janssen. "Champ Fleury revisited: some of Tory's sources reconsidered." *Quaerendo* 26/1 (Winter 1996): 37-51.

Bourdieu, Pierre. *Les règles de l'art. Genèse et structure du champ littéraire.* Paris: Éditions du Seuil, 1992.

Bowie, Malcolm. *Freud, Proust and Lacan: Theory as Fiction and Fiction as Theory.* Cambridge: Cambridge University Press, 1987.

Braudel, Fernand. *Grammaire des civilisations.* Paris: Flammarion, 1987.

Bréard, Charles. *Le vieux Honfleur et ses marins, biographies et récits maritimes.* Rouen: Imprimerie de L. Gy, 1897.

Bréard, Charles et Phillippe Barrey. *Mélanges.* Rouen: Société de L'Histoire de Normandie, 1889.

——. *Documents relatifs à la marine normande et à ses armement aux XVIe et XVIIe siècles.* Rouen, 1889.

Briot, Claude. *Jean Verrazano et la découverte de la Côte Est des (actuels) États-Unis dans Dieppe-Canada cinq cents ans d'Histoire commune.* Paris: Éditions Magellan & Cie, 2004.

Broc, Numa. *La géographie de la Renaissance 1420–1620.* Paris: Éditions du CTHS, 1986.

Brouscon, Guillaume. *Manuel du pilotage à l'usage des marins bretons 1543.* Bibliothèque nationale de France. Gallica Paris.

——. *Pierre Garcie, Pierre Garcie, Le grand routier. Pilotage et encrage de mer.* Bibliothèque nationale de France. Réserve des livres rares, RES-V-1406.

Brun, Robert. *Le livre français illustré de la Renaissance.* Paris: Picard, 1969.

Brunet, Roger. *La carte mode d'emploi.* Paris: Fayard, Reclus, 1987.

Brunon, Françoise. *L'emblème à la Renaissance.* Paris: Société des Éditions Supérieures, 1980.

Brunot, Ferdinand. *Histoire de la langue française de ses origines à 1900,* vol. 2. Paris: Colin, 1905.

Buci-Glucksmann, Christine. *Esthétique de l'éphémère.* Paris: Galilée, 2003.

——. *L'oeil cartographique de l'art.* Paris: Galilée, 1996.

——. *La raison baroque. De Beaudelaire à Benjamin.* Paris: Galilée, 1984.

——. *Tragique de l'ombre. Shakespeare et le maniérisme.* Paris: Galilée, 1990.

——. *L'enjeu du Beau. Musique et Passion.* Paris, Galilée, 1992.

Buisseret, David. *Monarchs, Ministers, and Maps: The Emergence of Cartography as a Tool of Government in Early Modern Europe.* Chicago: The University of Chicago Press, 1992.

Bulletin de la Société de l'Histoire de Normandie, 1900.

Bulletin de la Société des Amis de Montaigne. Montaigne et l'action 17–18 (Janvier–Juin 2000). Paris: Honoré Champion, 2000.

Bulliet, R. W. "The Camel and the Wheel." Dans *Social Historians in Contemporary France,* édité par Marc Ferro. New York: Harper, 1972.

Butor, Michel. *Essais sur les "essais."* Paris: Gallimard, 1968.

——. *Les mots dans la peinture.* Paris: Gallimard, 1968.

Cali, François. *L'ordre flamboyant et son temps. Essai sur le style gothique du XIVe au XVIe siècle.* Paris: Arthaud, 1967.

Camporesi, Piero. *La chair impassible.* Paris: Flammarion, 1986.

——. *L'enfer et le fantasme de l'hostie, une théologie baroque.* Traduit de l'italien par Monique Aymard. Paris: Hachette, 1989.

——. *L'officine des Sens. Une anthropologie baroque.* Traduit de l'italien par Myriem Bouzaher. Paris: Hachette, 1989.

Cantagel, Laurent. *Discours lettré et transformations sociopolitiques au début du XVie siècle.* Paris: Classiques Garnier, 2012.

Carile, Paolo. *Huguenots sans frontières. Voyage et écriture à la Renaissance et à l'âge classique.* Paris: Honoré Champion, 2001.

Cartier, Jacques. *Relations.* Édition critiqué par Michel Bideaux. Collection Bibliothèque du Nouveau Monde. Montréal: Les Presses de l'Université de Montréal, 1986.

Casas, Bartolomé de las. *Historia de las Indias.* Caracas: Biblioteca Ayacucho, 1986. Traduit de l'espagnol par Jean-Pierre Clément et Jean-Marie Saint-Lu comme *Histoire des Indes.* 3 vols. Paris: Éditions du Seuil, 2002.

Cassirer, Ernst. *La Philosophe des formes symboliques, tome 2: La pensée mythique.* Paris: Éditions de Minuit, 1972.

Castela, Henri. *Le Sainct voyage de Hierusalem et Mon Sinay, faict en l'an du Grand Jubile, 1600.* Paris: 1603.

Catach, Nina. *L'orthographe française à l'époque de la Renaissance.* Geneva: Droz, 1968.

Cave, Terence. *The Cornucopian Text: Problems in Writing in the French Renaissance.* Oxford: Clarendon Press, 1979.

——. *Literary Theory and Renaissance Texts.* Baltimore: Johns Hopkins Press, 1986.

——. *Pré-histoires: Textes troublés au seuil de la modernité.* Genève: Droz, 1999.

Céard, Jean. *Le rébus de la Renaissance.* Paris: Maisonneuve & Larose, 1986.

Céard, Jean et Jean-Claude Margolin, éds. *Voyager à la Renaissance. Actes du Colloque de Tours 1983.* Paris: Maisonneuve & Larose, 1987.

Certeau, Michel de. *L'écriture de l'histoire.* Paris: Gallimard, 1975.

——. *La fable mystique.* Paris: Gallimard, 1982.

——. "The Gaze of Nicholas of Cusa." Traduit par K. Porter. *Diacritics* 17.3 (Fall 1987): 2–38.

——. *Heterologies.* Minneapolis: University of Minnesota Press, 1985.

——. *Histoire et psychanalyse entre science et fiction.* Paris: Gallimard, 1987.

——. *L'invention du quotidien.* Paris: Union Générale d'Éditions, 1976.

——. "Lecture absolue." Dans *Problèmes actuels de la lecture.* Paris: Clancier Guénaud, 1982.

——. "The Madness of Vision." Traduit par Michael Smila, *Enclitic* 5.1 (Printemps 1983): 25.

Chareyron, Nicole. *Globe Trotters au Moyen Age.* Paris: Imago, 2004.

Charlevoix, Pierre François Xavier de. *History of New France.* New York: John Glimary Shea, 1866.

Chartier, Roger. *The Cultural Uses of Print in Early Modern France.* Princeton: Princeton University Press, 1987.

Chanca, Diego Alvarez. "Lettre du Dr Chanca sur le deuxième voyage (extrait, février 1494)." Dans *Christophe Colomb, La Découverte de l'Amérique. Relations de voyage. 1493–1494*, p. 61. Paris: La Découverte, 1989.

Chandeigne, Michel. *Lisbonne hors les murs. 1415–1580. L'invention du monde par les navigateurs portugais.* Paris: Autrement, 1992.

Chaunu, Pierre. *L'expansion européenne du XIIIe au XVe siècle.* Paris: Presses Universitaires de France, 1995.

Christin, Anne-Marie. *Écritures, systèmes idéographiques et pratiques expressives.* Paris: Le sycomore, 1982.

——. *L'image écrite ou la déraison graphique.* Paris: Flammarion, 1995.

——. *Poétique du blanc. Vide et intervalle dans la civilisation de l'alphabet.* Paris: Sorbonne, 2009.

Clamorgan, Jean de. *La chasse du loup, nécessaire à la maison rustique.* Paris: 1881.

"Colloque d'histoire maritime." Sous la direction de Michel Mollat avec Cdt. Louis Denoix. Cinqième colloque Lisbonne (1962), 142. Paris: École Pratique des Hautes Études, 1964.

Conley, Tom. *Cartographic Cinema.* Minneapolis: University of Minnesota Press, 2007.

——. "De capsula totoe: lecture de 'Trois commerces.'" *L'Esprit Créateur* 28.1 (Spring 1988): 5-12.

——. *The Graphic Unconscious in Early Modern French Writing.* Cambridge: Cambridge University Press, 1992.

——. "Graphics of Silence in 16th Century Literature." *L'Esprit Créateur* 2.28 (Summer 1988).

——. "Hiéroglyphes de Rabelais." *Hors Cadre* 1.1 (Printemps 1983): 96–118.

——. "Le jargon d'Orléans." *New Orleans Review* 12 (1985): 12-26.

——. "Montaigne's Gascoigne: Textual Regionalism of the Essais." *Modern Language Notes* 92 (1978): 710–23.

——. "Montaigne's Hispanic Issues: Cartographies of the New World in the Essais." *Hispanic Issues* 3 (1989-90): 225–62.

——. "Samuel Beckett: Color, Letter, and Line." *Visible Language* 19,4 (Automne 1985): 484-498.

——. *The Self-Made Map.* Minneapolis: University of Minnesota Press, 1997.

Copernic, Nicolas. *De revolutionibus orbium coelestius.* 1, 5 Dans *Astronomie et Astrophysique*, traduit par Lerner, Segonds et Verdet. Paris: Les Belles Lettres, 1993.

Copjec, Joan. "The Orthopsychic Subject: Film Theory and the Reception of Lacan." *October* 49 (Summer 1989): 53–71.

Corbeiller, Edouard le. "La question Jean Cousin." *Bulletin de la Société de géographie* 7e série, t. XIX, 1898.

Cornilliat, François. "La couleur de l'écriture: le débat de peinture et de rhétorique dans La Plainte du désiré de Jean Lemaire." *Nouvelle Revue du Seizième Siècle* 7 (1989): 7-23.

——. "Equivoques moralisées." *Poétique* 83 (Septembre 1990): 281-303.

Cortesão, Armando et Avelino Teixeira da Mota. *Portugaliae monumenta cartographica.* Lisbon: 1960-62.

Cosgrove, Denis et Stephen J. Daniels. *The Iconography of Landscape.* Cambridge: Cambridge University Press, 1988.

Cotgrave, Randle. *Dictionarie of the French and English Tongues.* London: Adam Islip, 1611. Reprint, Columbia: University of South Carolina, 1968.

Cottrell, Robert. "Scèves's Blason and the Logic of the Gaze." *L'Esprit Créateur* 28.2 (Summer 1988): 68-77.

Couleurs de la Terre. Sous la direction de Monique Pelletier. Paris: Éditions du Seuil/Bibliothèque nationale de France, 1998.

Courcelles, Dominique de. *Montaigne au Risque du Nouveau Monde.* Paris: Brépols, 1996.

Curtius, Ernst Robert. *European Literature and the Latin Middle Ages.* Traduit par Williard R. Trask. Reprint, Princeton: Princeton University Press, 1971.

Daddesio, Eva. "'Le bruissement silencieux de la graphie' dans 'Les Fanfreluches antidotées.'" *L'Esprit Créateur* 28.2 (Summer 1988): 48-57.

Dadoun, Roger. *Freud.* Paris: Belfond, 1981.

Dainville, François. *La géographie des humanistes.* Paris: Beauchesne, 1940.

——. "Le premier atlas de France: Le théâtre Françoys de M. Bouguereau. 1594." *Comité des travaux historiques et scientifiques; Actes du congrès national des sociétés savantes, Chambéry-Annecy, 1960. Section de géographie.* Paris: Bibliothèque nationale de France, 1961.

——. *Imago mundi.* Paris: Bibliothèque nationale de France, 1964.

——. *Le langage des géographes.* Paris: Picard, 1964.

——. *Le Dauphiné et ses confins vus par l'ingénieur d'Henri IV Jean de Beins.* Genève: Droz, 1968.

——. *La cartographie reflet de l'histoire.* Édité par Michel Mollat du Jourdin et al. Geneve: Slatkine Reprints, 1986.

Daly, Peter. *Literature in the Light of the Emblem.* Toronto: University of Toronto Press, 1979.

David, Madeleine V. Le Débat sur les écritures et l'hiéroglyphe aux XVIIe et XVIIIe siècles et l'application de la notion de déchiffrement aux écritures mortes. Paris: SEVPEN, 1965.

Davis, Natalie Z. *Society and Culture in Early Modern France.* Stanford: Stanford University Press, 1975.

Déchery, Laurent. *Le premier regard. Essai d'anatomie métaphysique.* Paris: L'harmattan, 2007.

Delano-Smith, Catherine et Roger J. P. Kain. *English Maps. A History.* London: The British Library, 1999.

Delègue, Yves. *La perte des mots. Essai sur la naissance de la "littérature" aux XVIe et XVIIe siècles.* Strasbourg: Presses Universitaires de Strasbourg, 1990.

Deleuze, Gilles. *L'anti-Œdipe.* Paris: Éditions de Minuit, 1972.

——. *Le pli. Leibniz et le baroque.* Paris: Éditions de Minuit, 1988.

Deleuze, Gilles et Félix Guattari. *Milles plateaux.* Paris: Éditions de Minuit, 1980.

Delumeau, Jean. *La civilisation de la Renaissance.* Paris: Arthaud, 1985.

——. *La peur en occident (XIV–XVIIIe siècle).* Paris: Hachette, 1977.

——. *Rassurer et protéger.* Paris: Fayard, 1989.

Demonet, Marie-Luce. *Les voix du signe. Nature et origine du langage à la Renaissance.* Paris: Champion, 1992.

——. *A plaisir. Sémiotique et scepticisme chez Montaigne.* Orléans: Paradigme, 2002.

Denis, Philippe. "L'usage spirituel des cinq sens." Dans *Le Corps à la Renaissance. Actes du XXXe colloque de Tour, 1987.* Paris: Aux amateurs de livres.

Dermenghem. *Les utopies à la Renaissance.* Paris: Presses Universitaires de France, 1963.

Derrida, Jacques. *La dissémination.* Paris: Éditions du Seuil, 1972.

——. *L'écriture et la différence.* Paris: Seuil, 1968.

——. *La Grammatologie.* Paris: Éditions de Minuit, 1967.

——. "Retrait de la métaphore." *Poésie* 6 (1979). Traduction en anglais *Enclitic* 4 (1979): 13–26.

——. *Parages.* Paris: Galilée, 1985.

Desmarquets, Jean-Antoine-Samson. *Mémoires chronologiques pour servir à l'histoire de Dieppe, et à celle de la navigation françoise; avec un recueil abreegé des privilèges de cette ville.* Paris: 1785.

Diaz-Rozzotto, Jaime. "Christophe Colomb et l'émerveillement de la découverte." Dans *Christophe Colomb et la découverte de l'Amérique: mythe et histoire. Actes du colloque organisé par l'Université de Franche-Comté, les 21, 22 et 23 mai 1991*, pp. 73–102. Franche Comté: Université de Franche-Comté, 1994.

Dickason, Olive. *The Myth of the Savage in North America.* Alberta: University of Alberta Press, 1984.

Dictionnaire du Français Contemporain. Paris: Larousse, 1980.

Didi-Huberman, Georges. *Ce que nous voyons, ce qui nous regarde.* Paris: Éditions de Minuit, 1992.

——. *Devant le temps Histoire de l'art et anachronisme des images.* Paris: Éditions de Minuit, 2000.

——. *Fra Angelico. Dissemblance et figuration.* Paris: Flammariaon, 1990.

——. *Génie du non-lieu. Air, poussière, empreinte, hantise.* Paris: Éditions de Minuit, 2001.

——. *Gestes d'air et de pierrre. Corps, parole, souffle, image.* Paris: Éditions de Minuit, 2005.

——. *L'image ouverte.* Paris: Gallimard, 2007.

——. *La Peinture incarnée.* Paris: Éditions de Minuit, 1985.

Douce, Francis, éd. *Holbein's Dance of Death.* London: Henry G. Bohn, 1858.

Dragonetti, Roger. *La vie de la lettre au Moyen Age.* Paris: Éditions du Seuil, 1980.

Drapeyron, L. "L'image de la France sous les derniers Valois (1525–1589) et sous les premiers Bourbons (1589–1682)." *Revue de Géographie* (1889).

Drège, Jean-Pierre. *Marco Polo et la route de la Soie.* Paris: Gallimard, 1989.

Dubbini, Renzo. *Geography of the Gaze. Urban and Rural Vision in Early Modern Europe.* Translated by Lydia G. Cochrane. Chicago: The University of Chicago Press, 2002.

Duby, Georges. *Histoire de la France des origines à nos jours.* Paris: Larousse Bordas, 1999.

Dubois, Claude-Gilbert. "Corps de la lettre et sexe des nombres: L'imagination de la forme dans le traité de Geoffroy Tory sur la Vraye proportion des lettres." *Revue des sciences humaines* 51 (1980): 77–91.

——. *La conception de l'histoire en France au XVIe siècle.* Paris: Nizet, 1977.

——. *L'imaginaire de la Renaissance.* Paris: Presses Universitaires de France, 1985.

——. *Le maniérisme.* Paris: Presses Universitaires de France, 1979.

——. *Mots et règles, jeux et délires. Études sur l'imaginaire verbal au XVIe siècle.* Caen: Paradigme, 1992.

——. "Taxionomie poétique: compositions sérielles et constructions d'ensembles dans la création esthétique au seizième siècle." Dans *Le signe et le texte,* édité par Lawrence Kritzman, 130–145. Lexington: French Forum, 1990.

Dumas, Jean-Louis. *Histoire de la pensée. Philosophies et philosophes.* Paris: Tallandier, 1990.

Dumézil, Georges. *Mythe et épopée I, II, III.* Paris: Galimard; 1968, 1971 et 1973.

Durand, Gilbert. *Les structures anthropologiques de l'imaginaire.* Paris: Dunod, 1960.

Durer, Albrecht. *The Painter's Manual.* New York: Abaris Books, Inc., 1977.

Ecco, Umberto. *Cinq questions de morale.* Paris: Grasset, 1997.

——. *Misreadings.* Traduit de l'italien par William Weaver. Orlando, FL: Harcourt Brace and Company, 1993.

Edgerton, Samuel, Jr. *The Renaissance Rediscovery of Linear Perspective.* New York: Basic Books, 1975.

Ehrenzweig, Anton. *The Hidden Order of Art.* Berkeley: University of California Press, 1971.

Eisenstein, Elizabeth. *The Printing Press as an Agent of Change.* 2 vols. Cambridge: Cambridge University Press, 1979.

Eliade, Mircea. *Fragmentarium.* Traduit du roumain par Alain Paruit. Paris: l'Herne, 1989.

Elias, Norber. *La dynamique de l'Occident.* Paris: Calan-Lévy, 1975.

Engel, William. *Mapping Mortality: The Persistence of Memory and Melancholy in Early Modern England.* Amherst: University of Massachusetts Press, 1995.

Estancelin, Louis. *Recherches sur les voyages et découvertes des navigateurs normands en Afrique, dans les Indes orientales et en Amérique.* Paris: Delaunay, 1882.

Etiemble, René. "Sens et structure dans un essai de Montaigne." *Cahiers de l'association internationale des études françaises* 14 (1962): 263–74.

Études sur le XVIe siècle pour Alfred Glauser. Paris: Nizet, 1979.

Febvre, Lucien. *Le problème de l'incroyance au XVI siècle. 1942.* Paris: Albin Michel, 1968.

Fernández de Oviedo y Valdés, Gonzalo. *Historia general y natural de las Indias,* volume 3, livre 27.

Ferrand, Gabriel. *Instructions nautiques et routiers arabes et portugais des XVe et XVIe siècles.* 3 vols. Paris: Les Éditions Geuthner, 1928.

Fletcher, Angus. *Allegory: Theory of a Symbolic Mode.* Ithaca: Cornell University Press, 1964.

Focillon, Henri. *La vie des formes.* Paris: Presses Universitaires de France, 1936 et 1968.

Fontaine, Marie Madeleine. "Quaresmeprenant: l'image littéraire et la contestation de l'analogie médicale." Dans *Rabelais in Glasgow,* édité par James A. Coleman and Christine Scollen-Jimack, 90–93. (Glasgow, 1984).

——. "Images littéraires de l'escalier." Dans *L'escalier dans l'architecture de la Renaissance,* 111–116. Paris: Picard, 1985.

Foucault, Michel. *Ceci n'est pas une pipe.* Montpellier: Fata Morgana, 1973.

——. *Dits et écrits, IV.* Paris: Gallimard, 1994.

——. *Histoire de la folie à l'âge classique.* Paris: Gallimard, 1972.

——. *La volonté de savoir. Histoire de la sexualité 1.* Paris: Gallimard, 1976.

——. *Les mots et les choses.* Paris: Gallimard, 1966.

——. *L'usage des plaisirs. Histoire de la sexualité.* Paris: Gallimard, 1987.

Foulet, Lucien. *Petite syntaxe de l'ancien français.* Paris: Champion, 1968.

Francastel, Pierre. *La figure et le lieu.* Paris: Gallimard, 1967.

Freud, Sigmund. *Les rêves.* Paris: Presses Universitaires de France, 1967.

——. *L'interprétation des rêves.* Paris: Presses Universitaires de France, 1969.

——. *The Standard Edition of the Complete Psychological Works of Sigmund Freud.* 24 vols. London: Hogarth Press, 1955.

Friedlander, Walter. *Mannerism and Anti-Mannerism in Italian Art.* Reprint, New York: Columbia University Press, 1957.

Furet, François et Jacques Ozouf. *Lire et écrire: l'alphabétisation des Français de Calvin à Jules Ferry.* 2 vols. Paris: Éditions de Minuit, 1970.

Gaignebet, Claude. *Le Carnaval.* Paris: Payot, 1974.

Gambier, Capitaine. "Juan Cousin, verdadero descubridor de America, segun el capitan inglès Gambier, R. N." *Boletín de la Real Academia de la Historia* 24 (Février 1894): 149–158.

Gandelman, Claude. *Le regard dans le texte. Image et écriture du Quattrocento au XXe siècle.* Paris: Méridens Klincksiek, 1986.

Ganebin, Murielle. *Les images parlantes.* Seyssel: Champ Vallon, 2005.

Gannier, Odile. *La littérature de voyage.* Paris: Ellipses, 2001.

Ganong, W. F. *Crucial Maps in the Early Cartography and Place-Nomenclature of the Atlantic Coast of Canada.* Toronto: 1964.

Garçon, Anne-Françoise. *L'Imaginaire et la pensée technique. Une approche historique XVIe–XXe siècle.* Paris: Classiques Garnier, 2012.

Gaudio, Michael. *Engraving the Savage.* Minneapolis: University of Minnesota Press, 2008.

Gautier Dalché, Patrick. *La Géographie de Ptolémée en Occident (IVe–XVIe siècle).* Turnhout, Belgium: Brepols, 2009.

Genette, Gérard. *Palimpsestes.* Paris: Éditions du Seuil, 1970.

Germa-Romann Hélène. *Du "Bel mourir" au "Bien mourir." Le sentiment de la mort chez les gentilshommes français (1515–1643).* Genève: Droz, 2001.

Giard, Luce. *Le Voyage mystique. Michel de Certeau. Études publiées.* Paris: Éditions du Cerf, 1988.

Gille, Bertrand. *Les ingénieurs de la Renaissance.* Paris: Herman, 1964.

Gilson, Etienne. *Les idées et les lettres.* Paris: Vrin, 1942.

Glauser, Alfred. *Écriture et désécriture du texte poétique: de Maurice Scève à Saint-John Perse.* Paris: Nizet, 2002.

——. *Fonction du nombre chez Rabelais.* Paris: Nizet, 1984.

——. *Montaigne paradoxal.* Paris: Nizet, 1972.

——. *Le Poème-symbole.* Paris: Nizet, 1967.

——. *Rabelais créateur.* Paris: Nizet, 1966.

Godefroy. *Lexique de l'ancien Francais.* Paris: Champion, 1967.

Godzich, Wlad et Jeffrey Kittay. *The Emergence of Prose: an Essay in Prosaics.* Minneapolis: University of Minnesota Press, 1987.

Gombrich. E. H. *Les moyens et les fins.*Traduit de l'anglais par Michèle Hechter.Paris: Rivages, 1988.

Gomez-Géraud, Marie-Christine. *Écrire le voyage au XVIe siècle.* Paris: Presses Universitaires de France, 2000.

Goodman, Nelson. *Languages of Art.* Indianapolis: Hackett Publishing Company, Inc., 1974.

Goody, Jack. *Domestication of the Savage Mind.* Cambridge: Cambridge University Press, 1977.

Gosselin, Edouard Hypolyte. *Documents authentiques et inédits pour servir à l'histoire de la marine normande et du commerce rouannais pendant les XVIEe et XVIIe siècles.* Rouen: 1876.

Gougenheim, Georges. *Grammaire de la langue française du XVIe siècle.* Paris: IAC, 1952.

Goyet, Francis, éd. *Traités de poétique et de rhétorique de la Renaissance.* Paris: Le Livre de Poche, 1990.

Gray, Floyd. "Ambiguity and Point of View in the Prologue to Gargantua." *Romanic Review* 56 (1965): 19–25.

——. *Montaigne et la balance: exagium/essai.* Paris: Nizet, 1982.

——. "Rabelais's First Readers." Dans *Rabelais's Incomparable Book: Essays on his Art,* édité par Raymond C. La Charité, 15–25. Lexington: French Forum, 1986.

——. *Le style et Montaigne.* Paris: Nizet, 1958.

——. *Rabelais et l'écriture.* Paris: Nizet, 1974.

——. *Rabelais et le comique du discontinu.* Paris: Honoré Champion, 1994.

Greenblatt, Stephen. *Shakespearean Negotiations.* Oxford: Clarendon Press, 1990.

——. *Marvelous Possessions: The Wonder of the New World.* Chicago: The Unversity of Chicago Press, 1991.

Griffin, Robert. "Title, Structure and Theme of Montaigne's 'Des coches'." *Modern Language Notes* 82 (1967): 285–90.

Guénin, Eugène. *Ango et ses pilotes.* Paris: Imprimerie Nationale, 1901.

Guillaume, Jean, éd. *L'escalier à la Renaissance.* Paris: Picard, 1985.

Guillaumin, Jean. *L'effet trompe-l'œil dans l'art et la psychanalyse.* Paris: Dunod, 1988.

Gutwirth, Marcel. "'Des coches', ou la structuration d'une absence." *L'Esprit Créateur* 15.1–2 (Spring-Summer 1975): 8–20.

Habert, Jacques. *Verrazane: Quand New York s'applait Angoulème.* Paris: Perrin, 1993.

Haineault, Doris-Louise et Jean-Yves Roy. *L'inconscient qu'on affiche.* Paris: Aubier, 1984.

Hallyn, Fernand. *Le sens des formes. Études sur la Renaissance.* Genève: Droz, 1994.

Hanke, Lewis. *All Mankind in One: A Study of the Disputation Between Bartolomé de Las Casas and Juan Ginés de Sepulveda in 1550 on the Intellectual and Religious Capacity of the American Indians.* DeKalb: Northern Illinois University Press, 1974.

Harley, Brian. "Silences and Secrecy: The Hidden Agenda of Cartography in Early Modern Europe." *Imago Mundi* 4:57–76; "Maps, Knowledge, and Power." Dans *The iconoraphy of Landscape,* édité par Denis Cosgrove and Stephen J. Daniels, 272–312. Cambridge: Cambridge University Press, 1988.

——. "Silences and Secrecy: The Hiden Agenda of cartography in Early Modern Europe." *Imago Mundi* 40:57–76.

——. "Deconstructing the Map." *Cartographica* 26, no. 2 (Summer 1989): 1–20.

——. *Maps and the Columbian Encounter.* Milwaukee, WI: The Golden Meir Library, 1990.

Harley, J. B. et David Woodward. *History of Cartography*. Chicago: The University of Chicago Press, 1987.

Harrisse, Henry. *Découverte et évolution cartographique de Terre-Neuve et des pays circonvoisins*. 1497-1501-1769. London: H. Stevens, 1900.

——. *Jean et Sébastien Cabot*. Paris: 1882.

——. *Recueil de portulans*. Paris: Gabriel Marcel, 1886.

Hartog, François. *Le Miroir d'Hérodote. Essai sur la représentation de l'autre*. (Paris: Gallimard, 1980.

Harvey, P. D. A. *Mappa Mundi. The Hereford World Map*. Toronto and Buffalo: University of Toronto Press, 1999.

Heck, Christian. *L'échelle céleste. Une histoire de la quête du ciel*. Paris: Flammarion, 1997, 1999.

Henry, Patrick. *Montaigne in Dialogue*. Saratoga, CA: Anma Libri, 1987.

Hessler, John W. *The Naming of America*. London: D. Giles Limited, 2008.

Hindman, Sandra, éd. *Printing the Written Word: The Social History of Books, Circa 1450–1520*. Ithaca, NY: Cornell University Press, 1991.

Hodgen, Margaret. *Early Anthropology in the Sixteenth and Seventeenth Centuries*. Philadelphia: University of Pennsylvania Press, 1964.

Hoffman, Bernard G. "Account of a Voyage Conducted in 1529 to the New World, Africa, Madagascar, and Sumatra, translated from the Italian, with Notes and Comments," *Ethnohistory* 10, no. 1 (Winter 1963): 1–79.

Hollier, Denis. *Politiques de la prose*. Paris: Gallimard, 1984.

Honour, Hugh. *L'Amérique vue par l'Europe*. Cleveland, 1975. An exhibition catalogue.

Hotman, François. *Francogallia*. 1573.

Huchon, Mireille. "Pour une histoire de la ponctuation, 1532–1553." *Nouvelle Revue du Seizième siècle* 6 (1988): 15–28.

Hue, Bernard. *Jacques Cartier de Saint-Malo de l'Ile aux Rapides de la Chine*. Paris: Armine-Ediculture, 1997.

Huguet, Edmond. *Dictionnaire de la langue française du XVIe siècle*. 7 vols. Paris: Librairie Marcel Didier, 1925–67.

Huizenga, Johann. *The Waning of the Middle Ages*. Traduit par Frederick Hopman. New York: Doubleday, 1956.

Jacob, Christian. *L'empire des cartes*. Paris: Albin Michel, 1987.

——. *L'empire des cartes: Approche théorique de la cartographie à travers l'histoire*. Paris: Albin Michel, 1992.

Jacob, François. *La logique du vivant*. Paris: Gallimard, 1970.

Jacob, Yves. *Jacques Cartier*. St Malo: L'Ancre de ma Marine. 2000.

Jameson, Fredric. *The Political Unconscious*. Ithaca: Cornell University Press, 1981.

Jan, Michel. *Le voyage en Asie centrale et au Tibet. Anthologie des voyageurs occidentaux du Moyen Age à la première moitié du XX siècle*. Collection dirigée par Guy Schoeller. Paris: Robert Laffont, 1992.

Jean, Georges. *Langage de signes. L'écriture et son double*. Paris: Gallimard, 1989.

——. *L'écriture mémoire des hommes*. Paris: Gallimard, 1987.

Jeanneret, Michel. "Du mystère à la mystification: les sens caché à la Renaissance et dans

Rabelais." *Versants* 2 (Winter 1981–82): 3–21.

——. *Des mets et des mots. Banquets et Propos de table à la Renaissance.* Paris: José Corti, 1987.

——. *Le défi des signes. Rabelais et la crise de l'interprétation à la Renaissance.* Orléans-Caen: Éditions Paradigme, 1994.

——. *Perpetuum mobile: Métamorphoses des corps et des ouvres de Vinci à Montaigne.* Paris: Macula, 1996.

Jeffrey, Brian. "The Idea of Music in Ronsard's Poetry." Dans *Ronsard the Poet*, édité par Terence Cave, 208–38. London: Methuen, 1973.

Joukovsky, Françoise. *La gloire dans la poésie française.* Genève: Droz, 1969.

Jourda, Pierre, éd. *Conteurs du seizième siècle.* Paris: Gallimard-Pléiade, 1965.

Julien, Charles-André. *Les voyages de découverte et les premiers établissements.* Paris: Gérard Montfort, 1979.

Karrow, Robert. *Mapmakers of the Sixteenth Century and Their Maps.* Chicago: Speculum Orbis Press for the Newberry Library, 1933.

Kelley, Donald. *The Beginnings of Ideology.* Cambridge: Cambridge University Press, 1982.

Klein, H. Arthur. *Graphic Worlds of Pieter Bruegel.* New York: Dover, 1963.

Klein, Robert. *La forme et l'intelligible.* Paris: Gallimard, 1970.

Kline, T. Jefferson. *Screening the Text.* Baltimore: The Johns Hopkins University Press, 1991.

Knecht, Robert. *Francis I.* Cambridge: Cambridge University Press, 1982.

Kritzman, Lawrence. *The Rehtoric of Sexuality and the Literature of the French Renaissance.* Cambridge: Cambridge University Press, 1991.

Kushner, Eva. *Le dialogue à la Renaissance. Histoire et poétique.* Genève: Droz, 2004.

Lacan, Jacques. *Écrits.* Paris: Éditions du Seuil, 1984.

Lachière-Rey, Marc et Jean-Pierre Luminet. *Figures du ciel. De l'harmonie des sphères à la conquête spatiale.* Paris: Éditions du Seuil/Bibliothèque nationale de France, 1998.

Lachiver, Marcel. *Dictionnaire du monde rural. Les mots du passé.* Paris: Fayard, 1997.

Lacoste, Patrick. *Il écrit.* Paris: Galilée, 1980.

Lafond, Jean. *Le modèle à la Renaissance.* Paris: L'Oiseau de Minerve, Vrin, 1986.

Larousse Encyclopedia of Renaissance and Baroque Art. New York: Prometheus Press, 1967.

Leclaire, Serbe. *Psychanalyser.* Paris: Éditions du Seuil, 1968.

Lecoq, Anne-Marie. *François Ier imaginaire.* Paris: Macula, 1987.

Le Corbeiller, Edouard. *Bulletin de la Société de géographie* 7e série, t. XIX (1898).

Lefranc, Abel. *Les navigations de Pantagruel.* Paris: Henri Leclerc, 1905.

Legendre, Pierre. *La passion d'être un autre.* Paris: Éditions du Seuil, 1978.

Le Goff, Jacques. *A la recherche du temps sacré. Jacques de Voragine et la "légende dorée."* Paris: Perrin, 2011.

Lemaire de Belges, Jean. *La concorde des deux langages.* Édition critique par Jean Frappier. Paris: Droz, 1947.

Léry, Jean de. *Histoire d'un voyage faict en la terre du Brésil.* Genève: Chappin, 1580.

Lestringant, Frank. *Le Brésil de Montaigne. Le Nouveau Monde des "Essais" (1580–1592).* Paris: Chandeigne, 2005.

——. *Écrire le monde à la Renaissance.* Caen: Paradigme, 1993.

——. "Les Indiens antérieurs (1575-1615)." Dans *Les figures de l'Indien*, édité par Gilles Thérien. Cahiers du département d'études litéraires 9, 57-71. Montréal: Université du Québec à Montréal, 1988.

——. *L'atelier du cosmographe ou l'image du monde à la Renaissance.* Paris: Albin Michel, 1991.

——. *Le livre des îles. Atlas et récit insulaires de la Genèse à Jules Verne.* Genève: Droz, 2002.

——. "Le prince et le potier. Introduction à la *Recette véritable* de Bernard Palissy." *Nouvelle revue du 16e siècle* 3 (1985).

——. "Rabelais et le récit toponymique." *Poétique* 50 (Avril 1982): 207-225.

——. "Théâtres de cruauté." Dans *La Renaissance et le nouveau monde*, édité par André Marchand et Alain Parent. Montréal: Bibliothèque nationale de France, 1984.

Lévi-Strauss, Claude. *La pensée sauvage.* Paris: Plon, 1962.

——. *Du miel aux cendres.* Paris: Plon, 1964.

——. *Histoire de lynx.* Paris: Plon, 1991.

——. *Le regard éloigné.* Paris: Plon, 1983.

——. *Le Cru et le Cuit.* Paris: Éditions de Minuit, 1983.

Levy, J. M. "L'écriture en miroir des petits écoliers." *Journal de Psychologie Normale et Pathologique* 32 (1935): 443-54.

Lhoumeau, Hélène. *Les expéditions françaises en Floride (1562–1568).* Thèse de l'École nationale des chartes (2000).

Linderg, David, C. *Beginnings of Western Science: The European Scientific Tradition in Philosophical, Religious, and Institutional Context, 600 B.C. to A.D. 1450.* Chicago: The University of Chicago Press, 1992.

Lisboa, Joao et Jacinto Ignacio de Brito Rebello. *Livro de Marinharia, Tratado da Agulha de Marear, de Joao de Lisboa.* Lisboa: 1903.

Littérature et espaces. Sous la direction de Juliette Vion-Dury, Jean-Marie Grassin, Bertrand Westphal. Limoges: Presses Universitaires de Limoges, 2001.

Lopez de Gomara, Francisco. *Histoire generalle des Indes occidentalles Et Terres neuves, qui jusques à present ont esté descouvertes, traduite en françois par M. Fumé Sieur Marly le Chastel.* Paris: B. Turrisan, 1569.

Lyotard, Jean-François. *Le différend.* Paris: Éditions de Minuit, 1983.

——. *Discours, figure.* Paris: Klincksieck, 1973.

Malraux, André. *The Voices of Silence.* Traduit par Stuart Gilbert. Princeton, NJ: Princeton University Press, 1978.

Man, Paul de. "Hypogram and Inscription: Michael Riffaterre's Poetics of Reading." *Diacritics* 11.4 (Winter 1981): 34-5.

Mandeville, Jean de. *Voyage autour de la terre.* Paris: Les Belles Lettres, 2004.

Mannoni, Octave. *Clés pour l'imaginaire ou l'autre scène.* Paris: Éditions du Seuil, 1977.

Marin, Louis. *Études sémiologiques.* Paris: Klincksieck, 1972.

——. *La parole mangée.* Paris: Klincksieck, 1986.

——. *Le portrait du roi.* Paris: Éditions de Minuit, 1981.

——. *Utopiques: jeux d'espaces.* Paris: Éditions de Minuit, 1973.

Marot, Clément. *Œuvres diverses: rondeaux, ballades, chats-royeaux, épitaphes, étrennes, sonnets.* Édité par C. A. Mayer. London: Athlone Press, 1966.

——. *L'Adolescence clémentine*. Marie-Madeleine Azard, Isabelle Raynaud-Nguyen Marie-Antoinette Vannereau et Frank Lestringant. Paris: Gallimard/Poésie, 1988.

Martin, Henry et Lucien Febvre. *L'apparition du livre*. Paris: Albin Michel, 1958.

Martin, Hervé. *Mentalités médiévales*. Paris: Presses Universitaires de France, 1996 (nouvelle édition revue 1998).

Massin, Robert. *La lettre et l'image*. Paris: Gallimard, 1973.

Mathieu-Castellani, Gisèle. *Emblèmes de la mort: le dialogue de l'image et du teste*. Paris: Nizet, 1988.

——. *Montaigne, l'écriture de l'essai*. Paris: Presses Universitaires de France, 1988.

——. "La parleuse muette." *L'Esprit Créateur* 28.2 (1988): 25–35.

——. "Le retour de l'emblème." *Littérature* no. 78 (May 1990): 3–10.

Mauss, Marcel. *Essais de sociologie et anthropologie*. Paris: Plon, 1973.

Mayer, C. A. et D. Bentley-Cranch. "Clément Marot, poète pétrarchiste." *Bibliothèque d'Humanisme et Renaissance* 28 (1966): 32–51.

McGowan, Margaret. *Ideal Forms in the Age of Ronsard*. Berkeley: University of California Press, 1985.

McIntryre, Kenneth Gordon, *Secret Discovery of Australia: Portuguese Ventures 200 Years Before Captain Cook*. Medindie, South Australia: Souvenir Books Australia, 1977.

Menestrier, Claude-François. *L'Art des Emblèmes*. Lyon: Benoît Coral, 1662.

Michelant, Henri Victor. *Catalogue de la Bibliothèque de François Ier à Blois*. Paris: 1863.

Milanich, Jerald. "The Devil in the Details," *Archaelogy* 58, no. 3 (2005): 26–31.

Milet, Ambroise. *Anciennes industries dieppoises*. Dieppe: 1904.

Molinet, Jean. *Faictz et dictz*. 3 vols. Paris: Société des Anciens Textes Français, 1937.

Mollat, Michel. *La vie quotidienne des gens de mer en Atlantique: IXe–XVIe siècles*. Paris: Hachette, 1983; *Explorateurs du XIIIème au XVIe siècle. Premiers regards sur des mondes nouveaux*. Paris: Comité des Travaux Historiques et Scientifiques, 2005.

——. *Bulletin philologique et historique (jusqu'à 1610)*. 1966.

——. *Explorateurs du XIIIème au XVIe siècle. Premiers regards sur des mondes nouveaux*. Paris: Comité des Travaux Historiques et Scientifiques, 2005.

——. *Giovanni et Girolamo Verrazano navigateurs de Francois Ier*. Paris: l'Imprimerie Nationale, 1982.

Mollat du Jourdin, Michel et Monique de la Roncière avec Marie-Madeleine Azard, Isabelle Raynaud-Nguyen and Marie-Antoinette Vannereau. *Sea Charts of the Early Explorers: 13th to 17th Century*. Traduit par L. Le R. Dethan. New York: Thames and Hudson Inc., 1984.

Montaigne, Michel Eyquem de. *Les Essais*. Édité par Pierre Villey. Paris: Presses Universitaires de France, Série Quadrige, 1965. Réédition, 1988.

Nancy, Jean-Luc. *Corpus*. Paris: Métailié, 2000.

——. *Le regard du portrait*. Paris: Galilée, 2000.

Nebenzahl, Kenneth. *Atlas of Columbus and the Great Discoveries*. Chicago: Rand McNally, 1990.

Nouvelle biographie générale. Paris: Firmin Didot Frères, 1932.

Ong, Walter J. "From Allegory to Diagram in the Renaissance Mind." *Journal of Aesthetics and Art Criticism* 17 (1959).

Padrón, Ricardo. *The Spacious Word: Cartography, Literature, and Empire in Early Modern Spain*. Chicago: The University of Chicago Press, 2004.

Pageaux, Daniel-Henri. *Précis de littérature comparée.* Paris: Presses Universitaires de France, 1989.

Panofsky, Dora and Erwin. "Galerie François Premier at Fontainebleau." *Gazette des Beaux Arts* (1958): 113-190.

——. *La Perspective comme forme symbolique.* Paris: Éditions de Minuit, 1975.

Panofsky, Erwin. *Early Netherlandish Painting.* 2 vols. Cambridge: Harvard University Press, 1953.

——. *L'oeuvre d'art et ses significations. Essais sur les "arts visuels."* Paris: Gallimard, 1969.

——. *Meaning in the Visual Arts.* New York: Doubleday, 1955.

——. *Renaissance and Renascences in Western Art.* Stockholm: Almquist & Wiksell, 1960.

——. *Studies in Iconology.* New York: Harper & Row, 1967.

Paré, Ambroise. *Traité des monstres et des prodiges.* Paris: 1573.

Paris, Jean. *Lisible/visible. Essais de critique générative.* Paris: Éditions Seghers/Laffont, 1978.

——. *Rabelais au futur.* Paris: Éditions du Seuil, 1970.

Parker, David. *The Making of French Absolutism.* New York: Saint Martin's Press, 1983.

Parmentier, Jean. *Oeuvres poétiques. Édition critique par Françoise Ferrand.* Genève: Droz, 1971.

Parrot, Jean. "L'Anamorphose dans les romans de Henry James." *Critique* 383 (April 1979): 330–51.

Pastoureau, Mireille. *Voies océanes. De l'ancien aux nouveaux mondes.* Paris: Hervas: 1990.

Paviot, Jacques. "La diffusion de la caravelle en Europe. XVe–début XVIe siècle." Dans *Dans le sillage de Colomb: L'Europe du Ponant et la découverte du Nouveau Monde (1450–1650)*, sous la direction de Jean-Pierre Sanchez, 145–150. Paris: Presses Universitaires de Rennes, 1995.

Picard, Michel. *La littérature et la mort.* Paris: Presses Universitaires de France, 1995.

Pierssens, Michel. *The Power of Babel: A Study of Logophilia.* Newton Road: Routledge and Kegan Paul, 1980.

Pintaric, Miha. *Le sentiment du temps dans la littérature française (XIIe siècle–fin du XVIe siècle).* Paris: Champion, 2002.

Poirion, Daniele. *Le poète et le prince.* Paris: Presses Universitaires de France, 1965.

Postel, Guillaume. *Cosmographie.* 1559.

Praz, Mario. *Mnemosyne: The Parallel between Literature and the Visual Arts.* Princeton: Princeton University Press, 1970.

Prigent, Christiane, éd. *Art et société en France au XVe siècle.* Paris: Maisonneuve et Larose, 1999.

Propp, Vladimir. *Morphologie du conte.* Paris: Éditions du Seuil, 1965 et 1970.

Ptolemy. *Geographia.* Édité par Sebastian Munster (Basle, 1540) et introduction par R. A. Skelton. Third series, vol. 5. Cleveland and New York: World Publishing, 1966.

Rabelais, François. *Œuvres complètes.* Édité par Jacques Boulanger. Paris: Gallimard-Pléiade, 1955.

——. *Oeuvres complètes.* Paris: Éditions du Seuil, 1973.

Rancière, Jacques. *L'inconscient esthéthique.* Paris: Galilée, 2001.

Rawles, Stephen et M. A. Screech. *Études rabelaisiennes XX.* Genève: Droz, 1987.

Raymond, Marcel. *Baroque et Renaissance poétique.* Paris: Corti, 1955.

Regosin, Richard. *The Matter of My Book.* Berkeley: University of California Press, 1978.

——. "Montaigne Between the Lines: Reading the Interstices." Dans *Les parcours des Essais*, pp. 48–57. Paris: Aux Amateurs des Livres, 1988.

Reiss, Timothy J. *The Discourse of Modernism*. Ithaca: Cornell University Press, 1982.

Renaud, Armand. "Androgyny as a Critical Concept." *French Literature Series* 4 (1977): 23–32.

Rey, Jean-Michel. *Des mots à l'œuvre*. Paris: Aubier-Flammarion, 1978.

Ricci, Seymour de et W. J. Wilson. *Census of Medieval and Renaissance Manuscripts in the United States and Canada*. Index, 1940. New York: The H. W. Wilson Company, 1935–37.

Richardson, William, A.R. *Was Australia Charted Before 1606? The Jave La Grande Inscriptions*. Canberra: National Library of Australia, 2006.

Richter Sherman, Claire. *Writing on Hands: Memory and Knowledge in Early Modern Europe*. Seattle: The University of Washington Press, 2001.

Riffaterre, Michael. *Semiotics of Poetry*. Bloomington: Indiana University Press, 1978.

——. *La production du texte*. Paris: Éditions du Seuil, 1979.

Rigolot, François. "Cratylisme et Pantagruelisme." *Études Rabelaisiennes* 13 (1976): 115–32.

——. "Dichotomie épistémologique chez Rabelais." *Poétique et onomastique*. Geneva: Droz, 1977.

——. "Léda and the Swan: Rabelais's Parody of Michelangelo." *Renaissance Quarterly* 38.4 (Winter 1985): 688–700.

——. *L'erreur de la Renaissance. Perspectives littéraires*. Paris: Honoré Champion, 2002.

——. *Les langages de Rabelais*. Vol. 10, *Études Rabelaisiennes*. Paris: 1973.

——. *Les métamorphoses de Montaigne*. Paris: Presses Universitaires de France, 1988.

——. *Poésie et onomastique*. Geneva: Droz, 1978.

——. "Rabelais et la scolastique." Dans *Rabelais's Incomparable Book: Essays on His Art*, édité par Raymond C. La Charité. Lexington: French Forum, 1988.

——. "1493: The Rhétoriqueurs." Dans *A New History of French Literature*, édité par Denis Hollier. Cambridge: Harvard University Press, 1989.

——. *Le texte de la Renaissance*. Geneva: Droz, 1982.

Robbe-Grillet, Alain. *Pour un nouveau roman*. Paris: Éditions de Minuit, 1963.

Romm, J. S. *The Edges of the Earth in Ancient Thought: Geography, Exploration, and Fiction* (Princeton: Princeton University Press, 1992).

Roncière, Charles de la. *Histoire de la Marine française*. Paris: Plon, Nourrit et Cie, 1900.

Ronsard, Pierre de. *Les Amours*. Édité par H. et C. Weber. Paris: Garnier, 1963.

——. *Œuvres complètes*. Édité par Gustave Cohen. Paris: Gallimard-Pléiade, 1950.

——. *Les Œuvres de Pierre de Ronsard. 1587*. Édité par Isidore Silver. Chicago: Publié pour Washington University Press par The University of Chicago Press, Librairie Marcel Didier, 1966.

Ropars-Wuilleumier, Marie-Claire. *Le texte divisé*. Paris: Presses Universitaires de France, Série Écriture, 1981.

——. *Ecraniques*. Lille: Presses de l'Université de Lille, 1990.

Rosolato, Guy. *Eléments de l'interprétation*. Paris: Gallimard, 1985.

——. *La relation d'inconnu*. Paris: Gallimard, 1978.

——. "L'objet de perspective dans ses assises visuelles." *Nouvelle Revue de Psychanalyse* 35 (Spring 1987): 143–64.

Rousset, Jean. *La littérature de l'âge baroque en France*. Paris: Corti, 1953.

Rotz, Jean. *The Maps and Text of the Boke of Idrography*. Édité par Helen Wallis. Présenté par Jean

Rotz à Henry VIII, et maintenant dans The British Library. Oxford for the Roxburghe Club, 1981.

Roustang, François. "On the Epistemology of Psychoanalysis." *Modern Language Notes* 99 (September 1984): 910–32.

Russell, Daniel. *The Emblem and Device in France.* Lexington: French Forum, 1985.

Saenger, Paul. "Silent Reading: Its Impact on Late Medieval Script and Society," *Viator* 13 (1982): 367–414.

——. "Incunable Description and Its Implications for the Analysis of Fifteenth-Century Reading Habits." Dans *Printing the Written Word: The Social History of Books, circa 1450–1520,* édité par Sandra Hindman, 225–258. Ithaca, NY: Cornell University Press, 1991.

Sanfançon, Roland. *L'Architecture flamboyante en France.* Laval: Presses de l'Université, 1972.

Sanchez, Jean-Pierre, éd. *Dans le sillage de Colomb. L'Europe du Ponant et la découverte du Nouveau Monde (1450–1650).* Actes du Colloque International, Université de Rennes 2: 5, 6 et 7 mai 1992. Paris: Presses Universitaires de Rennes, 1995.

Sartre, Jean-Paul. *Essays en Aesthetics.* New York: Freeport, 1970.

——. *Les mots.* Paris: Gallimard, 1964.

——. *Qu'est-ce que la littérature.* Paris: Gallimard, 1974.

——. *Situations II.* Paris: Gallimard, 1948.

Sauret, Martine. *Les voies cartographiques. A propos des influences des cartographes sur les écrivains des XVe et XVIe siècles.* Lampeter: The Edwin Mellen Press, 2004.

Saussure, Ferdinand de. *Les Mots sous les mots.* Édité par Jean Starobinski. Paris: Gallimard, 1974.

Savary, Jacques. *Le parfait négociant.* 8e éd. Paris: 1721.

Sayce, R. A. "Baroque Elements in Montaigne." *French Studies* 8 (1954): 1–15.

Schapiro, Gary. *Archaelogies of Vision.* Chicago: The University of Chicago Press, 2003.

Schefer, Charles, éd. "Le Voyage d'Outremer de Bertrandon de la Broquière premier écuyer tranchant et conseiller de Philippe le Bon, duc de Bourgogne (1432–1433)." Dans *Recueil de voyages et de documents pour servir à l'histoire de la géographie depuis le xiiie siècle jusqu'à la fin du xvie siècle.* Vol. 12. Paris: 1892.

——. *Le Discours de la navigation de Jean et Raoul Parmentier de Dieppe.* Amsterdam: Philo Press, 1971.

Schefer, Jean-Louis. *Le délude, La peste: Paollo Ucello.* Paris: Gallilé, 1976.

Schmidt, Albert-Marie, éd. *Poètes du XVIe siècle.* Paris: Gallimard-Pléiade, 1953.

Schwab, Gabriele. "Genesis of the Subject, Imaginary Functions and Poetic Language." *New Literary History* 15 (Spring 1984): 453–74.

Scott, David. *Pictorialist Poetics: Poetry and the Visual Arts in Nineteenth Century France.* Cambridge: Cambridge University Press, 1988.

Screech, M. A. *Études Rabelaisiennes.* Genève: Droz, 1959.

——. *Rabelais.* Ithaca and London: Cornell University Press, 1980.

Sebillet, Thomas. "Art poétique françoys (1548)." Dans *Traités de poétique et de rhétorique de la Renaissance,* édité par Francis Goyet, 37–183. Paris: Poche, 1990.

Serres, Michel. "Noise." *Substance* 40 (1983).

——. "Le Silence." Vol. 12, *Corps Écrit.* Paris: Presses Universitaires de France, 1984.

Shapiro, Gary. *Archeologies of Vision: Foucault and Nietzsche on Seeing and Saying.* Chicago: The University of Chicago Press, 1992.

Simon, Geerard. *Archéologie de la vision. L'optique, le corps, la peinture.* Paris: Éditions du Seuil, 2003.

Sixteenth-Century Maps Relating to Canada: a check-list and bibliography. Canada Public Archives. Ottawa: 1956.

Smith, Patrick. *Montaigne in dialogue.* Stanford University: Anma Libri, 1987.

Smith, Pauline M. "Clément Marot and the French Language." Dans *Literature and the Arts in the Reign of Francis I,* édité par P. M. Smith et I. D. McFarlane, 145–65. Lexington: French Forum, 1985.

Souchal, Geneviève. *La tapisserie en France au XVe et au XVI siècles.* Paris: Catalogue de L'Exposition au Grand Palais, 1976.

Spitzer, Léo. "Rabelais et les rabelaisants." *Studi francesi* 4 (1960).

Starobinski, Jean. *Montaigne en mouvement.* Paris: Gallimard, 1984.

——. *Les mots sous les mots.* Paris: Gallimard, 1974.

Strauss, Erwin. *Vom Sinn des Sinne.* Berlin: Springer, 1935. Traduit de l'allemand par Jean-Pierre Legrand et Georges Thines comme *Du sens des sens.* Grenoble: Jérôme Millon, 1989.

Sylvestre, Claude. "Le moment régressif." *Topique* 25 (1980): 27–30.

Sypher, Wylie. *Four Stages of Renaissance Style.* Gloucester, MA: Peter Smith, 1978.

Taillemite, Etienne. *Marins français à la découverte du monde. De Jacques Cartier à Dumont d'Urville.* Paris: Fayard, 1999.

Terreaux, Louis. *Ronsard correcteur de ses œuvres. Les variantes des "odes" et les deux premiers livres des "Amours."* Geneva: Droz, 1968.

——. "Le Style 'bas' des Continuations des Amours." *Lumières de la Pléiade,* pp. 313–16. Paris: Vrin, 1966.

Thevet, André. *Le Brésil d'André Thevet. Les Singularités de la France Antartique (1557).* Édition établie, présentée et annotée par Frank Lestringant. Paris: Chandeigne, 1997.

——. *Voyages aux Indes Australes.*

——. *Le grand insulaire et pilotage d'André Thevet angoumoisin, cosmographe du Roy. Dans lequel sont contenus plusieurs plants d'iles habitées, et deshabitées, et descriptions d'icelles.* MS fr. 1542–1553. Paris: Bibliothèque nationale de France.

——. *La Cosmographie du Levant.* Paris: 1556. Édition critique et introduction de Frank Lestringant. Travaux d'Humanisme et Renaissance 203. Genève: Droz, 1985.

Tinguely, Frédéric, éd. *La Renaissance décentrée. Actes du Colloque de Genève (28–29 septembre 2006).* Travaux d'Humanise et Renaissance 440. Genève: Droz, 2008.

Todorov, Tzetan. *The Conquest of America.* Traduit du français par Richard Howard, 3–13. New York: Harper & Row, 1982.

Torsay, Hermann Taffin. *La vie, mort et tombeau de haut et puissant seigneur de Strozzi.* Paris: 1608, in-8e. Réimprimé par Climber et Danjour, Archives curieuses de l'histoire de France, 1ere série, t. IX, 444.

Tory, Geoffroy. *Champ fleury.* (Bourges, 1529). Édité par J. W. Jolliffe. Paris-The Hague: Mouton and Johnson Reprints, 1970. Traduction anglais par George Ives. New York: Grolier Club, 1927. Reprint, New York: Dover, 1967.

——. *Manière de parler et de se taire.* Traduit du latin. Extrait du XXVII 1529.

Trabelsi, Mustapha. *L'insularité. Études rassemblées*. Paris: Presses Universitaires Blaise Pascal, 2005.

Trafton, Dain A. "Ancients and Indians in Montaigne's 'Des coches'." *Symposium* 27 (Spring 1973).

Trésor de la langue française. 14 vols. Paris: Éditions du Centre National de la Recherche Scientifique, 1978.

Trésorerie et recette générallle de la Marine du Ponent 1587. Fol XIII et fol LIV, v. Paris: Bibliothèque nationale de France.

Trigger, Bruce G. *Natives and Newcomers*. Kingston and Montreal: McGill-Queen's University Press, 1985. 135–63.

Trudel, Marcel. *Histoire de la Nouvelle France. Les vaines tentatives*. Montréal: Fides, 1963.

Turgeon, Laurie. *Patrimoines métissés. Contextes coloniaux et postcoloniaux*. Paris: Éditions de la Maison des sciences de l'homme et Presses de L'Université Laval, 2003.

Usher, Philip-John. *Errance et cohérence. Essai sur la littérature transfrontalière à la Renaissance*. Paris: Classiques Garnier, 2010.

Verrazano, Giovanni da. "Le voyage de Giovanni da Verrazzano à la Francesca (1524)." Dans *Jacques Cartier: Voyages au Canada avec les relations des voyages en Amérique de Gonneville, Verrazzano et Roberval*. Paris: La Découverte, 1992.

Vezzosi, Alessandro. *Léonard de Vinci*. Paris: Gallimard, 1996.

Villault, S. de Bellefond. *Extraits de la relation des costes d'Afrique*. Paris: 1669.

Vion-Dury, Juliette, Jean-Marie Grassin et Bertrand Westphal. *Littérature et espaces*. Pulim: Collection Espaces Humains, 2001.

Voyage d'Eustache Delafosse sur la côte de Guinée, au Portugal et en Espagne (1479–1481). Transcrit, traduit et présenté par Denis Escudier. Paris: Chandeigne, 1992.

Wagner, H. R. "The Portolan Atlases of American Interest in the Henry E. Huntington Library and Art Gallery." Dans *Essays Offered to Herbert Putnam*, édité par W. W. Bishop et A. Keogh, 498–509. New Haven: 1929.

Warhus, Mark. *Another America: Native American Maps and the History of Our Land*. New York: St Martin's Press, 1997.

Whatley, Janet. *History of a Voyage to Brazil, Otherwise Called America*. Traduit et édité par Jean de Léry. Berkeley: University of California Press, 1990.

Weber, Henri. *La création poétique au XVIe siècle en France*. Paris: Nizet, 1956.

Weber, Samuel. *Institution and Interpretation*. Minneapolis: University of Minnesota Press, 1986.

——. *The Legend of Freud*. Minneapolis: University of Minnesota Press, 1982.

Westphal, Bertrand, éd. *Le Rivage des mythes. Une géogritique méditerranéenne. Le lieu et son mythe*. Limoges: Presses Universitaires de Limoges, 2005.

White, John. *The Birth and Rebirth of Picorial Space*. Reprint. Cambridge, MA: Harvard University Press, 1987.

Whitfield, Peter. *The Mapping of the Heavens*. San Francisco: Pomegranate Artbooks, 1995.

Wilma, George. *Animals and Maps*. Los Angeles: University of California Press, 1969.

Wittkower, Rudolph. "Hieroglyphics in the Early Renaissance." Dans *Developments in the Early Renaissance*, édité par Bernard S. Levy. Albany: State University of New York Press, 1972.

Woodward, David. *Art and Cartography: Six Historical Essays*. Chicago: The University of Chicago Press, 1987.

——. "The Manuscript, Engraved, and Typographic Traditions of Map Lettering." Dans *Art and Cartography: Six Historical Essays*, pp. 174–212. Chicago: The University of Chicago Press, 1987.

——. "Roger Bacon's Terrestrial Coordinate System." *Annals of the Association of American Geographers* 80.1 (March 1990): 109–122.

Woodward, David and J. Brian Harley. *The History of Cartography*. Vol. 1, *Cartography in Prehistoric, Ancient and Medieval Europe and the Mediterranean*. Chicago: The University of Chicago Press, 1987.

Wolf, Eric R. *Europe and the People without History*. Berkeley: University of California Press, 1982.

Wölfflin, Henrich. *Renaissance et Baroque*. Paris: Gérard Monfort, 1988.

Wunenberger, Jean-Jacques et Jacques Poirier, éds. *Lire l'espace*. Grèce: Éditions Ousia, 1996.

Yates, Frances. *The Art of Memory*. Chicago: The University of Chicago Press, 1966.

Yayes, Derek. *Historical Atlas of Canada*. Seattle: University of Washington Press: Vancouver: Douglas and McIintyre, 2002.

Zumthor, Paul. *La mesure du monde. Représentation de l' espace au Moyen Age*. Paris: Éditions du Seuil, 1993.

——. *La lettre et la voix: De la "littérature" médiévale*. Paris: Éditions du Seuil, 1987.

——. *Le masque et la lumière*. Paris: Éditions du Seuil, 1978.

Index

Note: Les numéros de page suivi par "t" indiquent tables; celles suivies par "f" indiquent illustrations.

Currents in Comparative Romance Languages and Literatures

This series was founded in 1987, and actively solicits book-length manuscripts (approximately 200–400 pages) that treat aspects of Romance languages and literatures. Originally established for works dealing with two or more Romance literatures, the series has broadened its horizons and now includes studies on themes within a single literature or between different literatures, civilizations, art, music, film and social movements, as well as comparative linguistics. Studies on individual writers with an influence on other literatures/civilizations are also welcome. We entertain a variety of approaches and formats, provided the scholarship and methodology are appropriate.

For additional information about the series or for the submission of manuscripts, please contact:

Acquisitions Department
c/o Peter Lang Publishing, Inc.
29 Broadway, 18th floor
New York, NY 10006

To order other books in this series, please contact our Customer Service Department:

800-770-LANG (within the U.S.)
212-647-7706 (outside the U.S.)
212-647-7707 FAX

or browse online by series at:

www.peterlang.com

www.ingramcontent.com/pod-product-compliance
Ingram Content Group UK Ltd.
Pitfield, Milton Keynes, MK11 3LW, UK
UKHW021127041026
8980IPUK00025B/165

9 781433 121388